学 / 者 / 文 / 库 / 系 / 列

多光谱信息融合建模技术与水质检测应用

周昆鹏 著

哈尔滨工程大学出版社
Harbin Engineering University Press

内容简介

本书在对目前水质化学需氧量(chemical oxygen demand, COD)检测的各种方法进行了大量调研的基础上,为解决传统的水质检测过程复杂、设备维护量大且会造成二次污染等问题,以水质化学需氧量这一综合指标为研究对象,结合信息融合理论,研究基于多光谱融合的检测水质化学需氧量的新方法。本书结合信息融合理论,对基于紫外光谱和三维荧光光谱检测水质化学需氧量的方法进行了深入的研究和大量的实验,而实验结果的有效性也在实际水样的光谱数据中得到了验证。

本书的研究成果为研制基于多源光谱信息融合的光学原位传感器奠定了理论基础,应用前景非常广阔。本书可作为从事光谱分析、水质分析仪器或水质在线检测等领域的研究和应用人员的参考书。

图书在版编目(CIP)数据

多光谱信息融合建模技术与水质检测应用 / 周昆鹏著. -- 哈尔滨 : 哈尔滨工程大学出版社, 2025. 5.
ISBN 978-7-5661-4799-8

Ⅰ. X832

中国国家版本馆 CIP 数据核字第 2025EK8280 号

多光谱信息融合建模技术与水质检测应用
DUOGUANGPU XINXI RONGHE JIANMO JISHU YU SHUIZHI JIANCE YINGYONG

选题策划 邹德萍
责任编辑 刘海霞
封面设计 李海波

出版发行 哈尔滨工程大学出版社
社　　址 哈尔滨市南岗区南通大街 145 号
邮政编码 150001
电　　话 0451-82519989
经　　销 新华书店
印　　刷 哈尔滨市海德利商务印刷有限公司
开　　本 787 mm×1 092 mm　1/16
印　　张 13. 25
字　　数 252 千字
版　　次 2025 年 5 月第 1 版
印　　次 2025 年 5 月第 1 次印刷
书　　号 ISBN 978-7-5661-4799-8
定　　价 69. 80 元

http://www. hrbeupress. com
E-mail:heupress@ hrbeu. edu. cn

前　言

水是人类生命的源泉，人类的生产生活均离不开水。水资源更是经济社会发展的基础性、先导性、控制性要素，水环境质量直接影响着经济运行效率和可持续发展能力。根据《中华人民共和国国民经济和社会发展第十四个五年规划和 2035 年远景目标纲要》，我国明确提出“坚持节水优先、空间均衡、系统治理、两手发力”的治水方针，将水资源集约安全利用作为推动高质量发展的关键支撑。因此对水质进行准确且快速的检测变得尤为重要且意义重大。

本书在对目前水质化学需氧量（chemical oxygen demand，COD）检测的各种方法进行大量调研的基础上，为解决传统的水质检测过程复杂、设备维护量大且会造成二次污染等问题，以水质化学需氧量这一综合指标为研究对象，结合信息融合理论，研究基于多光谱融合的检测水质 COD 的新方法。本书的主要研究内容有：

（1）研究了光谱法检测水质 COD 的测量原理及国内外研究现状。本书详细介绍了紫外光谱和三维荧光光谱的基本原理；分析了水体水质 COD 的紫外吸收光谱、三维荧光光谱特性和化学计量学等方法的特点，提出了本书的研究思路和模型建立的方法，并给出了定量分析理论模型。

（2）研究了基于光谱法检测水质 COD 相关的化学计量学算法理论及模型建立方法。本书以标准液浓度和包括海水与地表水在内的实际水样的 COD 为研究对象，利用紫外吸收光谱和三维荧光光谱数据，研究了基于紫外吸收光谱法、三维荧光光谱法、紫外/荧光多光谱融合及荧光多光谱融合的水质 COD 的检测方法；研究了基于不同的特征提取算法（SiPLS、MWPLS、ACO-iPLS）和不同的化学计量学方法（PLS、PSO-LSSVM）的建模算法；将不同的建模方法所得到的检测模型的预测效果与相关文献中的最优模型效果进行对比，确立本书的建模方法。本书的最优检测模型为 ACO-iPLS 特征光谱提取方法和 PSO-LSSVM 算法相结合的基于荧光多光谱特征级融合模型。

（3）研究了运用光谱法检测水质 COD 时水中各参量对 COD 检测值的影响规律。本书以标准液和实际水样为研究对象，分别研究了温度、浊度、pH 值、亚硝酸盐氮（NO_2-N）、硝酸盐氮（NO_3-N）及盐度等因素对紫外吸收光谱法和三维荧光光谱法检测水质 COD 的影响规律，并对温度、浊度、pH 值等参数对紫外吸光度和荧光强度及荧光峰中心位置的影响机理进行了相关的理论分析，通过实验建立了抑制温度和浊度等影响的补偿模型，且补偿后的预测值与真实值具有较好的一致性；通过理论推导和实验验证等方式建立了水质 COD 和总有机碳（total organic carbon，TOC）之间的关系。

本书结合信息融合理论，对基于紫外光谱和三维荧光光谱检测水质 COD 的方法进行了深入的研究和大量的实验，而实验结果的有效性也在实际水样的光谱数据中得到了验证。本书的研究成果为研制基于多源光谱信息融合的光学原位传感器奠定了理论基础，应用前景非常广阔。

本书的出版依托以下基金项目的资助：国家自然科学基金（62463023，61963031），内蒙古自然科学基金（2023LHMS06019）。

著　者

2025 年 3 月

目　录

第1章　绪　　论

1.1　本书研究的背景和意义

水是生命存在与经济发展的必要条件。近年来，随着我国生态文明建设的深入推进，水资源保护与水环境治理取得显著成效。通过实施《重点流域水污染防治规划》和《地下水污染防治实施方案》，全国地表水优良水质断面比例从2016年的67.8%提升至2022年的87.9%，长江流域2022年水质优良断面比例达到97.4%。针对有机物污染治理，中华人民共和国生态环境部联合多部门构建了“筛、评、控”全过程监管体系，通过《新污染物治理行动方案》建立化学物质环境风险评估制度，全国75%的化工园区已完成地下水污染防控体系建设。随着膜分离、高级氧化等先进技术的推广应用，我国城镇污水处理厂污染物去除率超过90%，再生水利用量突破180亿 m^3，为保障水生态系统健康和促进经济高质量发展提供了坚实支撑。

据《2016中国近岸海域环境质量公报》显示，2016年，全国近岸海域总体水质基本保持稳定，水质级别为一般。按照监测点位计算，优良点位比例为73.4%；2016年，近岸海域国控环境质量监测点位由301个调整为417个，按照延续监测点位计算，优良点位比例为70.7%。2016年，全国入海河流断面Ⅰ～Ⅲ类水质断面比例为46.8%，主要超标因子为化学需氧量（chemical oxygen demand，COD）、五日生化需氧量（biochemical oxygen demand 5，BOD_5）、高锰酸盐指数（COD_{Mn}）；全国直排海污染源污水排放总量为65.7亿吨，主要超标因子为总磷（total phosphorus，TP）、化学需氧量、氨氮（NH_3-N）、悬浮物、五日生化需氧量和总氮（total nitrogen，TN），2016年四大海区近岸海域各类海水水质类别如表1-1所示[1]。

表 1-1　2016 年四大海区近岸海域各类海水水质类别　　单位:%

海区	点位数/个	Ⅰ类海水	Ⅱ类海水	Ⅲ类海水	Ⅳ类海水	劣Ⅳ类海水
渤海	81	28.4	44.4	17.3	4.9	4.9
黄海	91	38.5	50.5	4.4	5.5	1.1
东海	113	12.4	31.9	15.0	3.5	37.2
南海	132	47.7	40.2	6.1	0	6.1

据《2016 中国环境状况公报》显示,2016 年,全国地下水 2 104 个测站的水质量综合评价结果总体较差。地下水水质优良的测站比例为 2.9%,良好的测站比例为 21.2%,无较好测站,较差的测站比例为 56.2%,极差的测站比例为 19.8%。而 2016 年全国地表水的 1 940 个国考断面中,Ⅰ类有 47 个,占 2.4%;Ⅱ类有 728 个,占 37.5%;Ⅲ类有 541 个,占 27.9%;Ⅳ类有 325 个,占 16.8%;Ⅴ类有 133 个,占 6.9%;劣Ⅴ类有 166 个,占 8.6%。2016 年全国地表水水质类别比例分布图如图 1-1 所示[2]。

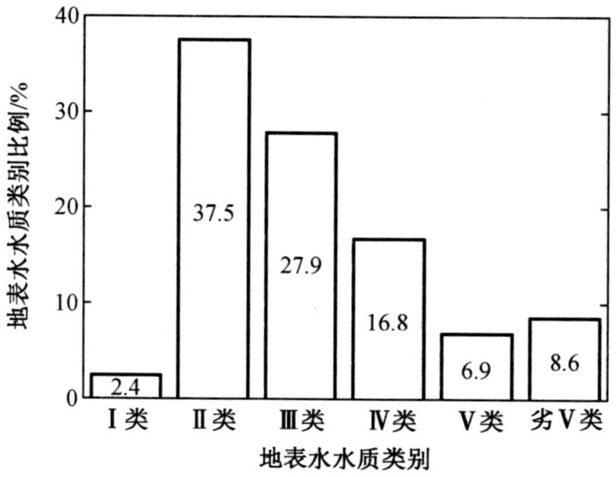

图 1-1　2016 年全国地表水水质类别比例分布图

1.2　水质有机污染物化学检测方法国内外研究现状

水体有机物污染是我国水质污染存在的主要问题,可以通过对水中有机污染物的全面分析来评价水体受有机物污染程度的高低,但该方法实现起来十分困难。一般采用测定有机污染综合指标的方法来定量地反映水质有机污染的程度。有机污染综合指标主要有：总需氧量（total oxygen demand，TOD）、高锰酸盐指数、生化需氧量（biochemical oxygen demand，BOD）、化学需氧量、总有机碳（total organic carbon，TOC）、溶解氧（dissolved oxygen，DO）等[3]，这里重点介绍化学需氧量和总有机碳。

化学需氧量是指在一定条件下，用强氧化剂处理水样时所消耗氧化剂的量，它反映了水中受还原性物质污染的程度，以氧的 mg/L 来表示，是水质检测的常规检查指标之一[4]。

2017 年以前，我国测定水质 COD 的标准方法有《水质 化学需氧量的测定 重铬酸盐法》（GB 11914—1989）和《水质 高锰酸盐指数的测定》（GB 11892—1989）。前者适合分析高污染水质，即工业废水和生活污水，后者适合分析低污染水质，即地下水和较干净的地表水。对于海水水质 COD 的测定，《海洋检测规范 第 4 部分：海水分析》（GB 17378.4—2007）中规定的标准方法为碱性高锰酸钾滴定法。虽然这些国家标准方法具有测定结果相对可靠、重现性好的特点，但是仍存在很多不足，如加热回流时间长、所需试剂毒性较大且易造成二次污染、运行成本高、操作相对复杂等[5-7]。

2017 年 5 月 1 日起，中华人民共和国环境保护部发布了新版的《水质 化学需氧量的测定 重铬酸盐法》（HJ 828—2017）代替 GB 11914—1989，新版标准弥补了旧版标准的不足，如将取样体积减半和将硫酸汞加入量由 0.4 g 修改为根据样品中氯离子含量按比例加入，从而减少样品测定过程对环境的污染，增加了“干扰和消除”“质量保证和质量控制”章节等。许多学者也试图通过更换氧化剂[8-9]和催化剂[10]、改进消解方法[11-12]以缩短消解时间等手段弥补标准方法的不足，但都没有从根本上解决问题。

上述标准方法属于湿化学法，而测定水质 COD 的方法还有电化学法[13-14]、快速消解分光光度法[15-16]、光催化氧化法[17-19]、臭氧氧化法[20-21]和光谱测量法等，其中基于光谱分析的水质 COD 检测技术是重要的发展方向之一[22]。

总有机碳是指溶解或悬浮在水中的有机物的含碳量，以碳 mg/L 来表示。即 TOC 是以含碳量表示水体中有机物总量的综合指标，所以能完全反映有机物对水体的污染程度[4]。因此，TOC 是直接测量水中有机污染物较好的方法，它比 COD 和 BOD 更能直接地反映水体受有机污染的程度。根据中华人民共和国环境保护部 2009 年发布的《水质 总有机碳的测定 燃烧氧化-非分散红外吸收法》（HJ 501—2009），水质 TOC 的检测是基于非分散红外吸收法。

除了燃烧氧化-非分散红外吸收法外，传统的 TOC 测定方法还有湿法氧化（过硫酸盐）法[23]、紫外（ultraviolet，UV）氧化法和紫外-湿法（过硫酸盐）氧化法[24]等，这些方法都是基于非分散红外吸收法。

由于氧化方法不同，上述方法所针对的水体也不同。如催化燃烧氧化法适用于高污染的水体、工业废水及海水等;湿法氧化法适用于地表水、常规海水的检测而不适用于 TOC 高的水体;紫外氧化法适用于原水、工业用水;紫外-湿法(过硫酸盐)氧化法的使用范围广泛,可用于检测污染程度较高的水体等[25]。

传统方法的测试方法复杂、测量时间长、检测速度慢、会造成二次污染、无法实时检测且设备维护量大,不适于大规模环保监测的发展需要。随着科技水平的不断提高,水质 TOC 的检测方法也有了进一步的发展与完善,新的测量方法和检测技术应运而生,如电阻法[26]、电导法[27]、臭氧氧化法[28]、超声空化声致发光法[29]、光谱法等新颖的检测方法正在受到人们的广泛关注并且已经得到应用,其中采用多波段的紫外光谱法对于水质 TOC 的检测实验结果非常理想[30]。

水质 COD 和 TOC 之间的关系研究:对于组成成分相对稳定的水体,在一定条件下,水质参数之间具有相互关联性,一些研究者也研究了一定条件下的 COD 和 TOC 之间的关系。

于西龙[31]、陈光等[32]对实际水样的 COD、TOC、BOD 值进行了测定,发现三者之间满足一定条件时存在线性相关性;万英等[33]研究发现,水体 COD、TOC 及 UV 吸光度值之间存在较强的线性相关性;王海英等[34]研究发现,当地表水水质基质稳定时,TOC 和 COD_{Mn} 之间具有很好的相关性;Dubber 等[35]利用 COD 与 TOC 的相关性研究了监测废水过程中以 TOC 替代 COD 以减少有毒分析废物的处置方法;袁蕾等[36]对珠江口水体 TOC 与 COD 的相关关系进行了研究,结果显示 TOC 与 COD 呈显著正相关;Christian 等[37]对污水的 BOD_5、COD、TOC 及三维荧光谱之间的相关性进行了研究,结果表明 COD 与 BOD_5 的线性相关系数 r 为 0.985,TOC 与 BOD_5 的线性相关系数 r 为 0.902,采用指数回归分析建立 TOC 或荧光强度与 BOD_5 的关系时相关系数 $r>0.95$。此外,研究者还对游泳池水[38]、纺织印染废水[39]、含氯化工废水[40]、生物污水[41]等水体进行了 TOC、COD 及 BOD 的相关性研究,研究结果均确定三者之间存在相关关系。

上述研究表明,对于组分相对稳定的水体,水质 COD 和 TOC 具有相关关系。

1.3 光谱法检测水质有机污染物的国内外研究现状

现代光谱学将光通过狭缝而形成的影像按波长或频率进行有序排列得到的光带(图谱)称为光谱。基于测量物质的光谱而建立的分析方法称为光谱分析法。近年来,光谱分析技术在多方面(如食品、生物、药品、环境安全检测等)均得到广泛应用[42-44]。对传统的水质检测方法而言,采用光谱技术对水质参数进行检测是当前重要发展方向之一。

自 1965 年日本学者 Norio Ogura[45]首次采用紫外吸收光谱法直接测定水质 COD 以来,国内外研究人员对基于光谱法直接检测水质 COD 及水体中其他物质(如生化需氧量、总有机碳、总悬浮固体、硝酸盐氮等)的检测方法进行了大量的探索和研究,该方法已经成为水质 COD 检测除国标法外最有效的检测手段,适合对环境水样 COD 快速进行在线监测。

目前,基于光谱技术的水质检测方法主要有紫外-可见(ultraviolet-visible, UV-Vis)光谱法、近红外(near-infrared, NIR)光谱法、荧光(fluorescence)光谱法。本节分别对基于上述光谱技术检测水质 COD 的方法进行介绍。

1.3.1 基于单一谱源的水质 COD 检测方法的研究

1. 紫外-可见光谱法

基于单一谱源检测水质是最早被采用的方法,紫外-可见光谱法因操作简便、重复性好、分析快速等优点而应用较广。紫外光谱采集系统示意图如图 1-2 所示。

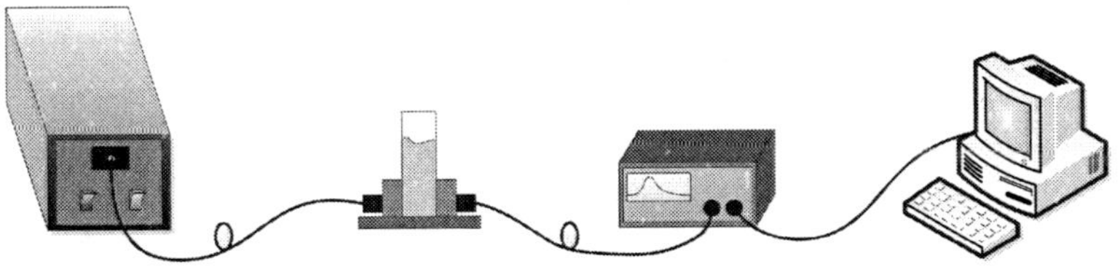

图 1-2　紫外光谱采集系统示意图

紫外-可见光谱法又分为单波长检测法、多波长检测法和宽光谱检测法。

(1)单波长检测法

2010 年,陈洪雷等[46]在 251 nm 处采用等导数值紫外光谱法来预测制浆废水的 COD,预测相对误差在±10%以内。2013 年,吴国庆[47]采用 254 nm 单波长紫外吸收光谱法设计了一种化学需氧量检测传感器,并用于实际水样的检测,用该传感器检测水质 COD 的相对标准偏差(relative standard deviation, RSD)为 0.55%,检出限为 0.143 mg/L。

(2)多波长检测法

2011年,蒋然等[48]利用440 nm和560 nm的双波长光谱法测定低污染水样的COD时发现,相比于单波长的检测方法,该检测方法具有更高的灵敏度和准确性。赵友全[49]、顾建[50]和邵敏超[51]等研究团队均通过254 nm处的紫外吸光度检测水质COD,并采用546 nm可见光对浊度进行修正,预测决定系数 R^2 均超过0.98。2014年,汤斌等[52]研究了溶液在245 nm、300 nm、360 nm和560 nm处浊度对紫外-可见光谱法检测水质COD的影响,为光谱法检测水质COD数据并进行数据预处理提供了一种新途径。

(3)宽光谱检测法

2000年,Charef等[53]利用波长范围在200~350 nm的紫外-可见光谱对城市污水COD进行检测,检测结果与传统方法相比具有很好的一致性,决定系数 R^2 达到0.952。2003年,Langergraber等[54]利用200~750 nm的紫外-可见光谱结合偏最小二乘(partial least squares,PLS)算法建模对市政污水的COD等水质参数实现了在线原位测量,其中COD校正模型的决定系数 R^2 最高可达0.978。2008年,Lourenço等[55]采用紫外-可见法对污水处理厂的水样的TOC进行了检测并建立了PLS回归模型,预测效果良好。2012年,冯巍巍等[56]基于全光谱分析方法设计了一种水质COD监测系统,并将实验水样测量值与实验室结果进行比较,拟合曲线的决定系数 R^2 为0.998 1。

2014年,汤斌[57]采用微型光纤光谱仪利用紫外-可见光谱法设计了水质双光程差分检测探头,以完成水样的COD、TOC等多参数的检测,其中COD的测量范围为0~500 mg/L;Agustsson等[58]基于漫反射方法实现了对废水水质COD浓度和浊度的非接触式检测,采用200~1 100 nm的紫外-可见光谱结合PLS算法进行建模,COD的检测限为30 mg/L,决定系数 R^2 为0.85;Chen等[59]提出了一种基于可变光程(0.5~18 mm)的紫外-可见光谱检测废水COD的方法,将坡谱的概念用于建模,预测效果比单一波长的模型效果更优,得到的残差预测偏差(residual predictive deviation,RPD)为3.72;Brito等[60]基于紫外-可见光谱结合PLS回归模型对污水的COD进行了检测,结果表明,紫外-可见光谱数据结合PLS校正模型能够可靠地对污水的COD进行评估;毕卫红等[61]以浓度为1~800 mg/L的COD标准液的紫外吸收光谱数据为研究对象,采用PLS算法对不同谱区进行建模,并研究了硝酸盐和温度对紫外光谱法检测COD的影响;刘雪梅等[62]采用紫外-可见光谱法对养殖水体的COD进行了检测,建立了最小二乘支持向量机(least squares support vector machines,LSSVM)模型,其预测集决定系数 R^2 为0.82;潘杨等[63]采用紫外-可见光谱对城市水体污染进行表征,通过计算抽滤前、后水样在可见光区的扫描曲线面积来区分城市水体不同的污染程度。

2015年，汤斌等[64]采用紫外-可见光谱检测水质COD，基于LSSVM进行建模，提高了模型的预测精度和泛化能力；2016年，赵友全等[65]利用主成分分析法结合欧式距离对水样的紫外吸收光谱进行分析，用PLS回归建模实现了水样的分类和水质COD的精确测量，测量误差最小为5%；王晓明等[66]采用紫外-可见光谱结合极限学习机（extreme learning machine，ELM）算法对养殖水体水质COD进行了检测，最优模型的决定系数R^2为0.82，预测均方根误差（root mean square error of prediction，RMSEP）为14.48 mg/L。

由以上工作可以看出，紫外吸收光谱可以实现对水质COD的检测。

2. 近红外光谱法

水中有机物的近红外光谱区的吸收强度相对较弱、光谱信噪比较低、易受外界条件影响等多方面因素使得采用近红外光谱法分析水质的研究基本上处于实验室研究阶段。

2000年，Dåbakk等[67]采用近红外光谱法结合PLS算法分析了湖水过滤悬浮物的化学组成并建立了TOC、TP、420 nm处的吸光度及pH值之间的关系。

2007年，Sousa等[68]通过测量过滤污水中悬浮物的近红外光谱反射率（near-infrared reflectance，NIRR），预测城市污水的COD值，得到的预测均方根误差RMSEP为19 mg/L，相关系数r为0.97；何金成等[69]运用近红外光谱法检测水质COD，验证了近红外光谱法测量废水COD的可行性。

2008年，徐立恒[70]采用近红外光谱的一阶导数谱分析水体COD和BOD_5，所建模型的预测相关系数r分别为0.991和0.998，取得了较好的效果。

2009年，Yang等[71]利用近红外光谱并采用PLS建模来快速检测污水中的COD和BOD含量，相关系数r分别为0.954 2和0.965 2。

2011年，陈维维等[72]采用近红外透射光谱建立污水水质COD近红外光谱分析的优化模型，为设计近红外光谱仪器提供了参考；粟晖等[73]采用近红外光谱法测定生化废水的COD，利用主成分分析-欧式空间距离聚类法结合PLS算法建立校正模型，其预测相关系数r为0.938 4，校正均方根误差（root mean square error of calibration，RMSEC）为61.89 mg/L；Pan等[74-75]采用近红外透射光谱建立污水COD近红外光谱分析的优化模型，模型的复杂性大大降低，决定系数$R^2>0.966$。

2014年，Dahlbacka等[76]利用近红外光（near infrared，NIR）光谱对造纸厂制浆废水的COD进行了在线测量，所得预测均方根误差RMSEP大约为被测水样COD浓度的 1/10。2016 年，伍鲧等[77]用傅里叶变换近红外（Fourier transfrom near infrared, FT-NIR）光谱技术对污泥厌氧发酵过程中的上层污水 COD 进行了检测，模型的预测相关系数 r 为 0.978 6。

以上工作表明，近红外光谱应用于水质 COD 的检测是可行的。

3. 荧光光谱法

人们早在 16 世纪就发现了荧光现象，但直到 19 世纪中期才研究清楚荧光产生的原理和条件。近年来，激光、微处理器和电子学等一些新的科学技术的引入，大大推动了荧光光谱法在理论方面的发展，如今，荧光光谱法已经发展成为分析化学中一种重要且有效的光谱化学分析方法[78]。荧光分光光度计是荧光分析中最常用到的仪器，荧光分光光度计由光源、单色器、狭缝、样品池、信号检测放大系统和信号读出与记录系统组成。荧光分光光度计检测系统示意图如图 1-3 所示。

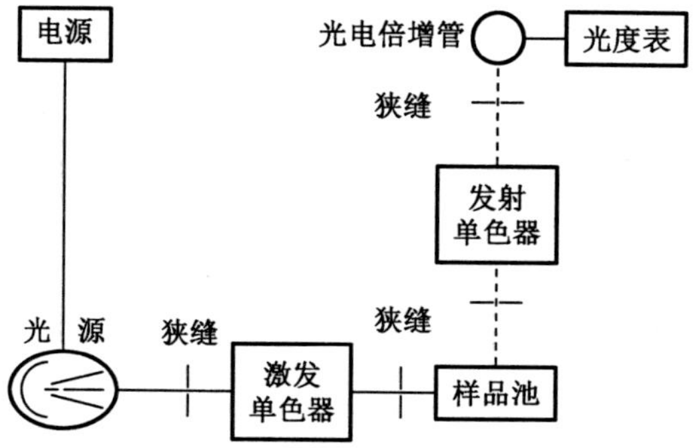

图 1-3　荧光分光光度计检测系统示意图

2004 年，Lee 等[79]通过三维荧光光谱检测污水中的 COD，发现在激发波长 E_x/发射波长 E_m=270 nm/350 nm 处所得到的 COD 值与采用湿化学方法得到的 COD 值相关性最好，其相关系数 r 达到 0.914 8。

2009 年，Janhom 等[80]采用三维荧光光谱对酿酒厂污水水质进行监测，发现三维荧光光谱法可提供很多有机物组成细节。

2010 年，武晓莉等[81]采用三维荧光光谱数据的选择性模型组合方法对水质 COD 和 TOC 进行检测，结果表明子模型组合后可有效提高组合模型预测精度和稳定性；Hur 等[82]利用同步荧光光谱及其一阶导数对不同地区污水管道系统中不同水样 BOD 和 COD 进行了检测，结果得到 BOD 和 COD 的相关系数 r 分别为 0.92 和 0.94。

2011 年，Stedmon 等[83]采用荧光基于平行因子分析（parallel factor analysis, PARAFAC）算法对饮用水 TOC 进行了检测，结果表明荧光可以有效检测饮用水的污染情况；Bieroza 等[84]利用 PARAFAC 算法对三维荧光光谱数据建模，发现模型预测的 TOC 与实测 TOC 的相关性在 90%以上。

2012 年，Old 等[85]通过分析 2007 年 1 月至 2008 年 6 月发生的暴雨事件，成功地监测了英国 Devon 流域不同污染源和排水水体中溶解有机物(dissolved organic matter, DOM)的荧光强度的变化；杜树新等[86-87]研究了三维荧光光谱的特征区域选择方法，采用三维荧光光谱法对污水的 COD 进行了检测，最优决定系数 $R^2=0.967\ 8$。

2013 年，Bridgeman 等[88]采用荧光光谱法研究城市污水的荧光信号与 BOD 及 COD 之间的关系，发现未过滤的稀释污水样品的 T1 峰($E_x/E_m=280$ nm/350 nm)的强度与 BOD 及 COD 的相关性最优，相关系数 r 分别为 0.92 和 0.85。

2015 年，Yang 等[89]综述了荧光光谱法在饮用水及污水处理系统中的应用，强调了 PARAFAC 算法的重要性和实用性；Bridgeman 等[90]研究了基于 T 峰与 C 峰等荧光参数对污水中 BOD 和 TOC 等水质参数进行在线监测的方法，测量范围为 0~18 mg/L 时相关系数 r 可达 0.98；李卫华等[91]采用 PARAFAC 算法对污水处理厂及受纳水体上下游样品的 COD 进行了三维荧光光谱解析，发现类蛋白质荧光强度得分可与样品 COD 值建立相关曲线，污水厂与受纳水体样品的相关系数 r 分别为 0.930 和 0.913。

2016 年，Carstea 等[92]综述了荧光光谱技术应用于废水水质评价的研究进展，并强调通过稀释的方式可降低废水样品的内滤效应，以提高水样荧光强度与 BOD 及 TOC 等水质参数之间的相关性。

2017 年，Qian 等[93]基于三维荧光光谱提出一种平行因子框架聚类分析方法(parallel factor framework-clustering analysis, PFFCA)，用于分析复杂的混合溶液样本和受污染的湖泊与河流水样中的 DOM，并与 PARAFAC 算法进行对比，结果表明，PFFCA 算法对分析 DOM 在天然水体中的特性具有重要的意义。

由以上工作可以看出，荧光光谱法可以很好地完成对水质 COD 的检测工作。

综上，基于光谱法对水质参数的检测是可行的，而且采用光谱法检测水质 COD 可以得到满意的预测结果。

1.3.2 多光谱联用及光谱信息融合建模方法研究现状

信息融合(information fusion)起初被称为数据融合(data fusion)，随着信息技术的广泛发展，具有更广义化概念的“信息融合”被提出来。信息融合的方式从处理信息对象的层次上，可分为数据级融合、特征级融合和决策级融合[94-95]。

多光谱联用及多光谱信息融合技术在很多方面都有应用报道：

2006 年，Rudnitskaya 等[96]采用电子舌和傅里叶红外(Fourier transfrom infrared, FT-IR)光谱融合技术对苹果的种类进行分类识别和定量分析，发现低抽象层次的数据融合可以改进苹果品种的分类。2007 年，Casale 等[97]成功地用电子鼻和紫外-可见分光光度计结合多元分析方法对特级初榨橄榄油的地理来源进行了分类。2008 年，Ramos 等[98]利用拉曼光谱和 X 射线荧光光谱对赭石颜料进行了分类，结果表明拉曼/X 荧光光谱融合可以提高分类结果的准确率。

2010 年，Casale 等[99]采用电子鼻、NIR 及 UV-Vis 光谱结合化学计量学算法和数据融合理论对利古里亚橄榄油真伪及产地进行了分类研究；Wu 等[100]联合使用可见光谱和近红外光谱并结合混合变量选择算法对葡萄汁进行了无损检测。2011 年，Anibal 等[101]将紫外-可见光谱和核磁共振谱进行融合并对烹饪香料中的禁用染料进行分类，准确率为 97%~100%。

2013 年，Pizarro 等[102]将橄榄油的可见光谱指纹及其物理化学参数与多元数据的融合分析相结合，对西班牙特级初榨橄榄油的产地进行了溯源分类，准确率明显提高；Alamprese 等[103]采用紫外-可见、近红外、中红外光谱对碎牛肉中掺杂的火鸡肉进行了检验，结果表明三光谱联用的方法提高了检验效果；Jiang 等[104]利用 NIR/UV 光谱融合技术对中药注射剂中的六皂苷和四多糖含量进行检测，结果表明数据融合策略可以使检测精度明显提高。

2015 年，Martelo-Vidal 等[105]联合 UV-Vis 和 NIR 光谱利用人工神经网络(artificial neural network, ANN)成功测定了水溶液中的乙醇、葡萄糖、甘油、酒石酸、苹果酸、乙酸及乳酸的含量。

多光谱联用及多光谱信息融合技术在水质参数的检测方面也有应用报道：

2007 年，武晓莉等[106-107]采用紫外吸收光谱和三维荧光光谱对水质 COD 和 TOC 进行检测，结果表明，采用光谱数据融合法分析水质参数可提高分析精度，COD 的 RMSEP 减小了 34.7%，而相关系数 r 增大了 6.6%。

2009 年，Sarraguça 等[108]联合利用 UV-Vis 和 NIR 光谱对污水的 COD、NO_3-N 等参数进行了估计，证明光谱法可作为污水处理过程的替代方法。

2010 年，穆海洋等[109]利用光谱信息融合理论研制了一种多参数水质分析仪，可快速检测 COD、TOC 等水质参数。

2012 年，Hur 等[110]采用三维荧光光谱和 UV 光谱联用的方法分析了城市河流水体的 BOD、COD 及总氮(total nitrogen, TN)等水质参数，表明 UV_{220}、C3 荧光峰和 C1 荧光峰分别对应 BOD、COD 和总氮具有最高的相关系数；Qin 等[111]采用多传感器系统并结合 UV-Vis 光谱和浊度仪检测生活污水中的 COD、总悬浮物(total suspended solids,TSS)和油污浓度,COD 的相关系数 r 最高为 0.945。

2013 年,侯迪波等[22]提出采用光谱法检测水质时,近红外光谱可作为紫外光谱的参考和补充,荧光光谱与紫外-可见光谱具有很强的互补性。

2014 年,曹泓[112]和吴国庆等[113]均基于紫外和近红外光谱的多源光谱融合对水质 COD 进行了测定,证明了通过多光谱融合建模可有效提高 COD 的预测精度;Chen 等[59]基于可变光程 UV-Vis 光谱并利用数据融合对废水 COD 进行了检测,得到特征级融合(mid-level data fusion,MLDF)方法的 RPD 为 3.29,特征级融合模型预测性能优于单光程模型。

以上工作表明,基于多光谱融合的方法要比单一光谱法检测 COD 的预测精度高。

综上所述,目前国内外基于光谱法进行水质 COD 检测的研究中应用最广泛的方法是 UV-Vis 光谱法,荧光光谱法主要用于对水中 DOM 的分析表征,而 NIR 光谱法以及组合光谱法在水质检测方面的应用相对较少。在预测模型建立算法的选择上应用最多的是 PLS 算法,基于数据融合技术并结合化学计量学算法的测量方法是目前国内外该领域的研究热点。

1.4 国内外相关产品的研究现状

1.4.1 国外相关产品的研究现状

目前,国外生产的用于检测水质 COD 的仪器设备众多,如美国哈希公司生产的哈希 max Ⅱ系列 COD 分析仪,采用重铬酸钾法对水质 COD 进行分析,测试量程 10~5 000 mg/L,如图 1-4(a)所示;日本岛津公司生产的 UVM-4020 在线 COD 分析仪采用加权五波长紫外吸收,最小测定时间为 1 min,可以替代传统的重铬酸钾法 COD 检测仪,实现环保、快速的过程在线分析,如图 1-4(b)所示。此类仪器的缺点是设备体积庞大,不适用于水质 COD 的原位检测。

目前国外已研制出基于宽光谱法的水质多参数测量仪,可同时测量多种水质参数。如德国 TriOS 公司生产的 OPUS 水质光学传感器,如图 1-5 所示,该传感器采用 200~720 nm 紫外可见光谱对水体的 COD、TOC、BOD 等重要指标进行检测,其中水质 COD 的检测范围可达 0~2 200 mg/L,且具有操作方便快速、无二次污染、重复性好、维护工作少,可原位在线检测等优点,但也存在价格昂贵的缺点。

(a) 哈希 max Ⅱ系列 COD 分析仪　　　　(b) UVM-4020 在线 COD 分析仪

图 1-4　国外 COD 分析仪器

图 1-5　德国 TriOS 公司生产的 OPUS 水质光学传感器

1.4.2　国内相关产品的研究现状

国内使用的 COD 在线测试与离线分析仪大部分采用化学方法,设备体积庞大、操作复杂且费时费力。国内在相关产品的研发方面也有一些产品,如北京科诺科仪分析仪器有限公司生产的 COD 分析仪 KN-COD20 采用快速消解分光光度法,测定时间为 20 min,检出限为 2 mg/L,测定范围为 0~10 000 mg/L,如图 1-6(a)所示;聚光科技(杭州)股份有限公司研发的 SWA-2000 系列 COD 在线分析仪采用紫外光谱法对水体的 COD、pH 值、温度、浊度、溶解氧、氨氮等进行在线检测等,如图 1-6(b)所示。

综上所述,单一谱源检测水质参数的方法已得到广泛的应用,但基于多光谱联用的检测方法报道较少,且相关报道中的预测误差较大。另外,国内的分析仪绝大多数采用的是进口部件,且多采用化学方法,存在检测精度不高、检测限偏低、产生二次污染等缺点。

(a) KN-COD20　　(b) SWA-2000

图1-6　国产COD检测设备

本书首先利用紫外吸收光谱和三维荧光光谱法对水质COD进行检测,又利用信息融合技术将紫外/荧光和荧光进行多光谱融合对水质COD的检测方法进行研究。多光谱融合的方法有效弥补了紫外光谱低浓度检测和荧光光谱高浓度检测误差大的缺点,对实现海水或淡水水质COD免试剂、无污染、低成本、快速检测,具有重要的意义。

1.5　水质COD在线检测技术存在的问题

光谱分析具有快速、灵敏、操作简单等优点,可用来实时反映水质变化的情况。目前国内外生产的基于光谱技术的水质分析仪器大多采用紫外吸收光谱法,该方法具有重复性好、稳定性和抗干扰能力强的优点,此外,有机物在紫外区域几乎都有特征吸收,只是吸收程度存在差异;除少量无机盐离子外,大部分水中无机物在紫外区都没有或只有微弱吸收;在较高水质COD或TOC浓度下仍具有较好的预测性能[114]。而紫外吸收光谱法也存在不足之处,如无法区分无机悬浮物的消光性和有机物的吸光度;当溶液中物质浓度较低时测量精度差,灵敏度低;不能区分有机物的种类及分布情况,只能反映有机物的总量。因此紫外光谱法检测低浓度的水质COD或TOC时,可能会产生较大的误差。

由于大部分自然水体中的有机物都可以产生荧光,而大部分无机物都无荧光,因此采用三维荧光光谱法也可以对水质的有机污染情况进行分析。三维荧光技术属于指纹监测技术，能提供水体中有机物的组成和分类等信息，而且三维荧光光谱法的测量灵敏度比紫外光谱法灵敏度高 2~3 个数量级，对低浓度物质的检测精度要高于紫外光谱法，可与紫外光谱法进行互补。而在高浓度 COD 或 TOC 的条件下，荧光具有不稳定性，受环境因素影响较大，容易发生自吸收、内滤效应、荧光猝灭等现象，进而导致荧光强度降低；而且直接测得的荧光中包含水的拉曼散射峰和瑞利散射峰，这些散射峰属于和有机物无关的干扰信息，必须去除；此外，三维荧光光谱法检测水质参数时无参比光路，因此仪器长期运行的稳定性较差[106]。

水体中的有机溶解物和悬浮物是消光的主要物质，当光射入水样时，水中的溶解物质产生吸收和荧光效应，而悬浮物会产生散射光及其他干扰信号[115]。由于水中溶解物质对光的吸收和悬浮物对光的散射机理不同，故一般很难定量分析[47]。另外，除了悬浮物的影响外，还有外界环境因素如水样的温度、无机盐离子浓度、重金属离子、水样 pH 值等也会对光谱法检测水质参数造成影响，因此必须采用有效手段降低干扰带来的影响，以提高紫外吸收光谱和荧光光谱检测水质参数的预测精度。

1.6 课题来源及主要研究内容

本课题分别建立了基于紫外光谱和荧光光谱数据的预测水质 COD 的数学模型，分析了紫外和荧光光谱法检测水质 COD 时的光谱特点及影响因素，提出了荧光多光谱融合建模预测水质 COD 的新方法，本书的研究内容及研究路线如图 1-7 所示。

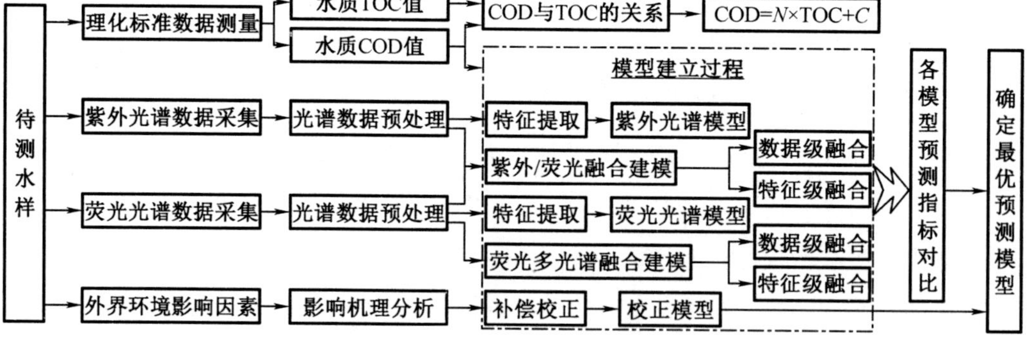

图 1-7　本书的研究内容及研究路线

本书的主要研究内容和结构安排如下：

第1章首先阐述本书的研究背景和研究的现实意义；其次，对水质有机污染物（主要介绍COD和TOC）的各种化学方法原理和现状进行了综述；再次，对光谱法检测水质有机污染物的国内外研究现状进行了综述，并对多光谱联用方法以及多光谱信息融合建模的应用进行了综述；最后，给出了本书的主要研究内容、研究路线和结构安排。

第2章对光谱法检测水质有机污染物的基础理论进行了阐述，分别从紫外吸收光谱和三维荧光光谱技术的原理、特点等微观机制出发进行了说明；对朗伯－比尔（Lambert-Beer）定律的相关理论基础、水体光谱的特性进行了介绍；对化学计量学方法的相关基础理论进行了介绍，分别从光谱预处理方法、特征光谱的选择方法、定量分析建模方法以及模型性能的评价指标几方面进行了详细介绍，为后续章节提供了理论指导。

第3章研究了单一谱源检测水质COD的方法，分别以标准液和实际水样为研究对象，采用不同的光谱预处理方法及模型构建方法分别对实验样本的紫外吸收光谱和不同激发波长下的荧光发射光谱数据进行了建模分析。

第4章对多光谱融合检测水质COD的方法进行了研究，分别以标准液和实际水样为研究对象，结合信息融合理论，采用数据级融合与特征级融合方法分别对标准液和实际水样的紫外/荧光多光谱融合数据以及荧光多光谱融合数据进行了建模方法的研究，并将结果进行了对比。

第5章首先从理论推导和实验验证两方面对水质COD和TOC之间的关系进行了较为系统的研究，分别研究了标准液、海水、地表水以及海水/地表水组合水样的COD与TOC的关系，并给出研究结论；其次以不同浓度的标准液和实际水样为对象研究了外界环境因素对实验样本的紫外吸收光谱和三维荧光光谱的影响，分别对温度、浊度、pH值、亚硝酸盐氮和硝酸盐氮、盐度及重金属离子浓度对光谱法检测水质COD的影响进行了机理分析，给出补偿校正的条件，并对标准液荧光受温度和浊度的影响结果进行了补偿校正。

第6章结合紫外－可见吸收光谱对水质COD进行检测，通过4种不同预处理方法和2种不同的特征提取方法对光谱数据进行处理，然后建立了偏最小二乘回归模型，实现了水质COD的准确检测，为水质COD的快速、绿色检测提供了一种新的思路和方法。

第7章结合荧光发射光谱对实际水样中的COD进行检测。对不同激发波长的荧光发射光谱数据采用5种不同的预处理方法和2种不同的特征波长提取算法进行处理后采用偏最小二乘回归算法对水质COD浓度进行了准确的预测，为测定水体中COD的浓度提供了一种绿色、简单的思路。

第8章延申了光谱法的应用范围，采用紫外-可见光谱技术和近红外光谱技术对乙醇汽油中乙醇含量进行了检测，采用组合区间偏最小二乘(synergy interval PLS, SiPLS)算法作为特征提取方法，分别建立了基于UV/vis和NIR光谱的偏最小二乘回归模型，再根据乙醇汽油的实际配比情况，运用信息融合理论将UV/vis和NIR光谱信息进行融合，建立了数据级融合(low level data fusion, LLDF)和特征级融合(mid-level data fusion, MLDF)模型，并与单谱源模型效果进行了比较。结果表明：通过将UV/vis和NIR光谱信息进行数据级融合可以快速、准确地检测出乙醇汽油中乙醇的含量，为进一步实现混合油品中物质的快速检测奠定了基础。

第 2 章　光谱法水质 COD 检测的理论基础

2.1 引　　言

光谱分析法通过样品对入射光的特征吸收得到特定光谱的特征，从而得到样品中有机物组成与含量的信息[116-117]。本章主要研究紫外吸收光谱和三维荧光光谱分析的微观机制和水质 COD 光谱检测技术的理论基础，具体包括用于水质 COD 检测的紫外吸收光谱和三维荧光光谱的基本理论及化学计量学的常用算法。结合实际水样的紫外吸收光谱和三维荧光光谱的特性，证明了紫外吸收光谱和三维荧光光谱结合化学计量学方法检测水质有机污染物指标的可行性。在此基础上，提出本书的实验思路和理论模型的建立方法，为后续章节的相关研究奠定了理论基础。

2.2 水质 COD 光谱检测技术的基础理论

根据量子理论可知，物质是由一些同类微粒（即原子、分子、离子）组成的，这些粒子处于能量高低不同的能级上。当电子受到光、热、电的激发时，会从一个能级跃迁到另一个能级。光谱按照粒子能级跃迁方向的不同，可分为吸收光谱和发射光谱；根据检测物质的结构不同，光谱又可分为原子光谱和分子光谱。本书仅讨论分子光谱中的紫外吸收光谱以及分子荧光光谱。

2.2.1 紫外吸收光谱分析的微观机制

有机物在紫外波段有很好的吸收特性，紫外光的波长范围是 10～380 nm，它分为两个区段。波长在 10~200 nm 的称为远紫外区，目前这个区域在有机化学中极少用到；波长在 200~380 nm 的称为近紫外区，一般的紫外光谱是指这一区域的吸收光谱。波长在 380~780 nm 的称为可见光谱。利用溶液中分子对紫外光和可见光的吸收，根据最大吸收波长的强度变化可对待测样品进行定量分析。

分子的电子结构和分子吸收光后电子状态的变化可用分子轨道理论说明，在有机化合物分子中有形成单键的 σ 电子、有形成双键的 π 电子、有未成键的孤对 n 电子。物质中存在的共价键可分为 σ 键、σ＊键、π 键和 π＊键。在紫外吸收光谱中，电子的跃迁有 σ→σ＊、n→σ＊、π→π＊和 n→π＊四种类型，各种跃迁类型所需要的能量从大到小依次为：σ→σ＊、n→σ＊、π→π＊、n→π＊。紫外吸收光谱的电子跃迁类型、吸收带等与紫外吸收峰的关系[118]如表 2-1 所示。由表 2-1 分析可知，一般紫外可见光谱仪对只能产生 200 nm 以下吸收的 σ→σ＊的跃迁无法测量，只能检测 190~850 nm 范围的单色光，即一般的紫外可见光谱仪只能测量 n→σ＊、n→π＊的跃迁和部分 π→π＊跃迁的吸收。

表 2-1　电子跃迁类型与紫外吸收峰的关系

跃迁类型	吸收带	λ_{max}/nm	特征	典型基团	ε_{max}
σ→σ＊	远紫外区	150	远紫外测定	C–C、C–H（紫外光区检测不到）	—
n→σ＊	端吸收	150~230	紫外区短波长端至远紫外区的强吸收	–OH、–NH_2、–X、–S	—
π→π＊	E_1 带	<190	芳香环的双键吸收		>200
	K(E_2)带	<217	共轭多烯、–C=C–C=O–等的吸收	$(–C=C–C=C–)_n$	>10 000
	B 带	~250	芳香环、芳香杂环化合物的芳香环吸收		>100
n→π＊	R 带	200~400	含 n 电子基团的吸收	C=O、C=S、–N=O、–N=N–、C=N 等	<100

K 带是 2 个或 2 个以上 π 键共轭时，π 电子向 π＊反键轨道跃迁的结果，可简单表示为 π→π＊。R 带是与双键相连接的杂原子（例如 C=O、C=N、S=O 等）上未成键电子的孤对电子向 π＊反键轨道跃迁的结果，可简单表示为 n→π＊。E_1 带和 E_2 带是苯环上三个双键共轭体系中的 π 电子向 π＊反键轨道跃迁的结果，可简单表示为 π→

π＊。B 带也是苯环上三个双键共轭体系中的 π→π＊跃迁和苯环的振动相重叠引起的,但相对来说,该吸收带强度较弱。以上各吸收带相对的波长位置由大到小的次序为:R、B、K、E_2、E_1,但 K 和 E 带常合并成一个吸收带。

水质 COD 或 TOC 的标准样品为按不同比例配制的邻苯二甲酸氢钾溶液,邻苯二甲酸氢钾的线性分子式为$HOOCC_6H_4COOK$,结构式如图 2-1 所示。

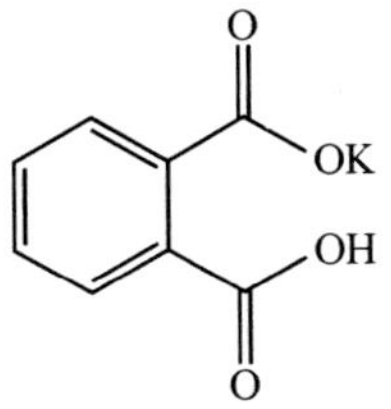

图 2-1　邻苯二甲酸氢钾结构式

邻苯二甲酸氢钾溶于水后会发生水解,形成邻苯二甲酸,化学方程式为

$$HOOCC_6H_4COOK+H_2O \longrightarrow C_6H_4(COOH)_2+K^++OH^- \quad (2-1)$$

芳香族和杂芳香族化合物光谱的特征谱带为 B 带,如苯的 B 带在 230~270 nm 的近紫外范围内有一宽峰,它包含多重峰或称精细结构,当芳环上连有发色基团(含有 π 键的 C=C、C≡C、苯环以及 C=O 等不饱和基团)时,还可以观察到芳环的特征 B 带。浓度范围在 1~55 mg/L 的邻苯二甲酸氢钾标准溶液的紫外吸收光谱如图 2-2 所示。

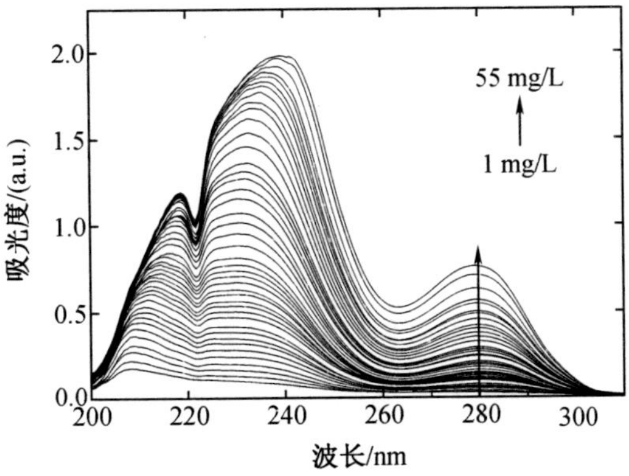

图 2-2　邻苯二甲酸氢钾溶液的紫外吸收光谱

由图 2-2 可知,标准液在近紫外区域有明显的吸收峰,尤其在 220~310 nm 区间内,紫外吸光度与溶液浓度之间有很好的相关性,310 nm 后(包括可见光区)几乎无吸收。不难看出,邻苯二甲酸氢钾溶液的紫外吸收光谱完全符合 K 带和 B 带的吸收特

征。由于邻苯二甲酸氢钾的苯环上连有 C=O 不饱和基团,因此不但可以观察到 225~275 nm 范围内的 K 带,同时可以观察到 B 带,B 带的 $\lambda_{max}=280$ nm。

波长在 255~285 nm 处的紫外吸光度与邻苯二甲酸氢钾标准液浓度值之间的关系如图 2-3 所示。

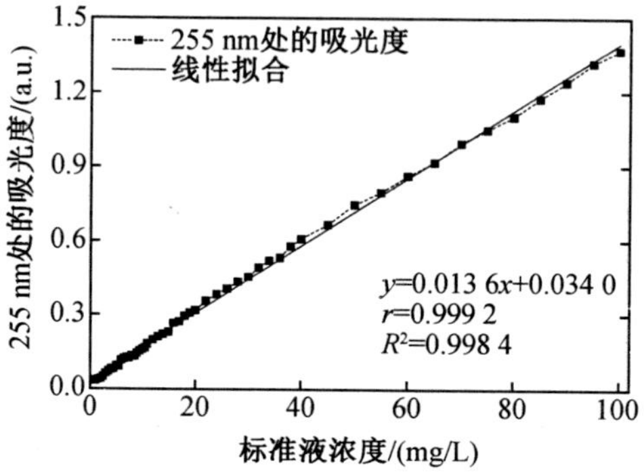

(a) 255 nm 处溶液浓度与吸光度的关系

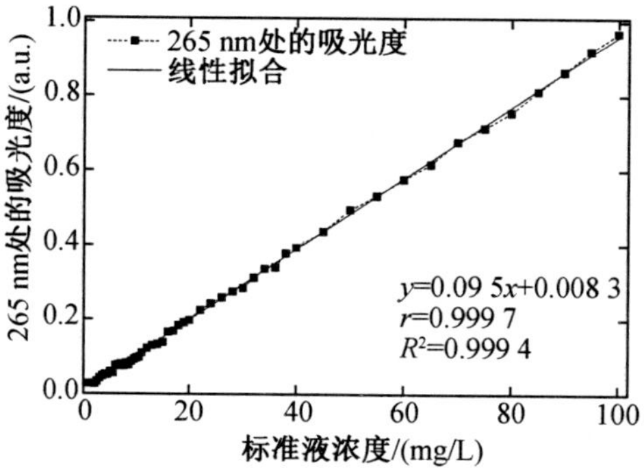

(b) 265 nm 处溶液浓度与吸光度的关系

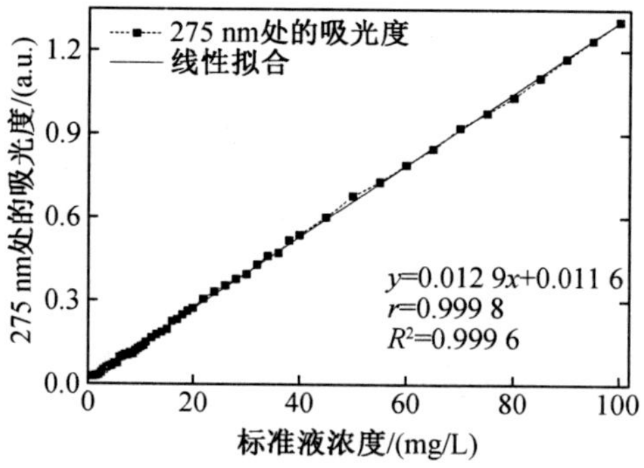

(c) 275 nm 处溶液浓度与吸光度的关系

图 2-3　不同波长处的紫外吸光度与邻苯二甲酸氢钾标准液浓度值的关系

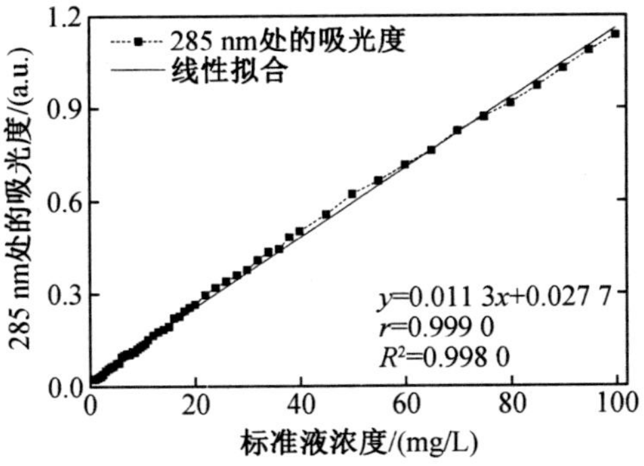

(d) 285 nm 处溶液浓度与吸光度的关系

图 2-3(续)

由图 2-3 可知,邻苯二甲酸氢钾溶液的浓度与紫外单波长吸光度值之间存在良好的线性关系。因此,采用紫外吸收光谱检测水质 COD 是可行的。

2.2.2　分子荧光光谱分析的微观机制

当紫外线照射到某些物质上时,这些物质就会发射出各种颜色和不同强度的可见光,而当紫外光停止照射时,这种光也随之很快消失,这种光称为荧光。

三维荧光光谱是由激发波长-发射波长-荧光强度三维坐标(分别对应坐标系中的 Y 轴-X 轴-Z 轴)所表征的矩阵光谱(excitation-emission matrix spectra, EEMs)。它可以获得激发波长与发射波长同时变化时的荧光强度信息。因此,荧光物质都有两种特征的光谱,即激发光谱和发射光谱。三维荧光光谱图有两种表示方式:一种是三维投影图,即 3D 视图;另一种是等高线图。

图 2-4 为某河水水样去除散射后的三维荧光光谱图。其中,图 2-4(a)为三维投影图,图 2-4(b)为等高线图。

被紫外光照射激发后,某些物质在回到基态的过程中会发射出比原激发波长更长的荧光,产生分子荧光光谱。利用荧光光谱的灵敏度和选择性高的特点可以对荧光物质的分子结构进行研究,也可以通过荧光的强度对物质进行定量分析。与产生荧光过程有关的能级跃迁过程可以用图 2-5 来表示。

电子激发态的多重态用 $2S+1$ 表示,S 为电子自旋角动量量子数的代数和,其数值为 0 或 1。根据 Pauli 不相容理论,$S=0$,该分子便处于单重态(或称单线态),用符号 S 表示。大多数有机物分子的基态处于单重态。$S=1$,分子处于激发的三重态(或称三线态),用符号 T 表示。符号 S_0、S_1、S_2 分别表示分子的基态、第一和第二电子激发单重态；T_1 和 T_2 则分别表示第一和第二电子激发三重态；A_1、A_2 表示吸收辐射；F 表示荧光；P 表示磷光；VR 表示振动松弛；ic 表示内转化；isc 表示系间窜越。A_1、A_2、F、P 属于辐射跃迁；VR、ic、isc 属于非辐射跃迁。

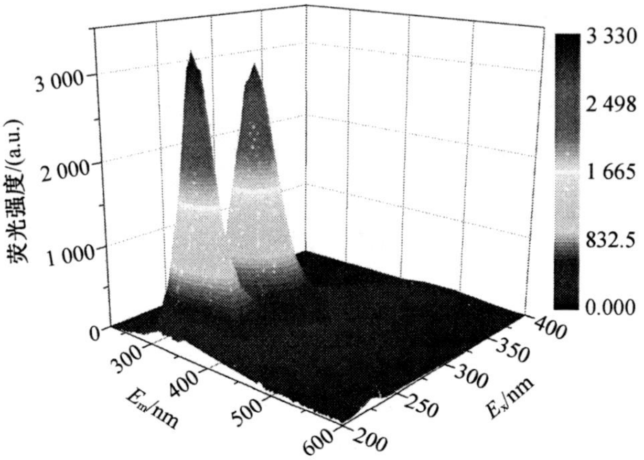

(a) 三维投影图

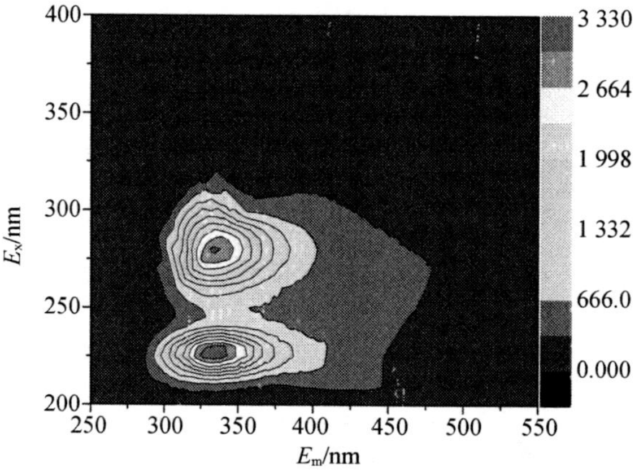

(b) 等高线图

图 2-4　某河水水样去除散射后的三维荧光光谱图

荧光是物质在吸光后发出的辐射，设入射至某溶液的光强度为 I_0，透射出的光强度为 I_t，因此溶液吸收的光强度 I_a 为 $I_a=I_0-I_t$。若溶液产生的荧光强度为 I_f，物质的荧光量子产率为 Y_f，则 I_f、I_a、Y_f 之间存在以下关系：

$$I_f=Y_f I_a \tag{2-2}$$

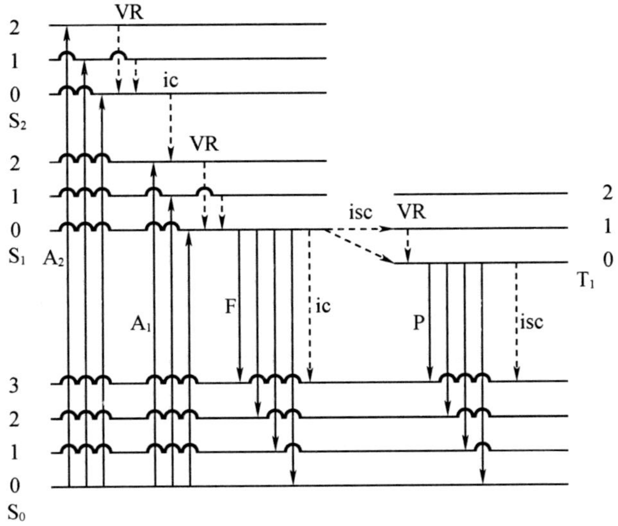

图 2-5　荧光产生过程示意图

而吸收的光强度 $I_a=I_0-I_t$，于是 I_f 可表示成

$$I_f=Y_f(I_0-I_t)=Y_fI_0\left(1-\frac{I_t}{I_0}\right) \tag{2-3}$$

由朗伯-比尔定律（见 2.3.4 节）可知$\frac{I_t}{I_0}=e^{-abc}$，因此有

$$I_f=Y_fI_0(1-e^{-abc}) \tag{2-4}$$

而 e^{-abc} 可以表示为

$$e^{-abc}=1-abc+\frac{(abc)^2}{2!}-\frac{(abc)^3}{3!}+\frac{(abc)^4}{4!}+\cdots \tag{2-5}$$

当 abc 非常小（<<0.05）时，$e^{-abc}\approx 1-abc$，带入式（2-4）后得

$$I_f=Y_fI_0abc \tag{2-6}$$

当用摩尔吸光系数 ε 代替 a 时，I_f 可表示为

$$I_f=2.303Y_fI_0\varepsilon bc \tag{2-7}$$

由式（2-7）可知，若要求溶液的荧光强度与荧光物质的浓度成正比，就必须保证溶液的浓度足够小。当 $\varepsilon bc\geqslant 0.05$ 时，荧光强度和溶液的浓度呈非线性关系，此时应考虑幂级数中的二次方或三次方项以满足荧光强度和溶液浓度之间的关系。以上即为荧光分析中定量检测溶液中荧光物质浓度的理论依据。

2.2.3　三维荧光光谱特征荧光峰的特点

自然水体中溶解有机物组分主要分为三大类：腐殖质类、色氨酸类和酪氨酸类物质[119]。对于清洁水体，一般存在五个主要荧光峰[120-121]，各荧光峰命名及具体位置如表 2-2 所示。

表 2-2　荧光峰命名及位置

荧光峰	荧光物质类型	激发波长/nm	发射波长/nm
A	腐殖质类	237~260	400~500
C	腐殖质类	300~370，290~325	400~500，370~430
B	酪氨酸类	225~237，270~275	309~321，304~312
T1	色氨酸类	275~280	330~368
T2	色氨酸类	225~237	340~381

本书所涉及的全部水样中，T1 峰和 T2 峰最为明显，而 A、B、C 三个荧光峰相对很弱，因此本书研究的是标准液和实际水样的水质 COD 与三维荧光光谱的 T1 峰、T2 峰荧光强度之间的关系模型，并研究外界环境因素对 T1 峰和 T2 峰处的荧光强度、T1 峰和 T2 峰的中心位置的影响规律，根据影响规律建立相应的补偿模型，对外界环境因素带来的影响进行有效的抑制。

水样的 COD 值和水样三维荧光光谱的 T1 峰和 T2 峰的荧光强度之间存在相关关系。浓度为 1 mg/L、20 mg/L、40 mg/L 和 60 mg/L 的邻苯二甲酸氢钾标准液去除散射后的三维荧光光谱等高线图如图 2-6 所示。

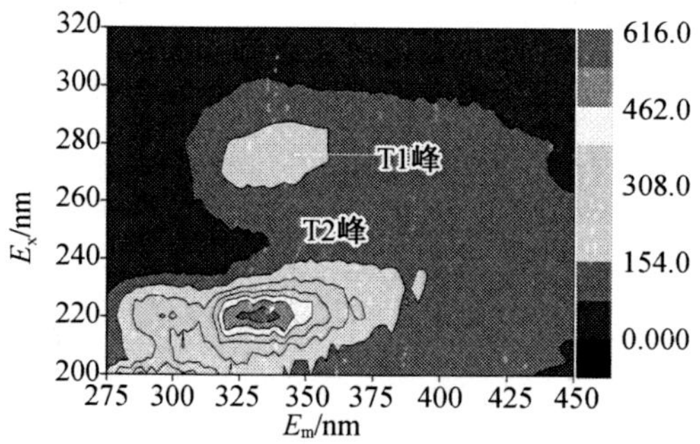

(a) 1 mg/L

图 2-6　标准液的三维荧光光谱等高线图

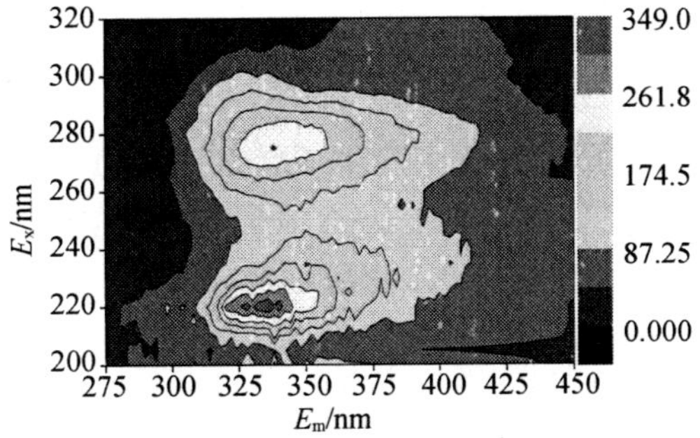

(b) 20 mg/L

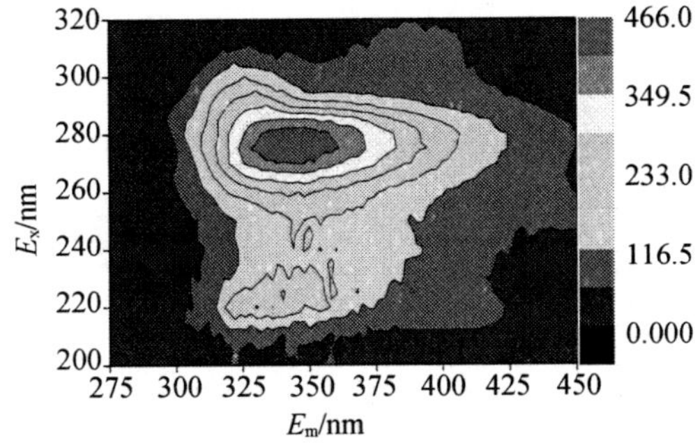

(c) 40 mg/L

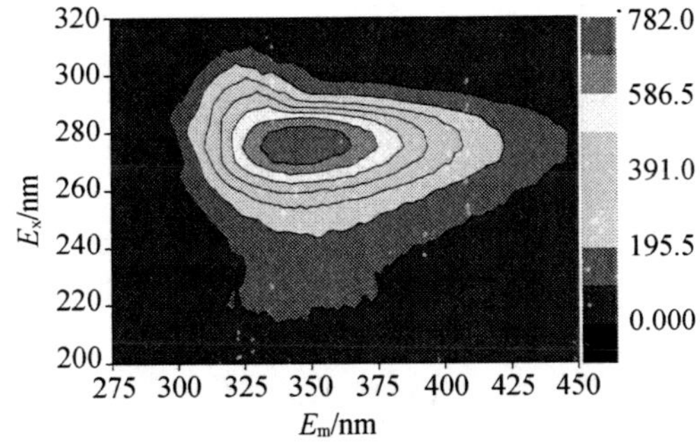

(d) 60 mg/L

图 2-6(续)

由图 2-6 可知,随着邻苯二甲酸氢钾标准液浓度的增大,其三维荧光光谱的 T1 峰(E_x/E_m = 275 nm/348 nm)处的荧光强度逐渐增强,而 T2 峰(E_x/E_m = 225 nm/340 nm)处的荧光强度是逐渐减弱的。

也可以将不同浓度标准液的三维荧光光谱在同一个激发波长下的发射波长进行展开,从而得到在固定激发波长下二维的荧光发射光谱图。如浓度为 1~55 mg/L 的邻苯二甲酸氢钾标准液在激发波长 E_x = 275 nm,发射波长 E_m = 275~450 nm 时的荧光发射光谱如图 2-7(a)所示。

由图 2-7(a)可知,E_m = 348 nm 处的荧光强度即为三维荧光光谱中 T1 峰(E_x/E_m = 275 nm/348 nm)中心位置的荧光强度;由图 2-7(b)可知,T1 峰中心位置处的荧光强度与标准液浓度之间有存在较好的相关性,可以通过化学计量学算法对水体中有机污染物的浓度进行预测。

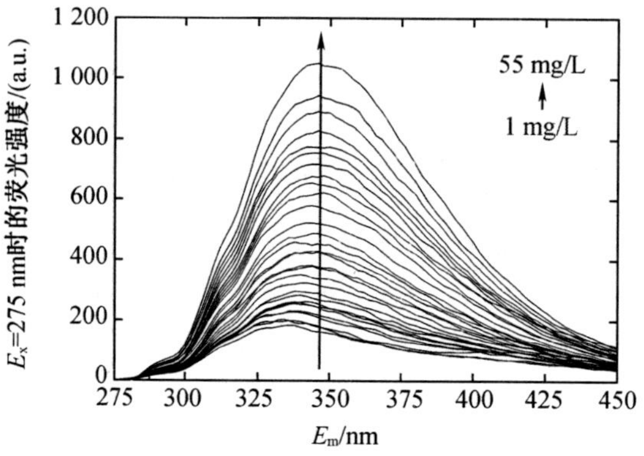

(a) E_x = 275 nm 时的荧光发射光谱

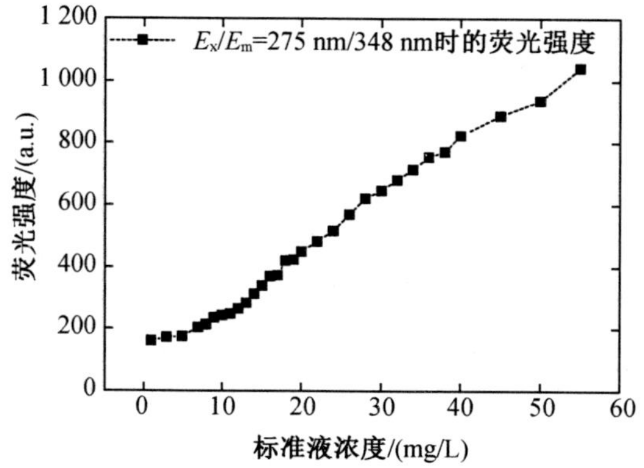

(b) T1 峰处荧光强度与标准液浓度的关系

图 2-7 标准液的荧光发射光谱及 T1 峰处荧光强度与标准液浓度的关系图

2.3　定量分析建模理论

2.3.1　光谱法检测水质 COD 的基本流程

基于光谱法的定量分析建模主要是利用化学计量学方法建立光谱信息与水质参数之间的关系模型。化学计量学是将数学、统计学和计算机科学应用于化学的一门新兴的交叉学科,是化学量测的基础理论与方法学,已经成为当今化学发展的前沿领域之一。化学计量学的出现和应用,使得光谱分析进入了一个新时代,光谱和化学计量学的结合已成为一种快速和高效的分析技术。

本书采用紫外光谱和荧光光谱数据对水质的 COD 进行检测,基于多光谱的方法对水质参数进行定量分析,主要有以下三方面的工作:

(1)光谱的预处理及特征光谱的提取;

(2)基于特征光谱数据建立定量分析模型,包括单一谱源的模型和多光谱信息融合模型的建立,并对比模型效果,选出最优模型;

(3)以最优模型作为分析模型,对待测样品的相关参数进行预测分析。

基于光谱法检测水质 COD 的基本流程如图 2-8 所示。

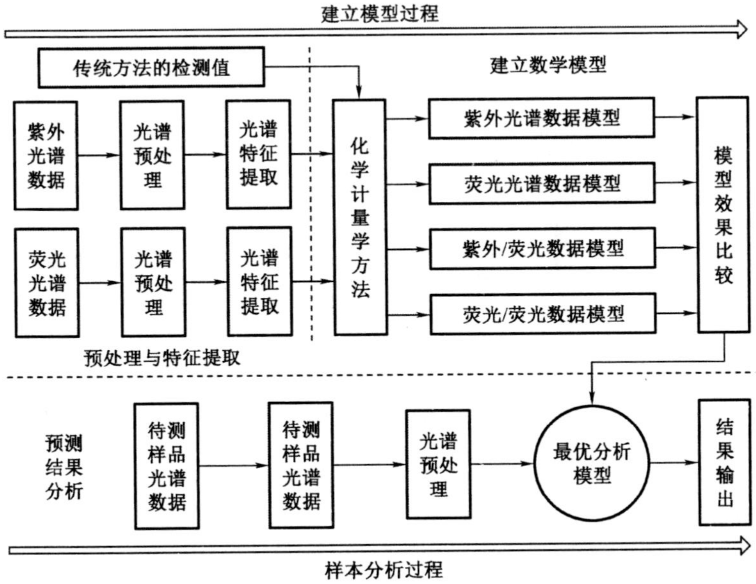

图 2-8　基于光谱法检测水质 COD 的基本流程图

由图 2-8 可知，基于光谱法检测水质 COD 的基本流程分为建立模型过程和样本分析过程两个主要过程。建立模型过程又包括光谱的预处理和特征光谱的提取以及不同数学模型的建立过程，最后经过模型效果的对比选择出最优分析模型，用于对预测集样本进行分析。

2.3.2 光谱预处理技术

通过实验采集的样品光谱中除了含有其本身的化学组成及浓度信息外，也会受到样品自身物理性质的影响，加之实验仪器的性能、实验环境及实验人员在操作过程中引入的误差等影响，都会引入与样品无关的干扰信息，这些干扰信息会造成光谱的基线平移或漂移、光谱信噪比下降等，从而影响光谱分析结果。因此，这些光谱数据在使用前应进行预处理。本节将用不同的方法分别对紫外光谱和三维荧光光谱数据进行预处理。

1. 紫外光谱数据的预处理

本书所用到的实际水样（海水水样 22 份，地表水水样 31 份）的紫外吸收光谱图如图 2-9 所示。从图 2-9 中可以看出，原始的紫外光谱存在噪声和基线的漂移。选择合适的光谱预处理方法可以有效抑制背景噪声及减小外界因素的影响，提高谱图与样品本身化学成分之间的相关性，从而提高预测模型的鲁棒性和适用性[122]。

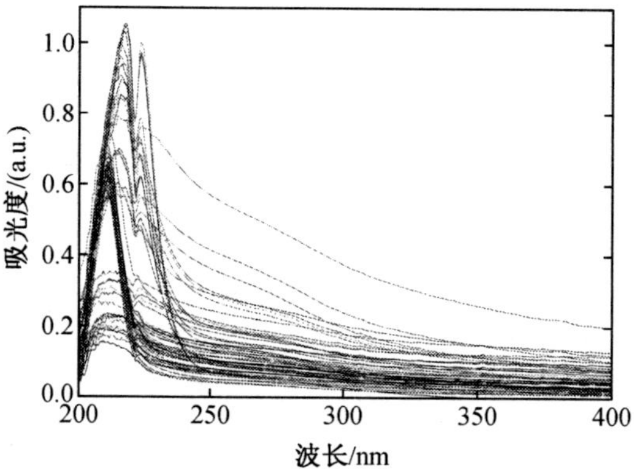

图 2-9　实际水样的紫外吸收光谱图

下面针对几种常用的二维光谱预处理方法进行介绍，并采用各预处理方法对原始光谱数据进行预处理。

（1）数据平滑（smoothing）

通过对光谱数据的平滑处理可以减小误差，进而改进数据，提高光谱的信噪比。

Savitzky-Golay 多项式平滑(SG 平滑)是一种常用的数据平滑处理方法,在进行平滑处理时使用最小二乘拟合对移动窗口内的光谱数据进行最小二乘多项式拟合。该方法的平滑过程也可看作一种加权平均的过程,表达式如式(2-8)所示。

$$p_i = \frac{\sum_{j=-m}^{m} p_{i+j} w_j}{\sum_{j=-m}^{m} w_j} \tag{2-8}$$

原始光谱经过 SG 平滑后的效果如图 2-10 所示。由图 2-10 可知,原始光谱经过 SG 平滑后,光谱曲线的噪声明显降低,而光谱的形状未发生改变。

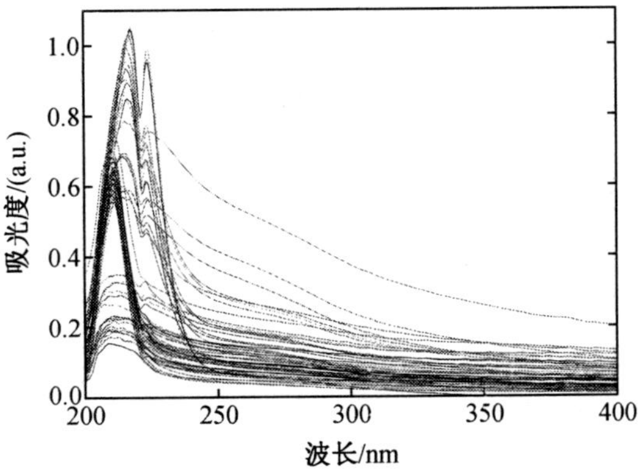

图 2-10　实际水样紫外光谱经 SG 平滑预处理后的效果

(2)数据规范化处理(data enhancement)

数据规范化处理包括消除常数偏移量、标准正态变换、矢量归一化和最小最大归一化等。

①消除常数偏移量是将光谱平移,将每一列的元素值的最小值置零,其公式为

$$x'_{ij} = x_{ij} - \min(x_j) \tag{2-9}$$

②标准正态变换(standard normal variate, SNV)是假设光谱曲线的光谱数据服从一定的统计分布,则可以利用该统计分布对光谱曲线进行校正。SNV 也被称作标准归一化,其公式为

$$X_{i(\mathrm{SNV})} = \frac{X_i - \mu}{\sigma} \tag{2-10}$$

式中　X_i——原始光谱数据;

μ——光谱数据平均值;

σ——光谱数据的标准偏差。

实际水样的紫外吸收光谱数据经消除常数偏移量和标准正态变换处理后的效果如图 2-11 所示。其中,图 2-11(a)为原始紫外光谱数据经 SG 平滑后再进行消除常数偏移量的效果,图 2-11(b)为标准正态变换预处理的效果。

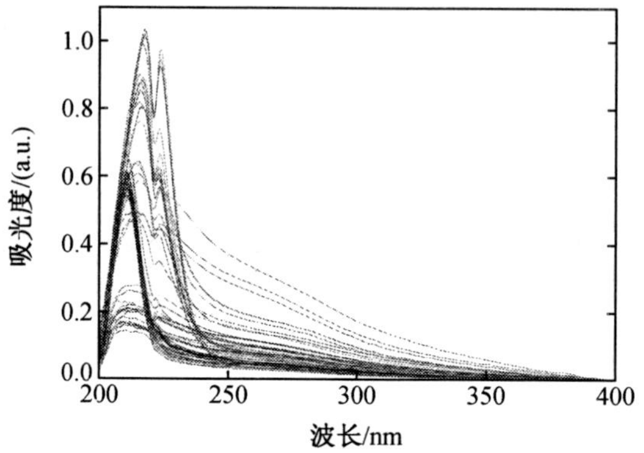

(a) 消除常数偏移量预处理

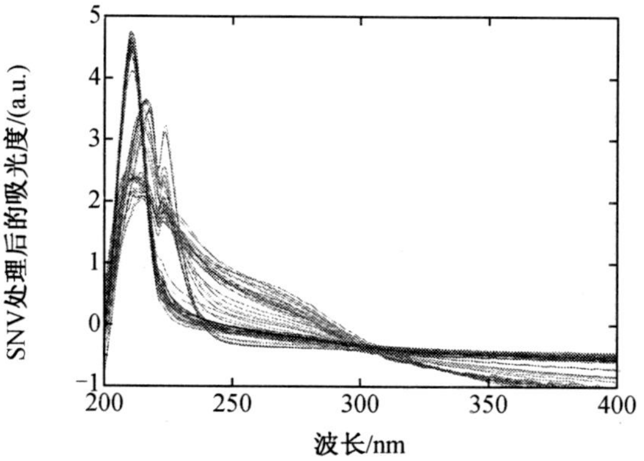

(b) 标准正态变换预处理

图 2-11　实际水样紫外光谱经消除常数偏移量和标准正态变换预处理后的效果

③矢量归一化(vector normalization, VN)处理是将原始光谱数据矩阵中每一个元素减去该元素所在列的均值后再除所在列所有元素的平方和的平方根的操作,其公式为

$$x'_{ij}=\frac{x_{ij}-\overline{x_j}}{S_j} \tag{2-11}$$

式中　$\overline{x_j}$——数据矩阵的第 j 列元素的平均值, $\overline{x_j}=\frac{1}{n}\sum_{i=1}^{n}x_{ij}$;

S_j——数据矩阵的第 j 列元素的平方和的平方根, $S_j=\sqrt{\sum_{i=1}^{n}x_{ij}^{2}}$。

④最小最大归一化(minimum maximum normalization, Min-Max Nor)处理可将量纲不统一的各种变量幅值变换到[0, 2]范围内的数据。首先将原始数据矩阵减去一个线性偏移,然后乘以一个常数 k,使得 Y 轴最大值为 2。该方法还适用于不同数据类型和数据取值范围差别较大的数据集预处理。其公式为

$$x'_{ij}=k[x_{ij}-\min(x_j)] \tag{2-12}$$

式中　$\min(x_j)$——原始矩阵中第 j 列元素的最小值;

　　k——原始矩阵中第 j 列元素的常数。

实际水样的紫外吸收光谱数据经矢量归一化和最小最大归一化处理后的效果如图 2-12 所示。其中,图 2-12(a)为原始紫外光谱数据经矢量归一化预处理后的效果,图 2-12(b)为原始紫外光谱数据经最小最大归一化预处理后的效果。

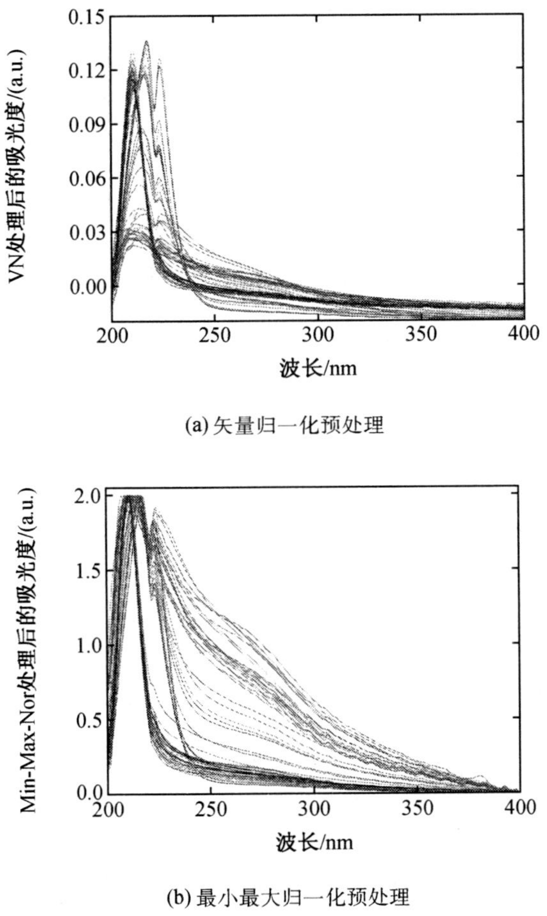

图 2-12　实际水样紫外光谱经矢量归一化和最小最大归一化预处理后的效果

(3)多元散射校正(multiplication scattering correction, MSC)

当待测对象的光谱数据和浓度信息之间存在较好的线性相关性时,该预处理算法可以取得较好的效果,多波长模型中常用 MSC 作为预处理方法。具体的算法过程为

先计算平均光谱:

$$\overline{X_i}=\frac{1}{n}\sum_{i=1}^{n}X_i \tag{2-13}$$

然后进行一元回归:

$$X_i=m_i\overline{X}+b_i \tag{2-14}$$

最后对每条光谱进行校正:

$$X_{i(\mathrm{MSC})}=\frac{1}{m_i}(X_i-b_i) \tag{2-15}$$

式(2-13)~(2-15)中 $\overline{X_i}$——样本的平均光谱;

X_i——第 i 个样本的光谱;

n——待校正的光谱数量;

m_i——回归方程的斜率;

b_i——回归方程的截距。

经过校正后得到的紫外吸收光谱数据可以有效地抑制散射的影响,从而增强了与成分含量相关的光谱吸收信息。实际水样的紫外光谱经多元散射校正处理后的效果如图 2-13 所示。

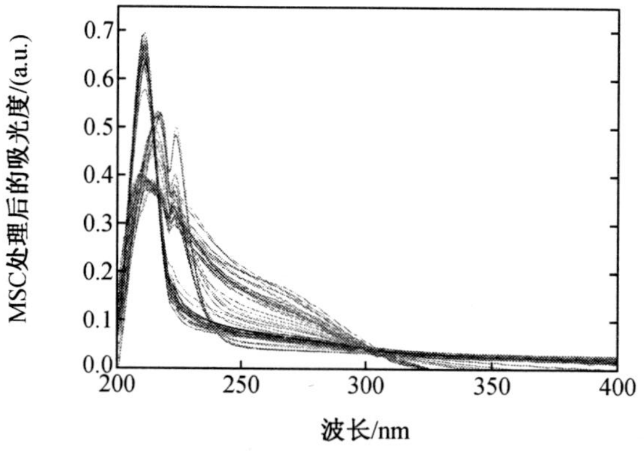

图 2-13　实际水样紫外光谱经多元散射校正预处理后的效果

(4)光谱数据求导(derivative)

光谱数据的求导预处理方法已在各类光谱分析中得到广泛的应用,最常用的是一

阶导数和二阶导数预处理。一阶导数预处理方法的表达式如式(2-16)所示，二阶导数预处理方法的表达式如式(2-17)所示。

$$\frac{d_y}{d_\lambda}=\frac{y_{i+1}-y_i}{\Delta\lambda} \tag{2-16}$$

$$\frac{d_y^2}{d_{\lambda^2}}=\frac{y_{i+1}-2y_i+y_{i-1}}{\Delta\lambda^2} \tag{2-17}$$

实际水样的紫外光谱经光谱数据求导预处理后的效果如图 2-14 所示。

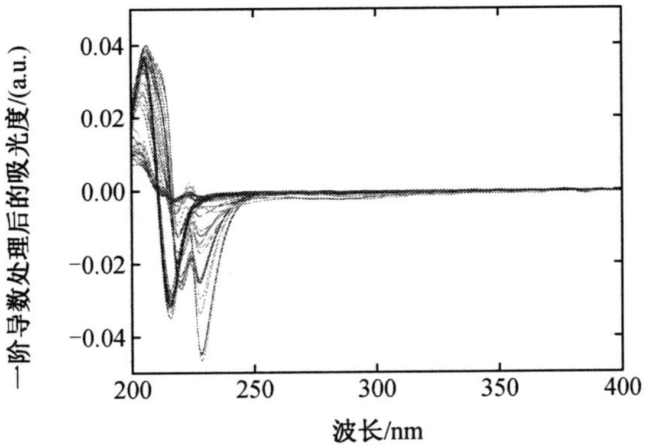

(a) 一阶导数处理

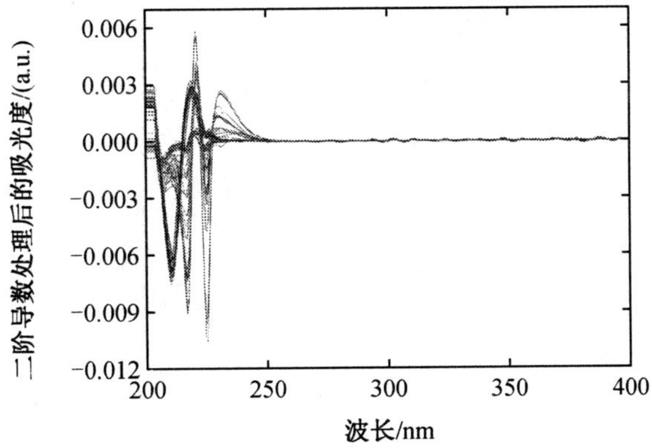

(b) 二阶导数处理

图 2-14　实际水样紫外光谱经光谱数据求导预处理后的效果

分别将图 2-10～图 2-14 与图 2-9 进行对比可知，用预处理方法处理的实际水样光谱数据均保留了原始光谱的吸收特性，如消除常数偏移量后的光谱曲线最小值已降为 0，而经过一阶导数和二阶导数处理后的光谱曲线的特征吸收峰得到明显的增强。

2. 三维荧光光谱数据的预处理

对于三维荧光光谱而言,原始光谱中会包含水的拉曼散射和瑞利散射及各类倍频散射,某海水水样去散射前的三维荧光光谱图如图 2-15 所示。其中,图 2-15(a)为三维投影图,图 2-15(b)为其等高线图。

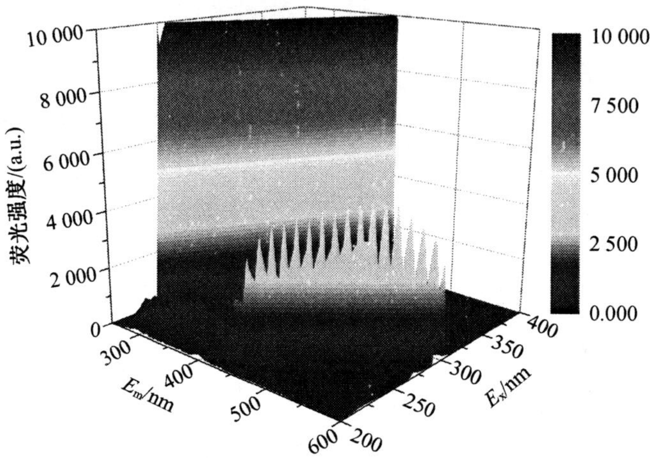

(a) 三维投影图

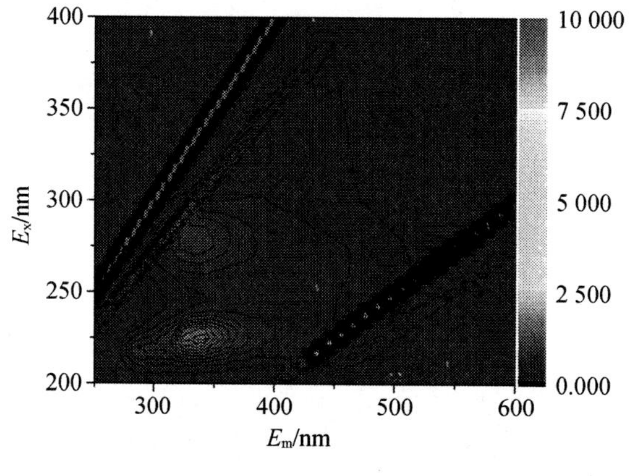

(b) 等高线图

图 2-15　海水水样去散射前的三维荧光光谱图

由图 2-15(a)和图 2-15(b)可以看出,原始的三维荧光光谱存在很强的散射峰,甚至可以将有用信息淹没。这些散射峰属于与被测物质无关的干扰信息,必须去除,否则会影响所建模型的适用性。将水的散射去除后,若将其按照激发波长 E_x 或发射波长 E_m 展开成二维的发射光谱或者激发光谱,均可利用上述各预处理方法进行光谱数据的预处理。

目前,最常用的三维荧光光谱去除散射的方法有:背景扣除法[123]和插值法[124],其中 Delaunay 三角形内插值法[125]应用较广泛,该方法能最大限度地保证光谱的形状在处理前后不发生变化。

采用 Delaunay 三角形内插值法去除散射峰后的三维投影图和等高线图分别如图 2-16(a)和图 2-16(b)所示。对比图 2-15 和图 2-16 不难看出,经 Delaunay 三角形内插值法处理后的三维荧光光谱的散射峰干扰信息已全部被去除,而三维荧光光谱的有效信息得到了明显的增强且荧光峰的中心位置没有改变,表明 Delaunay 三角形内插值法去除散射效果良好。本书即采用该方法去除被测水样三维荧光光谱中的散射峰。

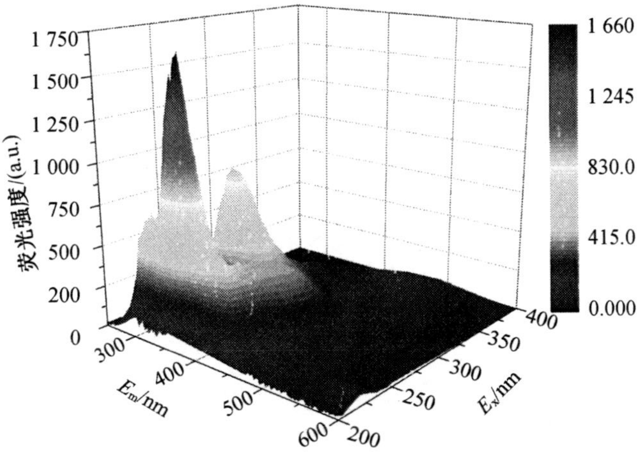

(a) 三维投影图

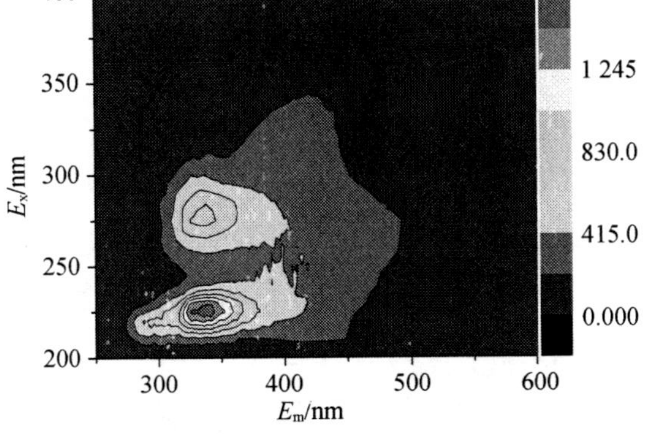

(b) 等高线图

图 2-16　海水水样去散射后的三维荧光光谱图

2.3.3 特征光谱区间的选择方法

特征光谱的选择常用于近红外光谱的分析，也可以将特征提取算法应用于其他类型的光谱，同样可以达到优选特征波长和提高模型预测精度的目的。以下介绍几种常用的特征提取方法，这几种方法均以 PLS 算法为基础。

(1)区间 PLS(interval PLS, iPLS)算法[126-127]

将整个光谱分成若干个等宽子区间，然后对每个子区间建立 PLS 模型，最后采用留一法计算交叉验证均方根误差(root mean square error of cross-validation, RMSECV)，并采用 RMSECV 最小时对应的因子数在各子区间建立局部最优 PLS 模型。

(2)联合区间 PLS(synergy interval PLS, SiPLS)算法[128-130]

该方法以 iPLS 为基础，在将光谱分成的若干个子区间上，计算所有可能的 j ($j>2$)个子区间联合模型，选择 RMSECV 最小时对应的组合区间。在最佳组合区间上所建立的联合区间 PLS 模型预测能力最强。

(3)移动窗口 PLS(moving window PLS, MWPLS)算法[131-133]

该方法将相邻波长点的 N 个光谱数据划入一个窗口中，基于不同的 PLS 因子建立模型并采用交叉验证均方根误差来衡量和比较模型的性能，寻找该窗口中的光谱数据的最优 PLS 模型。然后窗口依次后移一个数据点，并重新计算新窗口内数据的最优 PLS 模型，直至所有数据点计算完毕，对比每个窗口的最优 PLS 模型，确定最佳的光谱区域及其对应的模型。采用 MWPLS 算法的优选光谱波段建立的 PLS 模型，测精度可得到显著的改善。

(4)蚁群区间 PLS(ant colony optimization iPLS, ACO-iPLS)算法[134-136]

蚁群区间 PLS 算法是近年来发展起来的一种启发式算法，它是由模仿蚂蚁觅食方式演变而来的一种优化算法。

蚁群区间 PLS 算法的运算过程为：假设将光谱区间划分为 m 个，蚂蚁数量为 k 只。首先通过初始化使每个区间的信息素含量相同，每只蚂蚁通过权重函数选取特征区间，并基于已选区间上的 iPLS 模型的预测均方根误差的倒数作为评价函数对所得到的解进行评价。对每个区间上的信息素含量进行更新，建立在该区间上的模型精度越高则信息素含量越多。重复 k 只蚂蚁的“选择—计分评价—更新”这一迭代过程，直到所有蚂蚁都收敛到相同的区间变量上，进而得到最佳光谱区间。

2.3.4 基于化学计量学的定量建模分析方法

现代光谱分析技术定量分析建模方法主要是利用多元回归方法找出光谱信号和待测样品之间的关系，建立光谱信息与样品之间的关系模型，最终实现样品的定性、定量分析[137]。朗伯-比尔定律是分光光度法、比色分析法和光电比色法的定量基础，是光吸收的基本定律，适用于所有的电磁辐射和所有的吸光物质，包括气体、固体、液体、分子、原子和离子。光谱建模常用的多元校正方法有线性建模方法和非线性建模方法之分。线性建模方法，如主成分回归(principal component regression, PCR)、PLS 回归；非线性建模方法，如最小二乘支持向量机(least squares support vector machine, LSSVM)和人工神经网络(artificial neural network, ANN)等。本小节首先介绍朗伯-比尔定律的相关理论，然后对几种定量分析建模方法及其特点进行介绍。

1. 朗伯-比尔定律

在分光光度分析中，朗伯-比尔定律为一个有限的定律，其成立条件是待测物质要为均匀的稀溶液、气体等，不存在溶质、溶剂及悬浊物引起的散射，且要求入射光为单色光。化学因素也会影响朗伯-比尔定律，溶液浓度的改变会使溶质发生离解、缔合、配位等化学变化，从而造成朗伯-比尔定律的线性偏离。因此，吸光分析应在稀溶液或气体中进行，对溶液而言，浓度 $c<0.01$ mol/L。

朗伯-比尔定律的具体描述为：一束平行单色光通过厚度为 l 的均匀的非散射固态、液态或气态物质时，一部分光子被吸收，光强从 I_0 降低至 I_t。朗伯-比尔定律的示意图如图 2-17 所示，表达式如式(2-18)所示。

$$A(\lambda)=\lg\left(\frac{I_0}{I_t}\right)=\lg\left(\frac{1}{T}\right)=\varepsilon cl \tag{2-18}$$

式中　$A(\lambda)$——吸光度；

I_t——透过光强度；

I_0——入射光强度；

T——透射比(transmittance，透过光强度比入射光强度)；

c——被测样品组分浓度；

l——吸光厚度；

ε——摩尔吸光系数，与入射光的波长、物质的性质和温度等因素有关。

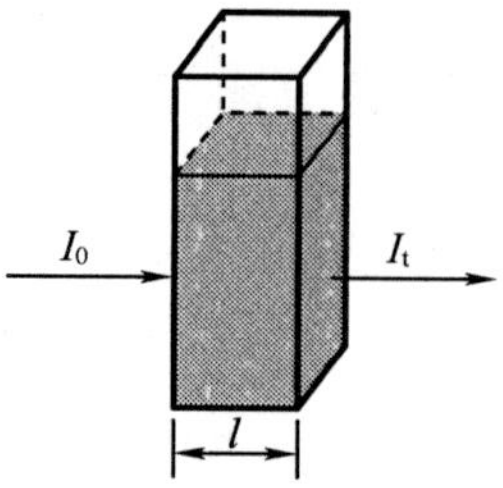

图 2-17　朗伯-比尔定律示意图

由于吸光度具有加和性,因此当待测物质中含有 n 种不相互影响的共存物质时,各物质的吸光度由各自浓度与本身的吸光系数共同决定,因此有

$$A = A_1 + A_2 + A_3 + \cdots + A_n = \sum_{i=0}^{n} \varepsilon_i c_i l \tag{2-19}$$

式中　$A_1, A_2, A_3, \cdots, A_n$——各物质的吸光度;

ε_i——各物质吸光系数;

c_i——各物质浓度;

A——混合物质的总吸光度。

2. 主成分回归

主成分回归分析首先采用主成分分析(principal component analysis, PCA)法获得能够表征原变量数据特征的主成分,然后利用主成分进行多元线性回归,PCR 模型是建立在经过降维的数据矩阵基础之上的。

通过奇异值分解,可以将自变量矩阵 $\boldsymbol{X}$ 分解为

$$\boldsymbol{X}=\boldsymbol{USP}^{\mathrm{T}} \tag{2-20}$$

式中　S——协方差矩阵 $\boldsymbol{X}^{\mathrm{T}}\boldsymbol{X}$ 的特征值的平方根;

$\boldsymbol{U}$——标准列的正交矩阵;

$\boldsymbol{P}^{\mathrm{T}}$——标准行的正交矩阵。

令 $\boldsymbol{T}=\boldsymbol{US}$,则 $\boldsymbol{T}$ 为主成分分析中的得分矩阵,矩阵 $\boldsymbol{P}$ 为载荷矩阵。则主成分回归模型可表示为

$$\boldsymbol{Y}=\boldsymbol{TB}+\boldsymbol{E} \tag{2-21}$$

式中　$\boldsymbol{Y}$——浓度矩阵;

$\boldsymbol{E}$——残差矩阵;

$\boldsymbol{B}$——关联系数矩阵。

$\boldsymbol{B}$ 的最小二乘解为

$$\boldsymbol{B}=(\boldsymbol{T}^{\mathrm{T}}\boldsymbol{T})^{-1}\boldsymbol{T}^{\mathrm{T}}\boldsymbol{Y} \tag{2-22}$$

主成分回归可以起到“去伪存真”的作用，使光谱的有效信息得到充分利用，并能有效减小噪声对模型的干扰。但也存在一些不足，如建模过程中可能会由于一部分有用信息被忽略而导致预测模型的精度受到影响。

3. PLS 回归

PLS 回归(partial least squares regression, PLSR)是目前最常用的光谱数据回归建模算法。该算法以主成分分析为数学基础，其原理是同时对光谱数据矩阵和浓度矩阵进行因子分析后提取相应的潜在变量(latent variable，LV)，按照潜在变量对模型贡献率进行排序，并对比相应模型的预测能力，选择预测能力最优的潜在变量个数建模。

PLS 将光谱矩阵 $\boldsymbol{X}$ 和水质浓度矩阵 $\boldsymbol{Y}$ 同时进行主成分分解，即

$$\boldsymbol{X}=\boldsymbol{TP}+E \tag{2-23}$$

$$\boldsymbol{Y}=\boldsymbol{UQ}+F \tag{2-24}$$

式中　$\boldsymbol{T},\boldsymbol{U}$——$\boldsymbol{X}$、$\boldsymbol{Y}$ 的得分矩阵；

$\boldsymbol{P},\boldsymbol{Q}$——$\boldsymbol{X}$、$\boldsymbol{Y}$ 的载荷矩阵；

E,F——PLS 模型分别去拟合 $\boldsymbol{X}$、$\boldsymbol{Y}$ 时所引进的误差。

PLS 方法要求对 $\boldsymbol{T}$ 和 $\boldsymbol{U}$ 的相关性最大，因此将 $\boldsymbol{T}$ 和 $\boldsymbol{U}$ 做线性回归：

$$\boldsymbol{U}=\boldsymbol{TB} \tag{2-25}$$

$$\boldsymbol{B}=(\boldsymbol{T}'\boldsymbol{T})^{-1}\boldsymbol{T}'\boldsymbol{U} \tag{2-26}$$

在进行未知水样水质参数预测时，由未知水样的光谱矩阵 $\boldsymbol{X}$ 与通过训练校正得到的 $\boldsymbol{P}$ 即可求出未知水样的 $\boldsymbol{T}$ 矩阵，然后即可得到未知水样的 $\boldsymbol{Y}$ 矩阵：

$$\boldsymbol{Y}_{未知}=\boldsymbol{T}_{未知}\boldsymbol{BQ} \tag{2-27}$$

模型潜在变量的个数是 PLS 算法的关键问题，一般以预测误差平方和(prediction residual error sum of squares, PRESS)来选择最优潜在变量的数量(L_v)，PRESS 的表达式为

$$\mathrm{PRESS}=\sum_{i=1}^{n}\sum_{j=1}^{Lv}(y_i-\hat{y}_i)^2 \tag{2-28}$$

式中　n——校正集中样品数目；

y_i——第 i 个样品的标准值；

$\hat{y}_i$——第 i 个样品的预测值；

L_v——潜在变量数目。

PRESS 的值越高则所建模型的预测误差越大，反之，PRESS 值越低则模型的预测误差越小。一般来说，潜在变量数目可以通过交叉验证的方法获得。

4. LSSVM 回归

LSSVM 是在支持向量机(support vector machine, SVM)基础上的扩展，其采用最

小二乘系统作为损失函数来代替传统的支持向量机的二次规划求解问题，将问题转换为求解一组等式方程的问题[47]。

设 S 为给定的训练集，其表达式为

$$S=\{(\boldsymbol{x}_i,\boldsymbol{y}_i),\boldsymbol{x}_i\in\mathbf{R}^n,\boldsymbol{y}_i\in\mathbf{R}\}_{i=1}^{l} \tag{2-29}$$

式中 $\boldsymbol{x}_i$——第 i 个输入向量；

$\boldsymbol{y}_i$——相应于 $\boldsymbol{x}_i$ 的目标值；

l——样本数目。

回归问题的目标是确定最优回归函数 $f(x)$，使其能以尽可能高的概率正确回归未知的输入向量[138]。回归函数 $f(x)$ 的表达式为

$$f(x)=\boldsymbol{w}^{\mathrm{T}}\varphi(x)+\boldsymbol{b} \tag{2-30}$$

式中 $\varphi(\cdot)$——输入空间到特征空间的映射；

$\boldsymbol{w}$——系数向量；

$\boldsymbol{b}$——待求量。

在 LSSVM 中，回归问题对应的优化问题为

$$\min_{w,b,e}Q(\boldsymbol{w},\boldsymbol{b},\boldsymbol{e})=\frac{1}{2}\|\boldsymbol{w}\|^2+\frac{\gamma}{2}\sum_{i=1}^{l}e_i^2 \tag{2-31}$$

$$\text{s.t.}\quad y_i=\boldsymbol{w}^{\mathrm{T}}\varphi(x_i)+\boldsymbol{b}+e_i\quad(i=1,2,\cdots,l) \tag{2-32}$$

式(2-31)(2-32)中 e_i——第 i 个数据的误差变量；

γ——进行误差调整的惩罚参数。

相应的拉格朗日函数为

$$L(\boldsymbol{w},\boldsymbol{b},\boldsymbol{e},\boldsymbol{\alpha})=Q(\boldsymbol{w},\boldsymbol{b},\boldsymbol{e})-\sum_{i=1}^{l}\alpha_i[\boldsymbol{w}^{\mathrm{T}}\varphi(x_i)+\boldsymbol{b}+e_i-y_i] \tag{2-33}$$

根据 KKT 条件(即 Karush-Kuhn-Tucker 条件，是一组用于解决约束优化问题的必要条件)，其最优值条件为

$$\begin{cases}\dfrac{\partial L}{\partial w}=0\Rightarrow\boldsymbol{w}-\sum\limits_{i=1}^{l}\alpha_i\varphi(x_i)=0\\[2ex]\dfrac{\partial L}{\partial b}=0\Rightarrow\sum\limits_{i=1}^{l}\alpha_i=0\\[2ex]\dfrac{\partial L}{\partial e}=0\Rightarrow Ce_i-\alpha_i=0\\[2ex]\dfrac{\partial L}{\partial\alpha_i}=0\Rightarrow\boldsymbol{w}^{\mathrm{T}}\varphi(x_i)+\boldsymbol{b}+e_i-y_i=0\end{cases} \tag{2-34}$$

将式(2-34)写成矩阵形式并消去 $\boldsymbol{w}$ 和 $\boldsymbol{e}$，可得

$$\begin{bmatrix} \mathbf{0} & \vec{1}^{\mathrm{T}} \\ \vec{1} & \boldsymbol{\Omega}+\boldsymbol{\gamma}^{-1}\boldsymbol{I} \end{bmatrix} \begin{bmatrix} \boldsymbol{b} \\ \boldsymbol{\alpha} \end{bmatrix} = \begin{bmatrix} \mathbf{0} \\ \boldsymbol{y} \end{bmatrix} \tag{2-35}$$

其中，$\boldsymbol{\Omega}$ 为核函数矩阵，其服从 Mercer 条件：

$$\Omega_{ij}=K(x_i,y_j)=\boldsymbol{\varphi}^{\mathrm{T}}(x_i)\boldsymbol{\varphi}(y_j)$$

式中　Ω_{ij}——$\boldsymbol{\Omega}$ 中第 i 行第 j 列元素。

求解式(2-35)可得回归函数：

$$y(x)=\sum_{i=1}^{l}\alpha_i K(x,x_i)+\boldsymbol{b} \tag{2-36}$$

令 $\boldsymbol{A}=\boldsymbol{\Omega}+\boldsymbol{\gamma}^{-1}\boldsymbol{I}$，则 $\alpha_i(i=1,2,\cdots,l)$ 的矩阵形式和 $\boldsymbol{b}$ 分别为

$$\boldsymbol{\alpha}=\boldsymbol{A}^{-1}(\boldsymbol{y}-\boldsymbol{b}\vec{1}) \tag{2-37}$$

$$\boldsymbol{b}=\frac{\vec{1}^{\mathrm{T}}\boldsymbol{A}^{-1}\boldsymbol{y}}{\vec{1}^{\mathrm{T}}\boldsymbol{A}^{-1}\vec{1}} \tag{2-38}$$

对同一问题，结果会因选择不同的核函数而存在差异。常用的核函数有多项式核函数、线性核函数、Sigmoid 核函数以及径向基（radial basis function，RBF）核函数。目前应用较广泛的是 RBF 核函数，RBF 是一种非线性核函数，能够有效降低建模的计算复杂度，并提高模型的预测性能。因此，本书采用 RBF 核函数作为 LSSVM 预测模型中的核函数，其表达式为

$$K(x,x_i)=\exp\frac{-\|x-x_i\|^2}{2\sigma^2},(\sigma>0) \tag{2-39}$$

5. 人工神经网络（ANN）

ANN 是一种常用的非线性模式识别建模方法，可以在输入变量和输出变量之间建立高度非线性的映射模型，并能在映射过程中进行并行分布处理及自适应学习，在人工智能和模式识别等领域都得到了广泛的应用[112]，通过 ANN 方法也能够在光谱数据和被测对象间建立起预测效果较好的非线性映射模型[105,139-140]。使用人工神经网络进行建模无须关注模型先前的形式，因此很适合解决复杂映射问题。

上述各定量分析方法中，主成分回归模型可能会由于建模过程中忽略有用信息而使模型的预测精度受到影响；ANN 可以完成并行处理和自适应学习，但存在学习时间长、分析所需数据量较大的缺点；PLS 回归能够在自变量存在严重多重相关性的条件下进行回归建模，且在最终模型中包含原有的所有自变量，是目前应用最多的线性回归建模方法；LSSVM 回归属于非线性定量分析方法，建模时具有小样本学习能力强、

计算简单的优点。

基于以上分析，本书在利用光谱数据对水质 COD 参数进行建模时采用的是 PLS 回归和 LSSVM 回归。

2.3.5 模型性能评价指标

模型性能评价采用校正集样本的相关系数或决定系数以及交叉验证均方根误差来优化模型，采用检验集样本的预测均方根误差来评价模型的预测精度。各评价指标的表达式如式(2-40)～式(2-43)所示。

1. 相关系数(correlation coefficient, r)

$$r = \frac{\sum (y_i - \bar{y})(\hat{y}_i - \bar{\hat{y}})}{\sqrt{\sum (y_i - \bar{y})^2}\sqrt{\sum (\hat{y}_i - \bar{\hat{y}})^2}} \tag{2-40}$$

式中 $\hat{y}_i$——基于光谱建模预测的结果；

$\bar{\hat{y}}$——基于光谱建模预测值的算数平均值；

y_i——标准方法测定得到的结果；

$\bar{y}$——标准方法测定值的算数平均值。

2. 决定系数(coefficient of determination, R^2)

$$R^2 = 1 - \frac{\sum (\hat{y}_i - y_i)^2}{\sum (y_i - \bar{y})^2} \tag{2-41}$$

3. 校正集交叉验证均方根误差(root mean square error of cross-validation, RMSECV)

$$\text{RMSECV} = \sqrt{\frac{1}{n-1}\sum_{i=1}^{n} (\hat{y}_i - y_i)^2} \tag{2-42}$$

式中 n——校正集样本数。

4. 检验集预测均方根误差(root mean square error in prediction, RMSEP)

$$\text{RMSEP} = \sqrt{\frac{1}{m}\sum_{i=1}^{m} (\hat{y}_i - y_i)^2} \tag{2-43}$$

式中 m——检验集样本数。

5. 系统偏差 Bias

系统偏差是由特定测量方法产生的一个测量(预测)值与真值之间的偏差，其值越小越好。对本书而言，系统偏差是检验样品的测量值与真值之间的整体平均偏差。

$$\text{Bias} = \frac{1}{n}\sum_{i=1}^{n}(\hat{y}_i - y_i) \tag{2-44}$$

一般对于各评价指标而言，r 或 R^2 值越大，RMSECV、RMSEP 及 Bias 值越小，所建立模型的效果越好。

2.4　基于粒子群优化的定量建模分析方法

2.4.1　粒子群算法

粒子群(particle swarm optimization, PSO)算法，也称粒子群优化算法或鸟群觅食算法，是一种基于迭代的优化算法，通过追随当前搜索到的最优值来寻找全局最优，具有实现容易、精度高、收敛快且无须多参数调整等优点，目前已广泛应用于函数优化、神经网络训练、模式分类等领域[141]。它将群体中的个体看作在 D 维搜索空间中没有质量和体积的粒子，每个粒子以一定的速度在解空间运动，并向自身历史最佳位置 p_{best} 和邻域历史最佳位置 g_{best} 聚集，实现对候选解的进化。具体运算流程如下：

步骤 1：初始化一群粒子(群体规模为 m)，包括随机位置和速度；

步骤 2：评价每个粒子的适应度；

步骤 3：对每个粒子，将其适应值与其经过的最好位置 p_{best} 做比较，如果较好，则将其作为当前的最好位置 p_{best}；

步骤 4：对每个粒子，将其适应值与其经过的最好位置 g_{best} 做比较，如果较好，则将其作为当前的最好位置 g_{best}；

步骤 5：调整粒子速度和位置；

步骤 6：未达到结束条件则转步骤 2。

迭代终止条件根据具体问题一般选为最大迭代次数或/和粒子群至目前为止搜索到的最优位置满足预定最小适应阈值。

PSO 算法的运算流程如图 2-18 所示。

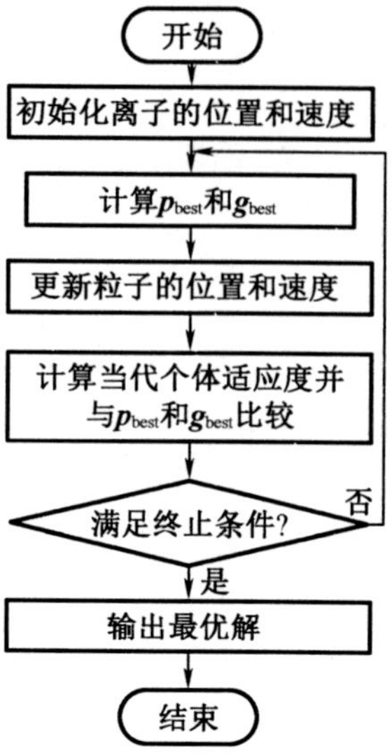

图 2-18　PSO 算法的运算流程图

种群中每个粒子在每一次迭代时都会对其速度和位置进行更新,更新方程式为

$$v_i(t+1)=v_i(t)+c_1\mathrm{rand}_1[p_{\mathrm{best}i}-x_i(t)]+c_2\mathrm{rand}_2[g_{\mathrm{best}i}-x_i(t)] \tag{2-45}$$

$$x_i(t+1)=x_i(t)+v_i(t+1) \tag{2-46}$$

式(2.45)和式(2.46)中　c_1, c_2——加速常数,通常 $0\leqslant c_1, c_2\leqslant 2$;

$\mathrm{rand}_1, \mathrm{rand}_2$——介于(0, 1)之间的随机数;

$p_{\mathrm{best}i}, g_{\mathrm{best}i}$——在每次迭代过程中粒子自身及全局的最优解;

x_i——第 i 个粒子当前的位置;

v_i——第 i 个粒子当前的速度。

2.4.2　建模方法的提出

本书分别基于单一谱源的光谱数据和多源光谱信息融合数据建立了基于光谱法检测水质 COD 的数学模型,通过对比不同的特征提取方法和建模算法的性能,选出效果最优的模型作为最终模型进行检验,最终提出了基于 ACO-iPLS 方法进行特征光谱的提取,采用 PSO 算法优化 LSSVM 关键参数的数学模型建立方法,将该方法称作 PSO-LSSVM(ACO-iPLS)算法。

PSO-LSSVM 算法同时发挥了 PSO 收敛快、全局搜索能力强和 LSSVM 算法的小样本学习能力强、计算简单的特点,提高了模型的学习能力及泛化能力。本书提出的建模方法同时发挥了 ACO 算法、PSO 算法以及 LS-SVM 算法各自的优点,为本书各模型的建立提供理论支撑，具体建模过程和模型效果见本书第 3 章和第 4 章。

基于 LSSVM 方法建立模型时，输入变量为采用 ACO-iPLS 特征提取算法提取出的特征光谱数据，结合 PSO 算法理论对 LSSVM 算法的两个关键参数 γ 和 σ 进行寻优运算，直至寻优结束获得 LSSVM 的最优参数组合(γ,σ)。

将紫外吸收光谱和荧光发射光谱进行特征波长提取后，利用特征波长对应的光谱数据进行紫外/荧光多光谱的特征级融合建模（最优特征提取方法的选择过程见本书第 3 章和第 4 章），特征光谱的提取和模型建立的过程如图 2-19 所示。

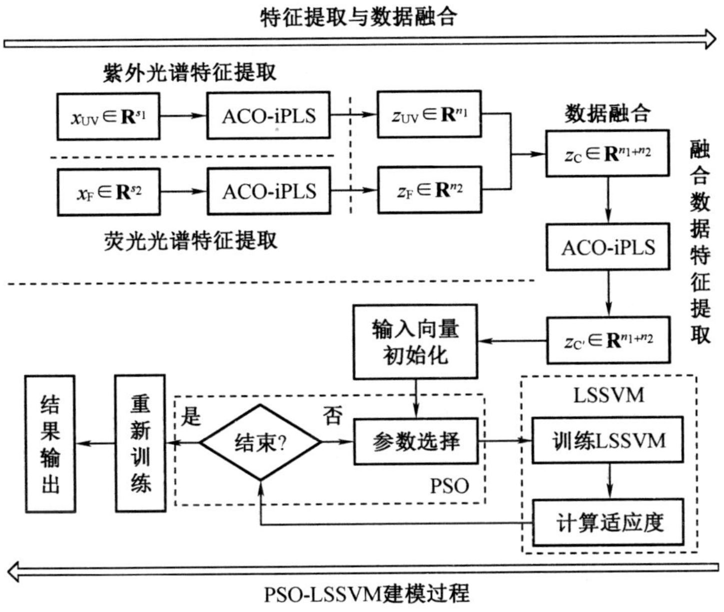

图 2-19　特征光谱的提取和模型建立的过程

特征提取和模型建立的过程具体描述如下：

(1)设水样的紫外吸收光谱数据 x_{UV} 和三维荧光光谱数据 x_F 分别为

$$x_{UV} = \{x_{UV,1}, x_{UV,2}, \cdots, x_{UV,s1}\} \tag{2-47}$$

$$x_F = \{x_{F,1}, x_{F,2}, \cdots, x_{F,s2}\} \tag{2-48}$$

(2)特征提取后得到的紫外特征光谱信息 z_{UV} 和荧光特征光谱信息 z_F 分别为

$$z_{UV} = \{z_{UV,1}, z_{UV,2}, \cdots, z_{UV,n1}\} \tag{2-49}$$

$$z_F = \{z_{F,1}, z_{F,2}, \cdots, z_{F,n2}\} \tag{2-50}$$

(3)将两种光谱的特征数据联合构成向量 z_C，再次利用 ACO-iPLS 方法对 z_C 进行特征提取，得到信息融合后的输入向量 $z_{C'}$，即

$$z_{C'}=[z_{UV},z_F]^T\in\mathbf{R}^{n_1+n_2} \tag{2-51}$$

(4)利用 $z_{C'}$ 作为 PSO-LSSVM 的输入向量进行建模。

本书提出的建模方法中,两次采用 ACO-iPLS 对光谱信息进行特征提取,ACO 算法属于全局搜索算法,可以有效避免局部最优解的情况出现,因此优选出的特征波长更具代表性;以 ACO-iPLS 的优选波长对应的光谱数据作为输入,并采用 PSO 算法对 LSSVM 方法的关键参数进行寻优,适应度函数采用 LSSVM 模型训练集样本的均方差作为目标函数,其表达式为

$$\text{fitness}(\gamma,\sigma)=\frac{1}{n}\sum_{i=1}^{n}(\hat{y}_i-y_i)^2 \tag{2-52}$$

2.5 本章小结

本章首先介绍了紫外吸收光谱及三维荧光光谱的基本理论和各自的特点,并分析了水样的紫外光谱和三维荧光光谱的特性;其次介绍了光谱数据的预处理方法及特征提取算法,并介绍了常用的化学计量学定量建模算法及模型的性能评价指标;最后以紫外光谱和荧光光谱为例,提出了本书的建模思想,包括以 ACO-iPLS 算法进行特征提取,以及与 PSO-LSSVM 算法相结合进行模型建立。本章内容为后续章节的展开提供了重要的理论基础。

第 3 章　单一谱源检测水质 COD 的理论模型与实验研究

3.1 引　　言

早期基于光谱技术检测水质 COD 的方法多是采用 254 nm 的单波长紫外吸收光谱法,但水样在其他波长处也有吸收且吸光度与 COD 浓度呈正相关。本章首先以邻苯二甲酸氢钾标准液(以下简称标准液)浓度为研究对象,对多个紫外单波长光谱数据进行回归建模;然后分别采用全波段紫外吸收光谱法和荧光光谱法对标准液和实际水样的水质 COD 进行定量分析建模。主要研究基于实际水样的紫外吸收光谱和不同激发波长下的荧光发射光谱数据的水质 COD 预测模型的建立方法,重点研究特征提取方法和建模算法,并最终建立基于单一谱源的最优水质 COD 预测模型。

配制标准液时,将原始浓度为 1 000 mg/L 的标准液用蒸馏水按比例稀释得到 1～100 mg/L 的实验样本溶液 52 份,利用紫外光谱仪和荧光分光光度计对标准液样本进行光谱数据的采集。

3.2 基于紫外吸收光谱检测水质 COD 的建模方法研究

采用荷兰 Avantes 公司的 AvaSpec-2048 型紫外可见光纤光谱仪完成紫外吸收光谱的采集工作,光源为 AvaLight-DH-S-BAL 型氘/卤素组合光纤光源,将 10 mm×10 mm 的石英比色皿作为样品池。光谱采集时设置积分时间为 2 ms,采样平均次数为 200 次。实验室紫外光谱采集系统实物如图 3-1 所示。

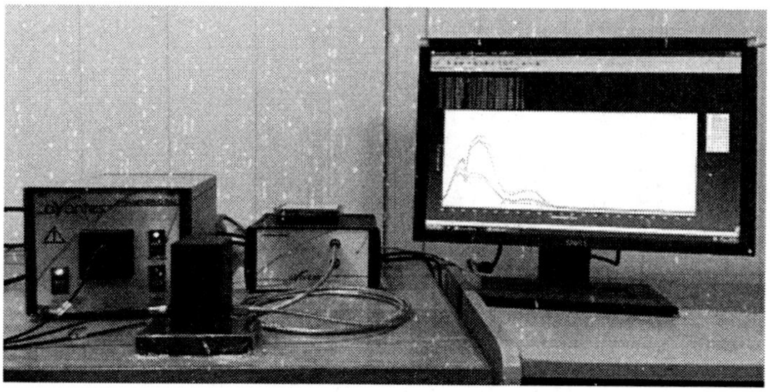

图 3-1 紫外光谱采集系统实物图

浓度为 1~100 mg/L 的实验样本溶液标准液的紫外吸收光谱如图 3-2 所示。由图 3-2 可以看出,标准液的紫外吸收光谱在 250~300 nm 波长范围内存在较明显的吸收峰,且无光谱饱和现象发生。

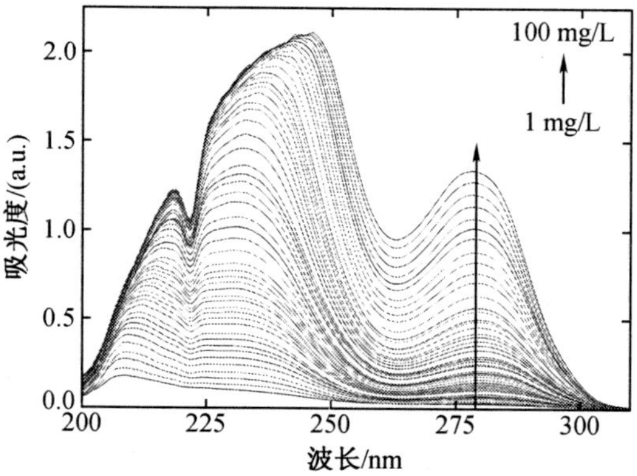

图 3-2 标准液紫外吸收光谱图

3.2.1 标准液的紫外吸收光谱数据建模

本节采用单特征波长和多特征波长/特征谱区方法为标准液的紫外吸收光谱进行建模,建模所用数据均为无预处理操作的原始数据。

1. 标准液的紫外单波长数据建模

本节选择图 3-2 中的 255 nm、260 nm、265 nm、…、295 nm 等 9 个波长点作为特征波长进行紫外单波长数据建模,建模时以溶液的浓度值为横坐标,以紫外吸光度为纵坐标，得到的一元回归模型如图 3-3 所示。

由图 3-3 可以看出，标准液的浓度和各单波长下的紫外吸光度之间具有良好的线性正相关关系。以相关系数 r 和决定系数 R^2 为模型的评价指标，紫外单波长数据建模得到的各特征波长下模型的评价指标如表 3-1 所示。

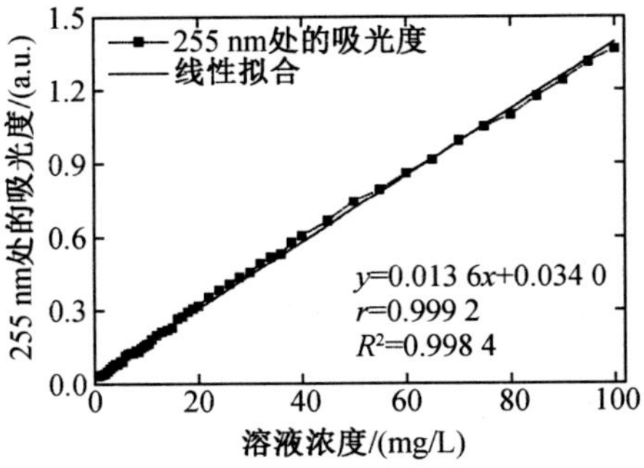

(a) 255 nm

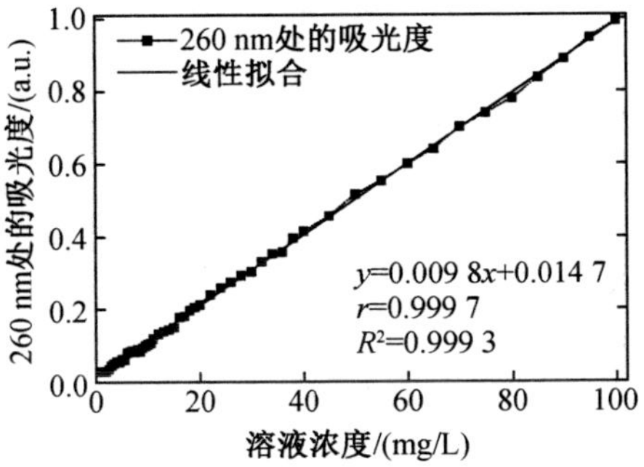

(b) 260 nm

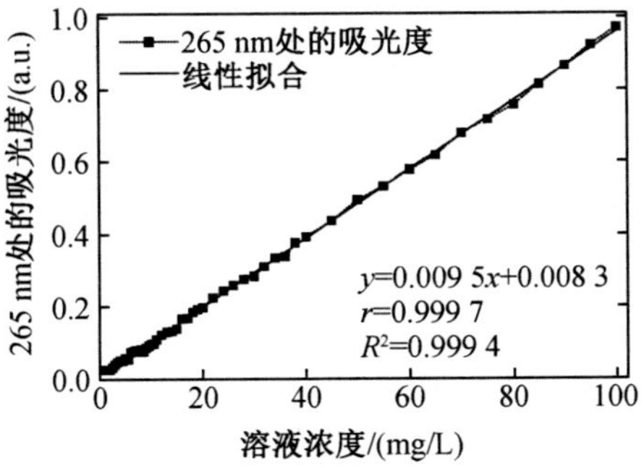

(c) 265 nm

图 3-3　紫外吸收光谱数据单波长建模结果

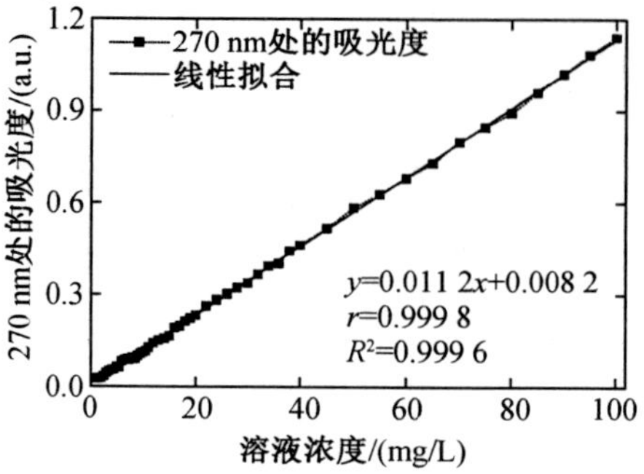

(d) 270 nm

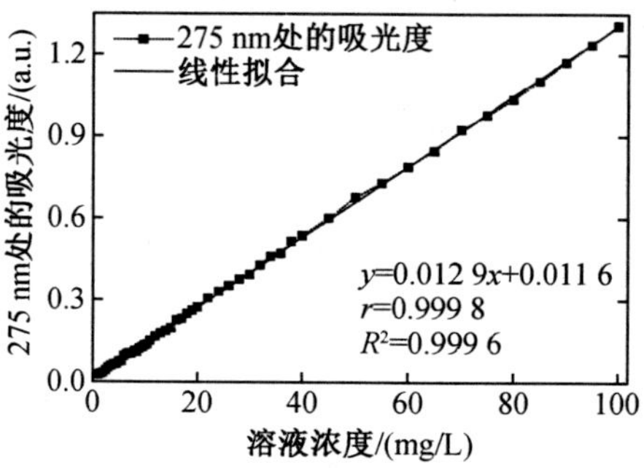

(e) 275 nm

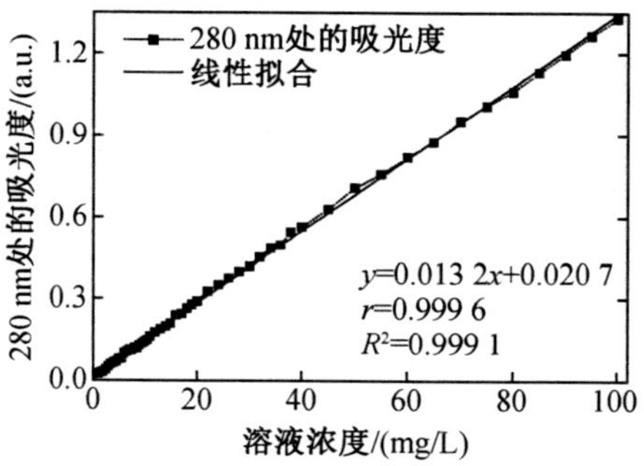

(f) 280 nm

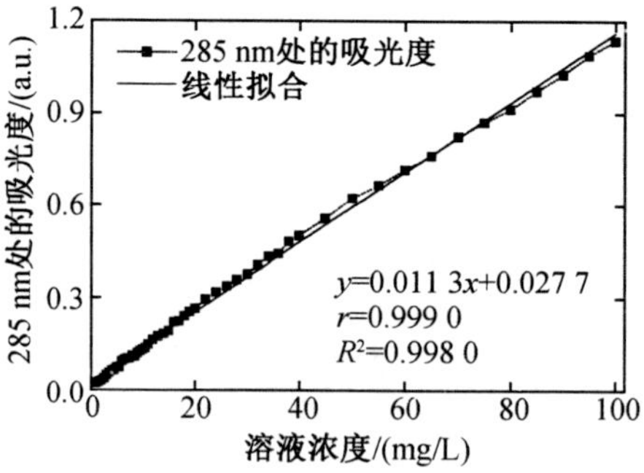

(g) 285 nm

图 3-3(续 1)

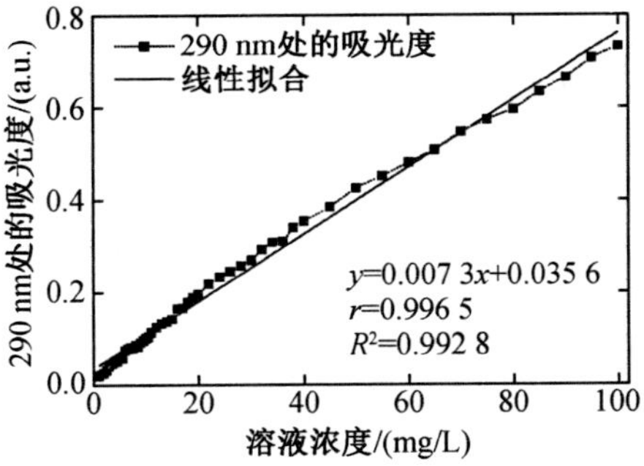

(h) 290 nm

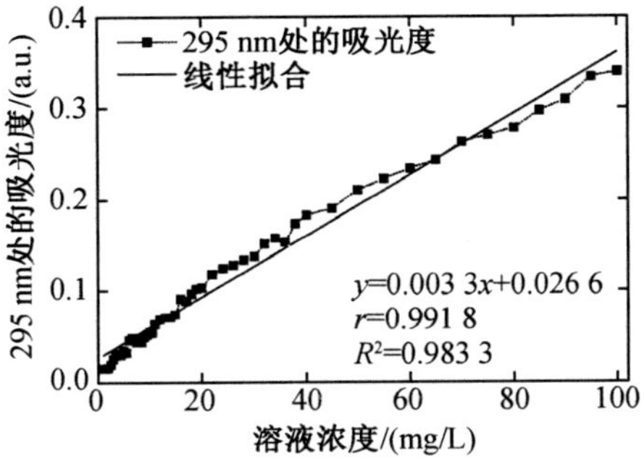

(i) 295 nm

图 3-3(续 2)

表 3-1　紫外单波长模型的 r 和 R^2

特征波长/nm	评价指标		特征波长/nm	评价指标	
	r	R^2		r	R^2
255	0.999 2	0.998 4	280	0.999 6	0.999 1
260	0.999 7	0.999 3	285	0.999 0	0.998
265	0.999 7	0.999 4	290	0.996 5	0.992 8
270	0.999 8	0.999 6	295	0.991 8	0.983 3
275	0.999 8	0.999 6			

由图 3-3 和表 3-1 不难看出,单特征波长建模,当波长为 270 nm 和 275 nm 时所得到的模型效果最佳,两模型的相关系数 r 均为 0.999 8,决定系数 R^2 均为 0.999 6。270 nm 和 275 nm 的一元回归方程分别如式(3-1)和式(3-2)所示。

$$y=0.0112x+0.0082 \tag{3-1}$$

$$y=0.0129x+0.0116 \tag{3-2}$$

对于标准液,各紫外单波长数据模型均可较好地反映标准液浓度与吸光度之间的关系,而 290 nm 和 295 nm 的模型效果稍差,原因是两波长处的吸光度很低,水样浓度的变化造成的紫外吸光度的变化量很小,区分度很低,从而导致光谱仪检测的误差增大,故此时的吸光度与溶液浓度间的线性相关性变差。因此,只采用 254 nm 吸光度数据检测水质 COD 的单波长方法不能充分反映出水样的紫外吸收特性,存在检测精度不高的缺点,采用多波长或宽光谱的方法会提高模型的检测精度。

2. 标准液的紫外宽光谱数据建模

紫外宽光谱数据建模是在全波段范围内采用有效的特征提取算法对光谱数据进行特征提取,然后利用提取出的特征光谱进行建模,这样建立的模型与单波长模型相比效果更好,稳定性更强。原因是原光谱数据经特征提取后减少了冗余信息,使得计算量下降并且运算效率得到提高。

这里分别采用 SiPLS 和 MWPLS 在全波段内(200~310 nm)对特征光谱进行提取,然后基于 PLS 算法进行回归模型的建立,PLS 算法的潜在变量数目为 5。SiPLS 提取特征时,子区间划分个数为 15,经优选,最终确定的联合区间为[8, 14];MWPLS 设定的移动窗口大小为 30,经优选,最终确定的最优窗口序号为 88。SiPLS 和 MWPLS 的优选波段以及 PLS 的建模结果如表 3-2 所示。

表 3-2　不同特征提取方法下 PLS 的建模结果

特征提取方法	优选波段/nm	建模结果			
		r	R^2	RMSECV/(mg/L)	Bias/(mg/L)
无	200~310	0.996 7	0.993 3	27.629 0	-0.018 2
SiPLS	251.464~258.586 295.900~302.993	0.999 97	0.999 95	0.220 1	0.003 1
MWPLS	251.464~268.667	0.999 97	0.999 95	0.220 8	0.003 5

由表 3-2 可以看出,与无特征提取的全谱 PLS 模型效果对比,经 SiPLS 和 MWPLS 提取特征后再进行 PLS 回归建模可以使模型预测性能明显提高,两模型的相关系数 r 均为 0.999 97,决定系数 R^2 均为 0.999 95。回归方程分别如式(3-3)和(3-4)所示。

$$y=0.999\,93x-1.007\,49\times10^{-4} \tag{3-3}$$

$$y=0.999\,99x+1.412\,59\times10^{-4} \tag{3-4}$$

对比表3-1和表3-2,可知选择270 nm和275 nm作为特征波长时所得到的单波长模型为最优,而采用特征提取算法所得到的优选谱段中却不包含这两个波长。这是由于单波长的模型只是基于浓度和吸光度相关性的一元线性回归模型,而采用特征提取方法进行PLS建模过程中,对结果的选择要执行相应的验证标准,一般选择交叉验证均方根误差作为评价指标,这比人工进行选择的特征波长所建模型具有更高的精度和稳定性。因此,对于图3-2中标准液的紫外光谱数据而言,虽然270 nm和275 nm不包含在各PLS方法所选择的最优区域内,但光谱数据经特征提取后所得模型的效果却优于单波长模型的最优效果。基于特征提取算法的PLS建模结果如图3-4所示。

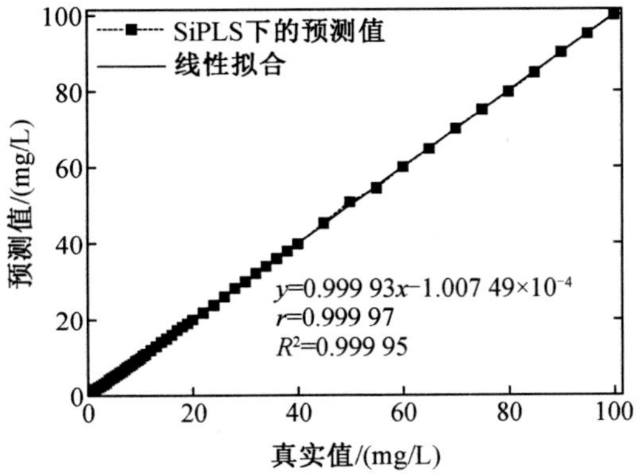

(a) SiPLS提取特征模型

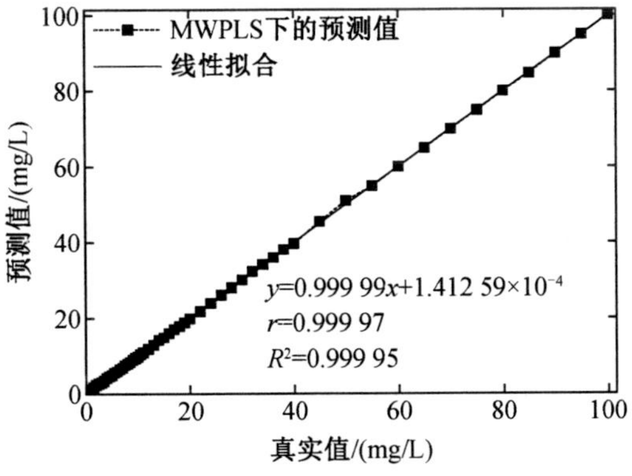

(b) MWPLS提取特征模型

图3-4 紫外吸收光谱200~310 nm谱段建模结果

因此,对全光谱数据进行特征波段的提取在回归建模过程中显得尤为重要。对于标准液,利用特征提取算法优选出的紫外特征光谱数据建立的回归模型能够很好地预测标准液的浓度。

3.2.2　实际水样的紫外吸收光谱数据建模

1. 实际水样的来源

在河北省秦皇岛市的渤海海域分批次采集包括入海口和近岸海域在内的海水样品 22 份，在秦皇岛市的大汤河、小汤河、污水河、森林公园内河、森林公园人工湖、燕山大学燕鸣湖等地分批次采集地表水样品 31 份。将采集的所有水样静置 30 min 后取上层液体分别进行紫外吸收光谱的采集和水质 COD 的测量。

海水 COD 的测量采用碱式高锰酸钾滴定法，地表水样品 COD 的测量采用快速消解分光光度法，设备采用美国 HACH 公司的 DRB200 消解器和 DR6000 分光光度计。消解样品时，消解器温度设置为 150 ℃，消解时间为 120 min。选取 37 组作为校正集数据进行校正模型的建立，其余 16 组作为检验集数据，其中海水和地表水数据各 8 组，检验集对所建模型的预测性能进行验证。

2. 实际水样的紫外吸收光谱采集与预处理

由于实际水样的成分复杂，采集到的紫外吸收光谱曲线可能会受水体中复杂成分的影响而发生改变，如基线漂移、附加噪声等。因此需要对光谱数据进行预处理，本节采用的光谱预处理方法有：SG 平滑、消除常数量偏移、一阶导数、二阶导数、MSC、SNV、Min-Max Nor 和 VN 等。

紫外光谱采集波段范围为 200～400 nm，积分时间为 2 ms，采样次数为 200，海水水样和地表水水样的紫外吸收光谱图分别如图 3-5(a)和图 3-5(b)所示。

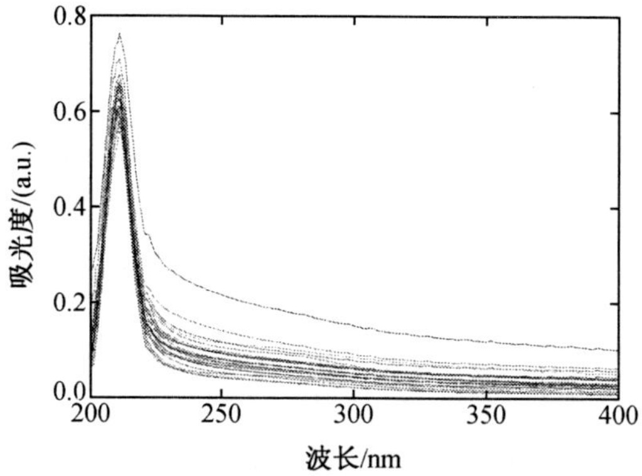

(a)海水水样紫外吸收光谱图

图 3-5　实际水样的紫外吸收光谱图

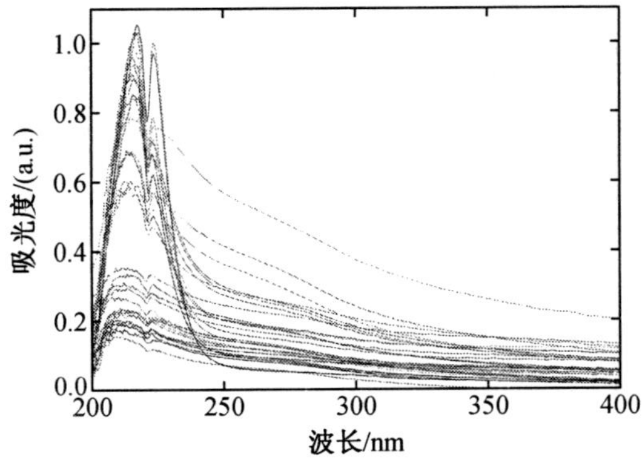

(b) 地表水水样紫外吸收光谱图

图 3-5(续)

所有的实际水样原始紫外吸收光谱图和预处理后的光谱图见本书 2.3 节中的图 2-9～图 2-14。通过对比图 2-9～图 2-14 之间的差异可知，运用预处理方法处理的实际水样光谱数据均保留了原始光谱的吸收特性，如消除常数偏移量后的光谱曲线最小值已降为 0，而经过一阶导数和二阶导数处理后的光谱曲线的特征吸收峰得到明显的增强。本章采用以上各预处理后的光谱数据进行建模分析。

3. 实际水样的紫外吸收光谱数据的特征提取与 PLS 建模

实际水样的紫外吸收光谱采样波段范围为 200～400 nm，每条谱线共 340 个波长点。特征提取选择联合区间 SiPLS 算法和移动窗口 MWPLS 算法，建模选择 PLS 算法。其中，SiPLS 算法的子区间划分个数为 18，MWPLS 算法的移动窗口宽度为 35，实际水样的紫外吸收光谱数据在不同的光谱预处理方法基础上优选出的波段如表 3-3 所示。

表 3-3 不同预处理方法的特征提取结果

特征提取方法	光谱预处理方法	优选波段/nm
SiPLS	原始光谱	211.025～221.743, 222.339～233.046
	消除常数偏移量	211.025～221.743, 222.339～233.046
	SG 平滑	211.025～221.743, 222.339～233.046
	一阶导数	211.025～221.743, 222.339～233.046
	二阶导数	211.025～221.743, 222.339～233.046
	MSC	244.932～255.619, 267.482～278.147
	SNV	211.025～221.743, 233.641～244.338
	Min-Max Nor	211.025～221.743, 378.352～388.905
	VN	222.339～233.046, 256.806～266.889

表 3-3(续)

特征提取方法	光谱预处理方法	优选波段/nm
MWPLS	原始光谱	220.153~240.180
	消除常数偏移量	219.362~238.991
	SG 平滑	217.576~237.802
	一阶导数	230.668~250.871
	二阶导数	219.362~239.585
	MSC	227.694~247.902
	SNV	224.719~244.932
	Min-Max Nor	228.289~248.496
	VN	222.339~242.556

由于标准液的溶质为单纯的邻苯二甲酸氢钾,组成成分单一,且浓度按规律变化,因此谱线平滑且特征吸收带一致;而实际水样成分复杂,除了包含各类有机物外,还有无机盐以及悬浮的不溶性颗粒物,这些物质均会使得紫外吸收光谱受到影响而发生改变,从而也导致实际水样的紫外光谱数据和标准液的紫外光谱数据所提取出的特征谱段不同。

不同的预处理方法下采用 SiPLS 和 MWPLS 提取特征谱段的 PLS 回归建模的结果如表 3-4 所示。从表 3-4 可以看出,一阶导数处理数据后再由 SiPLS 提取的特征谱段,其 PLS 最优模型的检验集决定系数为 0.840 6;MSC 处理数据后再由 MWPLS 提取的特征谱段,其 PLS 最优模型的检验集决定系数为 0.804 8。两种方法比较,SiPLS 提取特征后的 PLS 模型效果更好,两模型的检验集预测效果如图 3-6 所示。

采用一阶导数作为预处理方法处理数据后由 SiPLS 提取特征谱段并采用 MSC 作为预处理方法处理数据后由 MWPLS 提取特征谱段的 PLS 最优模型的回归方程分别如式(3-5)和式(3-6)所示。

$$y=0.8580x+0.7628 \tag{3-5}$$

$$y=0.7456x+2.0063 \tag{3-6}$$

由建模结果可知,实际水样 COD 的紫外吸收光谱模型预测效果欠佳,这是由于实验样本中的海水和地表水的盐度不同,海水的盐度远大于地表水,而海水中的部分溶解盐在紫外波段又有吸收,因此造成吸光度发生了相对变化,使得建模结果误差加大,关于盐度对紫外吸光度的影响见本书 5.2.5 节。

表 3-4　采用不同特征提取方法提取特征谱段的 PLS 建模结果

特征提取方法	光谱预处理方法	校正集			检验集		
		R_c^2	RMSECV	$Bias_c$	R_p^2	RMSEP	$Bias_p$
SiPLS	原始光谱	0.918 4	5.668 9	0.307 9	0.648 7	9.815 8	0.287 4
	消除常数偏移量	0.917 1	5.653 0	0.212 4	0.684 7	9.394 0	-0.805 8
	SG 平滑	0.921 0	5.421 5	0.249 8	0.783 1	8.500 0	-2.183 9
	一阶导数	0.964 1	3.638 4	0.158 6	0.840 6	5.801 3	-0.415 7
	二阶导数	0.931 4	4.978 9	0.103 0	0.808 5	6.132 5	0.526 8
	MSC	0.685 0	10.365 9	0.381 7	0.639 6	13.849 1	1.038 5
	SNV	0.802 8	8.006 5	0.506 9	0.687 5	9.864 2	0.896 3
	Min-Max Nor	0.723 5	9.438 0	-0.209 8	0.651 2	12.965 7	-1.594 3
	VN	0.830 2	7.560 1	0.059 2	0.606 6	12.197 5	-1.970 1
MWPLS	原始光谱	0.923 6	5.324 6	0.234 7	0.759 6	14.750 6	2.160 2
	消除常数偏移量	0.931 0	5.103 1	0.352 7	0.653 1	9.875 8	-0.339 5
	SG 平滑	0.945 3	4.453 3	0.181 5	0.695 8	8.326 6	-1.652 0
	一阶导数	0.960 5	3.809 4	0.125 5	0.628 7	10.944 3	-1.012 6
	二阶导数	0.953 6	4.144 9	0.344 4	0.701 8	9.932 7	0.780 2
	MSC	0.962 9	3.666 8	0.215 6	0.804 8	8.066 8	-0.039 9
	SNV	0.950 2	4.233 6	0.247 1	0.713 4	8.465 2	-0.463 1
	Min-Max Nor	0.960 1	3.814 5	0.259 0	0.732 8	7.035 8	-0.679 2
	VN	0.952 4	4.172 2	0.297 2	0.692 7	8.128 5	0.356 9

4. 实际水样的紫外吸收光谱数据的 PSO-LSSVM 建模

PSO-LSSVM 建模时，分别利用 SiPLS 和 MWPLS 提取的最优特征谱段作为 LSSVM 的输入，其中 SiPLS 子区间划分个数为 18，MWPLS 移动窗口大小为 35，PSO 算法的 c_1、c_2 分别设定为 1.5 和 1.7，种群规模为 30，进化次数为 300。PSO-LSSVM 算法的建模结果如表 3-5 所示。

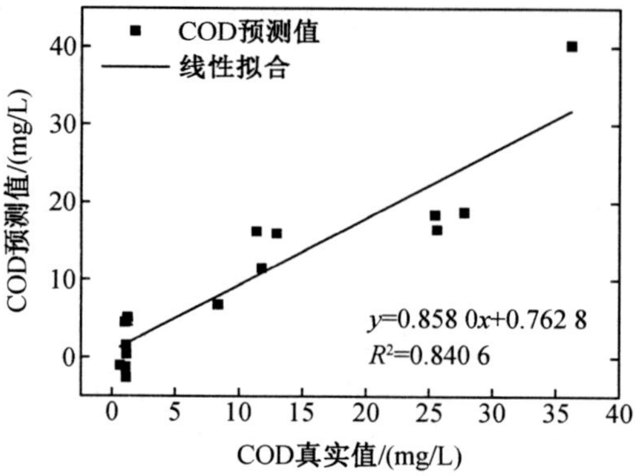

(a) SiPLS 建模检验集模型预测效果

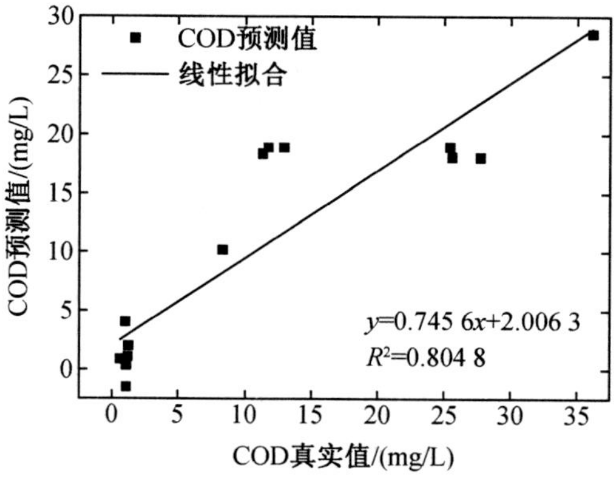

(b) MWPLS 建模检验集模型预测效果

图 3-6　最优模型的预测效果

表 3-5　实际水样紫外光谱数据的 PSO-LSSVM 建模结果

特征提取方法	最优预处理方法	优选波段/nm	校正集		检验集	
			R_c^2	RMSECV/(mg/L)	R_p^2	RMSEP/(mg/L)
SiPLS	一阶导数	211.025~221.743 222.339~233.046	0.997 2	0.745 5	0.963 1	2.225 4
MWPLS	MSC	227.694~247.902	0.991 0	1.308 6	0.938 5	2.861 4

从表 3-5 可以看出，将 SiPLS 作为特征提取方法对一阶导数处理的光谱数据进行特征提取后再进行 PSO-LSSVM 建模的模型效果要优于利用 MWPLS 对 MSC 处理的光谱数据进行特征提取后再进行 PSO-LSSVM 建模的模型效果，其校正集决定系数 R_c^2 为 0.997 2，交叉验证均方根误差 RMSECV 为 0.745 5 mg/L；检验集决定系数 R_p^2 为 0.963 1，预测均方根误差 RMSEP 为 2.225 4 mg/L。

两模型的校正集和检验集预测效果分别如图 3-7 和图 3-8 所示。

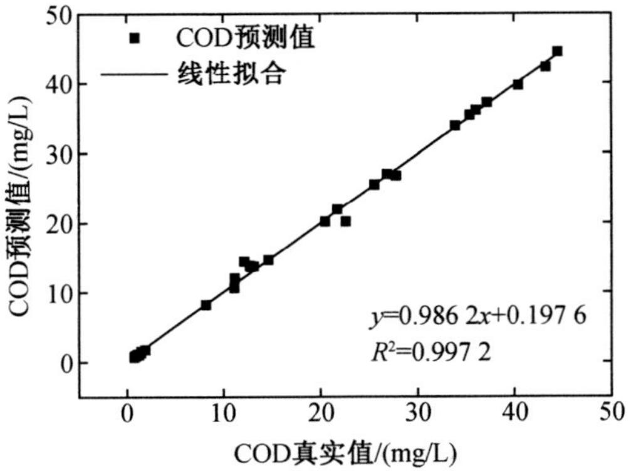

(a) 校正集模型预测效果

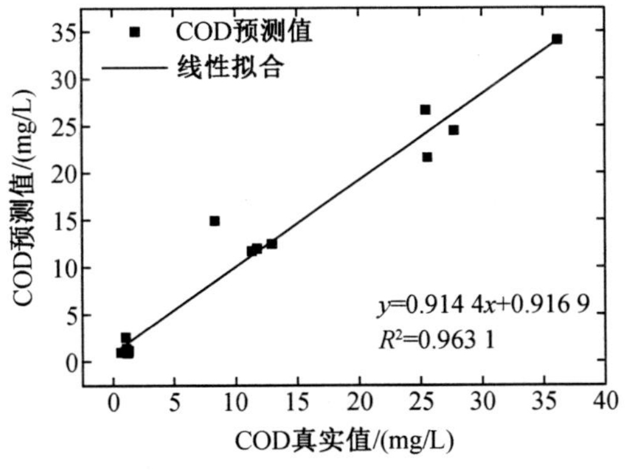

(b) 检验集模型预测效果

图 3-7　SiPLS 提取特征的 PSO-LSSVM 建模结果

将实际水样的紫外吸收光谱数据的 PLS 最优模型和 PLO-LSSVM 最优模型评价指标进行对比，如表 3-6 所示。不难看出，基于 PSO-LSSVM 算法的模型效果要明显优于 PLS 算法的模型效果，其中最优预测模型为利用 SiPLS 提取一阶导数处理数据后的 PSO-LSSVM 模型。将 PSO-LSSVM 模型预测结果与 PLS 模型最优预测结果对比可知，其检验集的决定系数 R^2 增大了 14.57%，而检验集预测均方根误差 RMSEP 减小了 61.64%，PSO-LSSVM 模型的预测性能得到明显提升，说明 PSO-LSSVM 算法对于实际水样的紫外吸收光谱数据分析水质 COD 具有很好的预测性能。因此，本书后续的建模方法将采用 PSO-LSSVM 进行建模。

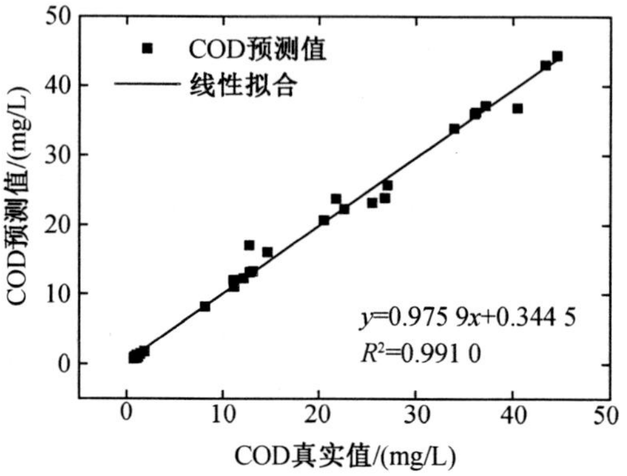

(a) 校正集建模结果

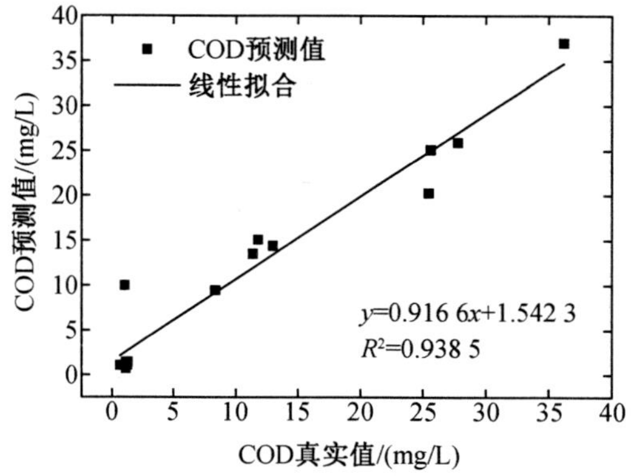

(b) 检验集建模结果

图 3-8　MWPLS 提取特征的 PSO-LSSVM 建模结果

表 3-6　PLS 与 PSO-LSSVM 建模结果对比

建模方法	特征提取方法	预处理方法	R_c^2	RMSECV /(mg/L)	R_p^2	RMSEP /(mg/L)
PLS	SiPLS	一阶导数	0.964 1	3.638 4	0.840 6	5.801 3
	MWPLS	MSC	0.962 9	3.666 8	0.804 8	8.066 8
PSO-LSSVM	SiPLS	一阶导数	0.997 2	0.745 5	0.963 1	2.225 4
	MWPLS	MSC	0.991 0	1.308 6	0.938 5	2.861 4

3.3　基于荧光光谱检测水质 COD 的建模方法研究

本节采用日本 Hitachi 公司的 F-7000 型荧光分光光度计采集荧光光谱数据，基于荧光光谱数据对实验水样的 COD 进行分析，分别对单激发波长下荧光发射光谱数据和多激发波长下的荧光发射光谱的融合数据进行建模。荧光采集系统如图 3-9 所示。

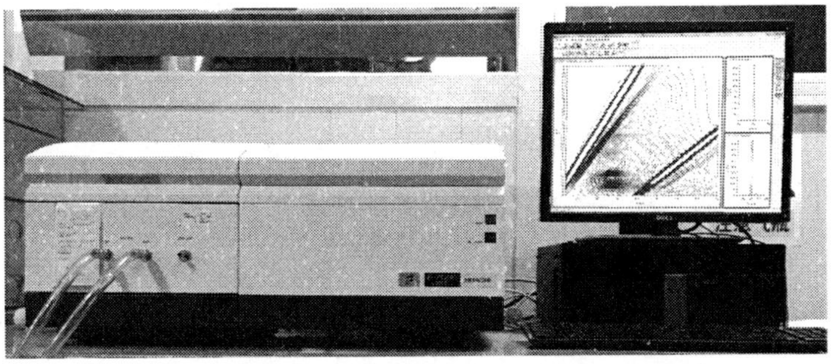

(a) F-7000 型荧光分光光度计

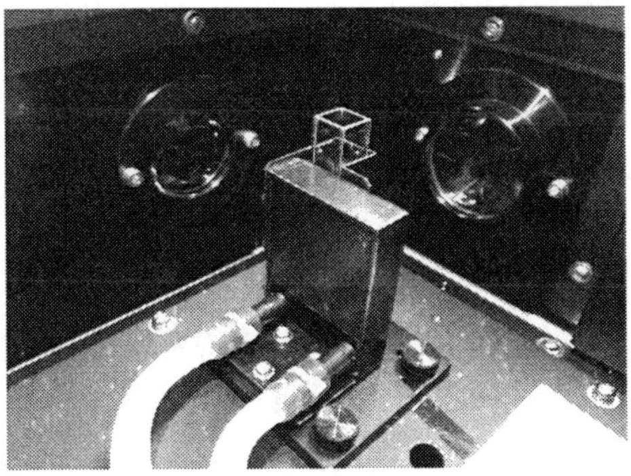

(b) 内部光路结构及恒温支架

图 3-9　荧光采集系统

其中，图 3-9(a) 为 F-7000 型荧光分光光度计，图 3-9(b) 为其内部光路结构及恒温支架，由激发光透镜、发射光透镜和比色皿支架组成，将 10 mm×10 mm 石英比色皿作为样品池，比色皿支架与外置的恒温水槽相连用于调节样品池中被测样品的温度。荧光光谱采集时设置仪器的光电倍增管（photomultiplier tube，PMT）电压为 700 V，E_x 和 E_m 狭缝宽度均为 5 nm，扫描速度为每分钟 12 000 nm，激发波长间隔为

5 nm,发射波长间隔为 2 nm。荧光光谱经 3 次采样后求平均值,激发波长范围为 200~400 nm,发射波长范围为 220~600 nm。采用 Delaunay 三角形内插值法去除三维荧光采集过程中的散射峰,散射峰去除前后效果见 2.3.1 节图 2-14 和图 2-15。

3.3.1 COD 标准液的荧光光谱数据建模

将原始浓度为 1 000 mg/L 的标准液用蒸馏水按比例稀释得到的浓度在 1~100 mg/L 范围内的 52 份实验样本分别进行三维荧光光谱数据的采集。浓度为 1~100 mg/L 的标准液在 T1 峰和 T2 峰处的荧光强度随标准液浓度变化的规律如图 3-10(a)和图 3-10(b)所示。不难看出,在 T1 峰处的荧光强度随着浓度的升高而升高,当溶液浓度高于 55 mg/L 时,荧光强度随着浓度的继续增大而趋于平缓;当浓度高于 80 mg/L 时,荧光强度几乎不再发生变化。在 T2 峰处荧光强度变化的规律与 T1 峰处相反,荧光强度随着浓度的升高而逐渐降低,当溶液浓度高于 30 mg/L 时,荧光强度下降趋势趋于平缓;而当溶液浓度高于 45 mg/L 时,荧光强度已经降至很低,而且强度几乎不再发生变化。

浓度增大后发生了荧光强度降低和变化缓慢现象,这是由溶液的浓度效应所导致的。造成浓度效应的原因为:①荧光的内滤效应,使荧光强度与溶液浓度之间偏离线性关系,甚至使光谱的形状发生改变;②在高浓度溶液中,发生溶质间的相互作用会变强,从而促使产生荧光物质的激发态分子与其基态分子的二聚物或与其他溶质分子的复合物,从而导致荧光光谱的改变和/或荧光强度的下降。当浓度更大时,甚至会形成荧光物质的基态分子聚集体,导致荧光强度下降更严重。

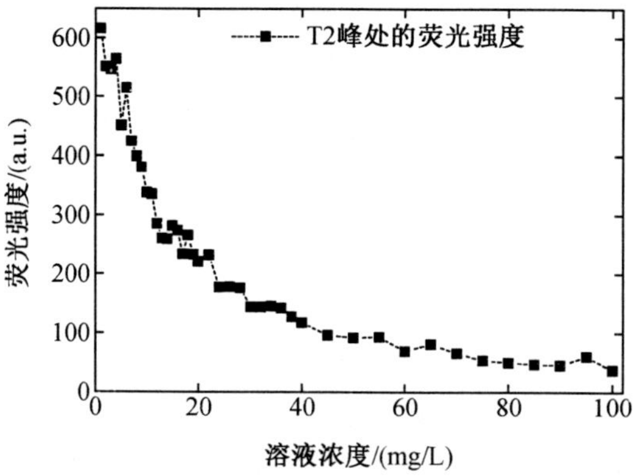

(a) T1 峰处

图 3-10 标准液的荧光强度和浓度的关系

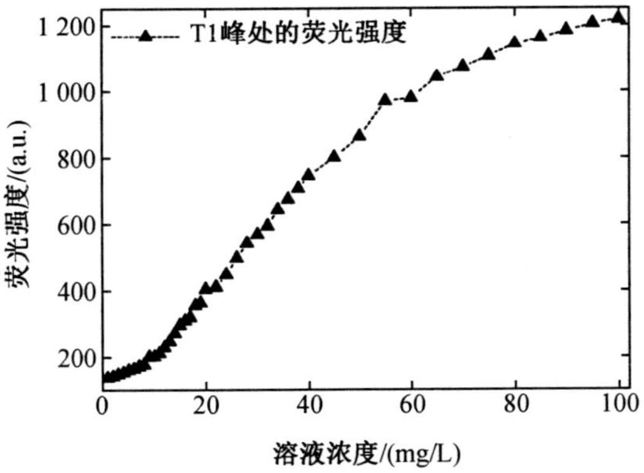

(b) T2 峰处

图 3-10(续)

由图 3-10 可以判断,分析标准液的荧光光谱时,若利用 T1 峰对溶液进行分析,浓度不要高于 55 mg/L;利用 T2 峰对溶液进行分析,浓度尽量不要高于 45 mg/L。因为此时的荧光强度与溶液浓度间线性关系已不存在,而是呈非线性关系,过高的浓度会使分析误差变大,甚至会使建模失败。

基于此,本节将标准液分为 3 组,一组浓度范围为 1~30 mg/L,可以同时分析 T1 峰和 T2 峰的峰值随溶液浓度变化的规律;另一组为 10~55 mg/L,只分析 T1 峰的峰值随溶液浓度变化的规律;而剩余的 55~100 mg/L 的标准液不做荧光分析。

由本书 2. 2. 4 节图 2-7(a)可知,有效的发射波长 E_m 范围为 275~450 nm,因此将 52 组三维荧光光谱数据按激发波长在 E_m = 275~450 nm 范围内展开,每组数据共展开成 2 200 维的向量。所有数据展开后的效果如图 3-11 所示。

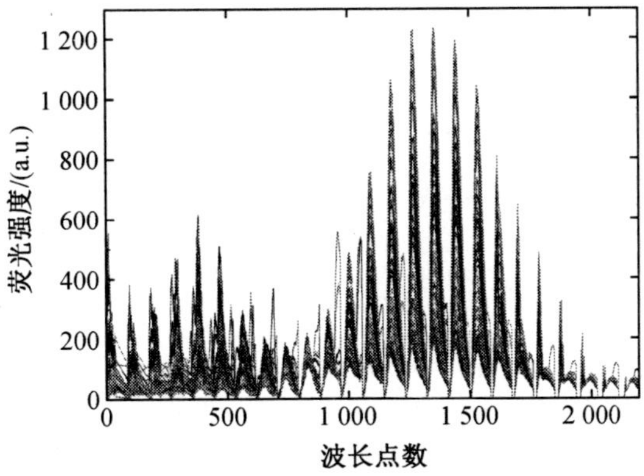

图 3-11　按激发波长展开的荧光发射光谱图

对于标准液的荧光光谱数据，在发射波长 E_m=275～450 nm 的范围内进行特征光谱的提取和模型建立。本节分别采用 SiPLS 算法、MWPLS 算法和 ACO-iPLS 算法进行特征光谱的提取，再利用 PSO-LSSVM 算法进行建模。其中 SiPLS 子区间划分个数为 18，MWPLS 移动窗口大小为 35，ACO-iPLS 设定蚂蚁数量为 2 000，主成分数量为 5，选择变量数目为 10。

标准液浓度范围为 1～30 mg/L 时，按激发波长 E_x 展开的荧光发射光谱数据由三种特征提取算法提取特征后采用 PLS 算法所得的决定系数 R^2 如表 3-7 所示。不难看出，三种特征提取算法中，ACO-iPLS 的效果最好。因此，后续对于浓度范围在 1～30 mg/L 的标准液的荧光发射光谱数据进行建模时将采用 ACO-iPLS 算法对其进行特征光谱的提取。

表 3-7　浓度为 1～30 mg/L 的标准液荧光数据在不同特征提取算法下的 R^2

特种提取	激发波长 E_x/nm							
方法	220	255	260	265	270	275	280	285
SiPLS	0.882 9	0.949 2	0.955 1	0.969 2	0.972 1	0.964 5	0.971 1	0.971 0
MWPLS	0.904 9	0.948	0.942 8	0.967 6	0.971 2	0.973 6	0.972 5	0.966 8
ACO-iPLS	0.925 6	0.962 2	0.962 2	0.976 2	0.980 1	0.981 8	0.980 6	0.983 6

采用 PSO-LSSVM 建模时，选择 2 mg/L、7 mg/L、10 mg/L、15 mg/L、17 mg/L、19 mg/L、24 mg/L、28 mg/L 的溶液荧光光谱数据作为检验集数据，其余作为校正集样本数据，建模结果如表 3-8 所示。

表 3～8　浓度为 1～30 mg/L 的标准液 PSO-LSSVM 算法建模结果

E_x/nm	校正集		检验集	
	R_c^2	RMSECV/(mg/L)	R_p^2	RMSEP/(mg/L)
220	0.976 7	1.200 3	0.953 6	2.246 5
255	0.992 9	0.649 8	0.932 9	2.181 2
260	0.982 1	1.036 1	0.984 3	1.586 5
265	0.915 4	1.184 7	0.957 9	1.696 3
270	0.962 3	1.607 6	0.974 2	1.733
275	0.992 0	0.690 4	0.984 4	1.211 5
280	0.934 2	0.648 1	0.933 1	1.207 9
285	0.926 5	0.838 1	0.981 5	1.276 9

由表 3-8 可知，对于 1～30 mg/L 标准液，激发波长 $E_x=275$ nm 时的荧光发射光谱数据模型最优，校正集的决定系数 $R_c^2=0.9920$，交叉验证均方根误差 RMSECV＝0.690 4 mg/L；标准液样本检验集的决定系数 $R_p^2=0.9844$，预测均方根误差 RMSEP＝1.211 5 mg/L。

最优模型的校正集和检验集预测效果分别如图 3-12(a)和图 3-12(b)所示。

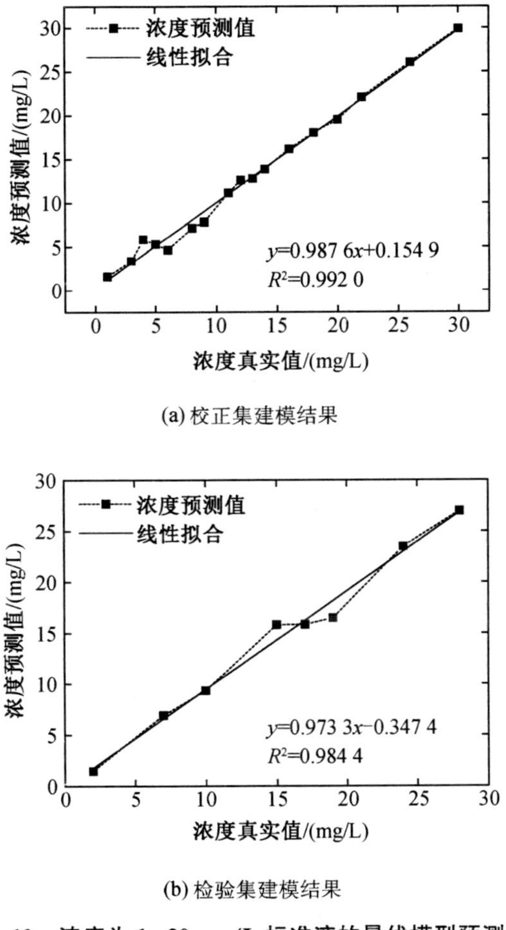

图 3-12　浓度为 1～30 mg/L 标准液的最优模型预测效果

标准液的浓度为 10～55 mg/L 时，按激发波长 E_x 展开的荧光发射光谱数据由 SiPLS、MWPLS、ACO-iPLS 三种特征提取算法提取特征后采用 PLS 算法所得的决定系数 R^2 如表 3-9 所示。

表 3-9 10~55 mg/L 的标准液荧光数据在不同特征提取算法下的 R^2

特种提取方法	激发波长 E_x/nm						
	255	260	265	270	275	280	285
SiPLS	0.991 7	0.988 8	0.985 5	0.989 3	0.991 0	0.989 7	0.991 4
MWPLS	0.994 0	0.987 3	0.981 8	0.989 2	0.990 0	0.989 3	0.990 7
ACO-iPLS	0.997 8	0.998 1	0.998 0	0.999 3	0.998 9	0.998 0	0.999 0

由表 3-9 可知，对于 10~55 mg/L 的标准液，三种特征提取算法中，ACO-iPLS 的效果为最优。因此，后续对于 10~55 mg/L 的标准液建模时将采用 ACO-iPLS 进行特征提取。采用 PSO-LSSVM 建模时，选择 11 mg/L、12 mg/L、14 mg/L、17 mg/L、19 mg/L、22 mg/L、30 mg/L、36 mg/L 的溶液荧光光谱数据作为检验集数据，其余作为校正集样本数据，建模结果如表 3-10 所示。

表 3-10 10~55 mg/L 的标准液 PSO-LSSVM 算法建模结果

E_x/nm	校正集		检验集	
	R_c^2	RMSECV/(mg/L)	R_p^2	RMSEP/(mg/L)
255	0.999 4	0.324 8	0.993 5	0.884 6
260	0.999 1	0.397 1	0.994 3	0.616 1
265	0.998 5	0.501 3	0.996 7	0.521 3
270	0.999 9	0.150 0	0.998 1	0.347 8
275	0.998 6	0.243 2	0.996 9	0.433 1
280	0.998 1	0.694 4	0.961 6	1.622 1
285	0.999 5	0.289 0	0.997 6	0.387 4

由表 3-10 可知，对于 10~55 mg/L 标准液，E_x=270 nm 时的荧光数据模型最优，校正集决定系数 R_c^2=0.999 9，交叉验证均方根误差 RMSECV=0.150 0 mg/L；检验集决定系数 R_p^2=0.998 1，预测均方根误差 RMSEP=0.347 8 mg/L。

最优模型的校正集和检验集预测效果分别如图 3-13(a)和图 3-13(b)所示。

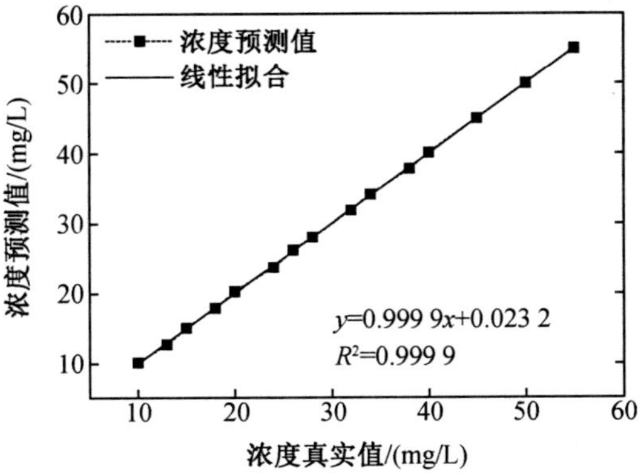

(a) 校正集建模结果

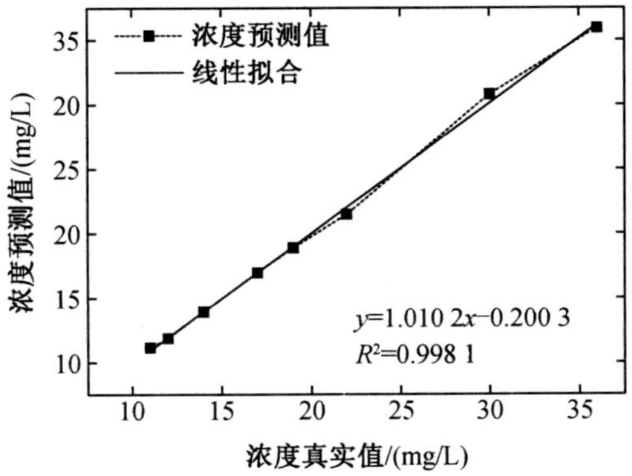

(b) 检验集建模结果

图 3-13　浓度为 10~55 mg/L 标准液的最优模型预测效果

3.3.2　实际水样的荧光光谱数据建模

本节对实际水样的荧光光谱数据进行建模，分别采用 SiPLS、MWPLS 和 ACO-iPLS 三种方法对荧光数据进行特征提取，并采用 PSO-LSSVM 算法进行建模。

按照与 3. 2. 2 节相同的方法将实际水样分成两组，一组作为校正集样本，共 37 份；另一组为检验集样本，共 16 份。采集的所有实际水样的三维荧光光谱数据采用 Delaunay 三角形内插值法去除散射峰干扰信息，去除散射后的地表水和海水的三维荧光光谱分别见图 2-4 和图 2-16。在激发波长为 200~330 nm，发射波长为 250~500 nm 范围内展开荧光数据（其中激发波长间隔为 5 nm，发射波长间隔为 2 nm），每组样本的荧光数据共展开成 3 402 维的向量，选用各激发波长下的荧光发射波长数据进行建模。

实际水样的三维荧光光谱按激发波长 E_x 展开的荧光发射光谱数据由 SiPLS、

MWPLS 和 ACO-iPLS 三种算法提取特征后所得的决定系数 R^2 如表 3-11 所示。不难看出，对于实际水样的三维荧光光谱数据，三种特征提取算法中仍然是 ACO-iPLS 的效果最优。因此，后续对于实际水样建模时将采用 ACO-iPLS 进行特征提取。

表 3-11　实际水样的荧光数据不同特征提取算法下的 R^2

E_x/nm	SiPLS	MWPLS	ACO-iPLS	E_x/nm	SiPLS	MWPLS	ACO-iPLS
220	0.903 2	0.897 6	0.953 0	280	0.890 3	0.877 4	0.918 7
225	0.912 8	0.900 3	0.956 9	285	0.901 2	0.889 0	0.929 8
230	0.895 7	0.863 0	0.954 6	290	0.892 6	0.891 5	0.921 5
235	0.892 8	0.891 5	0.947 9	295	0.887 3	0.853 9	0.907 6
240	0.892 0	0.886 5	0.936 2	300	0.903 7	0.900 1	0.913 5
245	0.901 4	0.897 5	0.935 6	305	0.912 4	0.903 4	0.919 9
250	0.913 0	0.902 9	0.930 3	310	0.865 5	0.854 1	0.904 7
255	0.913 7	0.910 2	0.936 7	315	0.899 1	0.884 0	0.916 6
260	0.910 7	0.895 5	0.934 0	320	0.875 5	0.861 4	0.920 4
265	0.918 1	0.912 0	0.935 0	325	0.885 7	0.880 2	0.910 2
270	0.899 5	0.896 7	0.932 7	330	0.898 4	0.884 3	0.926 5
275	0.902 5	0.889 8	0.937 2				

对比表 3-7、表 3-9 和表 3-11 可以看出，对于标准液和实际水样的荧光光谱数据下的 PLS 模型，最优的特征提取算法均为 ACO-iPLS，说明 ACO-iPLS 算法是一种对水质 COD 分析很有效的荧光光谱特征提取方法。因此，利用荧光光谱技术采用 ACO-iPLS 进行特征波段选择后再结合合适的建模算法，可以有效地检测水质 COD，这也为水质相关信息的获取提供了新的研究思路和方法。荧光发射光谱数据经 ACO-iPLS 提取特征后由 PSO-LSSVM 算法建模的结果如表 3-12 所示。

表 3-12　实际水样的 PSO-LSSVM 建模结果

E_x/nm	校正集		检验集	
	R_c^2	RMSECV/(mg/L)	R_p^2	RMSEP/(mg/L)
220	0.999 95	0.100 4	0.969 2	2.098 7
225	0.999 85	0.170 3	0.978 3	1.778 3

表 3-12(续)

E_x/nm	校正集		检验集	
	R_c^2	RMSECV/(mg/L)	R_p^2	RMSEP/(mg/L)
230	0.999 99	0.046 8	0.977 9	1.845 9
240	0.929 3	3.733 4	0.966 1	2.527 1
245	0.999 5	0.305 1	0.968 4	2.122 7
250	0.998 0	0.654 5	0.975 0	1.957
255	0.928 3	3.774 4	0.962 0	2.508 4
260	0.993 9	1.133 6	0.963 4	2.625 9
265	0.999 8	0.178 9	0.990 1	1.198 6
270	0.991 6	1.318 3	0.972 4	2.134 8
275	0.934 2	3.327 3	0.903 8	4.344 4
280	0.992 3	1.283 2	0.956 3	2.842 0
285	0.999 99	0.048 6	0.972 3	2.266 2
290	0.999 99	0.048 0	0.983 9	1.413 3
295	0.999 6	0.296 5	0.973 7	2.107 0
300	0.989 6	1.418 5	0.972 5	2.153 9
305	0.999 96	0.091 2	0.965 6	2.359 1
310	0.999 3	0.366 5	0.978 9	1.781 1
315	0.993 6	1.111 9	0.980 0	2.249 7
320	0.996 6	0.812 2	0.969 0	2.292 6
325	0.999 94	0.112 3	0.951 4	3.190 2
330	0.984 6	1.539 6	0.964 7	2.661 0

由表 3-12 可知,对于校正集而言,E_x=230 nm 时的荧光发射光谱数据模型最优,其决定系数 R_c^2 为 0.999 99,交叉验证均方根误差 RMSECV 为 0.046 8 mg/L;对于检验集而言,E_x=265 nm 时的荧光发射光谱数据模型最优,其决定系数 R_p^2 为 0.990 1,预测均方根误差 RMSEP 为 1.198 6 mg/L。

两个模型的校正集和检验集预测效果分别如图 3-14 和图 3-15 所示。

将实际水样荧光光谱数据的最优建模结果与基于紫外吸收光谱的最优建模结果进行比较,两类光谱的最优模型的评价指标如表 3-13 所示。由表 3-13 可知,在校正集样本和检验集样本相同的情况下,检验集的预测结果决定系数 R_p^2 增加了 2.73%,预测均方根误差减小了 46.14%;基于荧光数据的模型效果要明显优于基于紫外数据的模型效果，说明对于实际水样的 COD 检测，荧光光谱的预测效果更好。

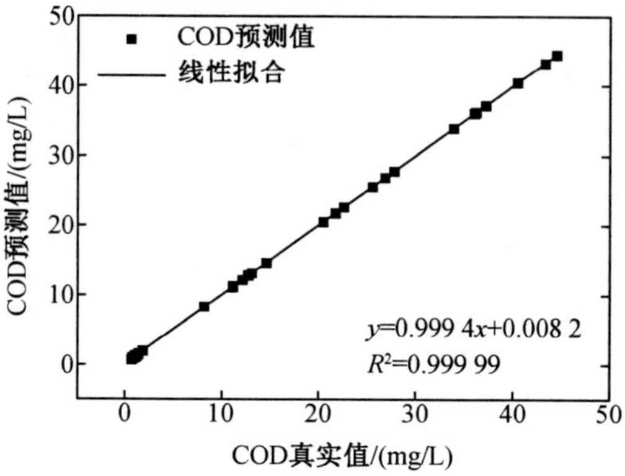

(a) 校正集建模结果

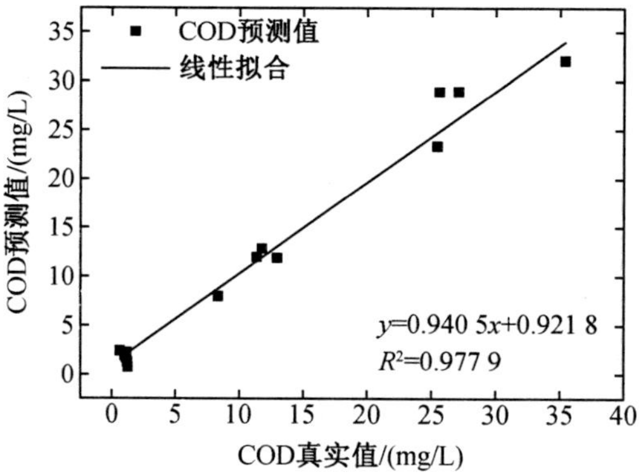

(b) 检验集建模结果

图 3-14 $E_x = 230$ nm 处的荧光发射光谱数据建模结果

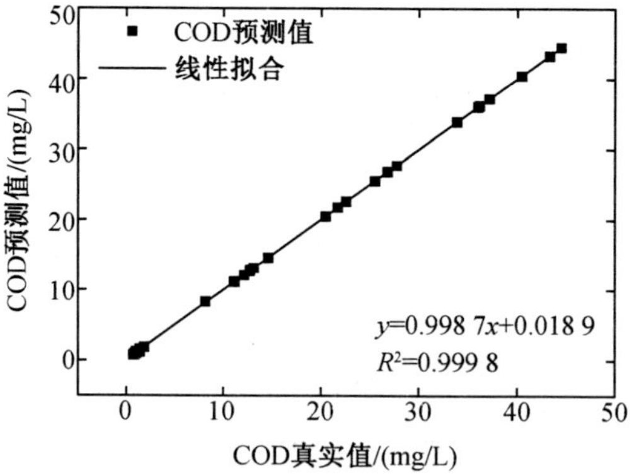

(a) 校正集建模结果

图 3-15 $E_x = 265$ nm 处的荧光发射光谱数据建模结果

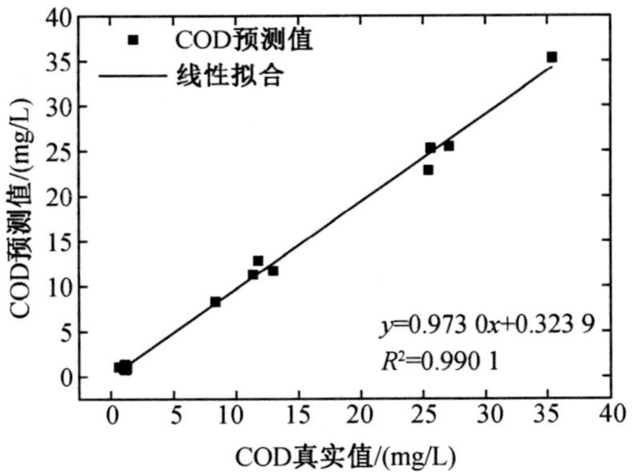

(b) 检验集建模结果

图 3-15(续)

表 3-13　紫外和荧光最优模型的建模结果

最优模型类别	校正集	检验集	E_x/nm	校正集
	R_c^2	RMSECV /(mg/L)	R_p^2	RMSEP /(mg/L)
紫外吸收光谱	0.997 2	0.745 5	0.963 1	2.225 4
荧光发射光谱	0.999 8	0.178 9	0.990 1	1.198 6

3.4　本 章 小 结

本章以标准液浓度和实际水样的 COD 为研究对象,研究了基于紫外吸收光谱和荧光发射光谱数据的水质 COD 的检测方法;并分别研究了紫外吸收光谱和三维荧光光谱的预处理方法、特征提取方法和模型建立方法,进行了模型效果的对比。结果表明,ACO-iPLS 为最优的特征提取算法,可以为建模算法提供优秀的特征向量;而 PSO-LSSVM 的模型效果要明显优于 PLS 的模型效果;而基于紫外吸收光谱数据和荧光发射光谱数据建模时,荧光光谱数据在 COD 定量分析方面的预测效果更优。本章内容为基于多光谱信息融合的水质 COD 的建模方法提供了理论依据。

第 4 章　光谱信息融合检测 COD 的理论模型与实验研究

4.1 引　　言

由于标准液的组成成分单一，而实际水样的组成成分比标准液要复杂得多，故标准液的光谱信息不足以反映出实际水样的真实信息。为充分发挥紫外光谱和荧光光谱的作用，本章结合第 3 章单一谱源的建模结果，从实际出发，主要对水样的紫外吸收光谱和荧光发射光谱信息进行融合建模分析。分别基于数据级融合（low-level date fusion，LLDF）和特征级融合（mid-level data fusion，MLDF）的融合方法，重点研究实际水样的紫外/荧光多光谱融合和不同激发波长下的荧光多光谱融合模型，最终达到改善水质 COD 预测模型的检测效果、提高预测模型检测精度的目的。

4.2 基于多光谱信息融合检测水质 COD 的理论模型

由本书 1.3.2 节可知，信息融合的方式有三个层次，即数据级融合、特征级融合和决策级融合，三种融合方式分别对应了三种预测分析方法。

三种融合方式分别具有不同的特点：数据级融合预测是将各种传感器的原始数据按照某种方式直接进行组合，属于最低层次的融合预测。该方式的主要优点是具有最多的真实数据，有利于数据的进一步分析和处理，但此方法的数据量较大，因此处理的时间会增加，实时性较差。特征级融合预测是对多传感器的原始数据信息进行特征提取，然后将其以某种方式进行组合，最后对目标进行综合分析和处理，属于中间层次的融合预测。特征级融合预测由于提取了原始信息的特征,使信息量得到有效的压缩,有利于对数据进行实时处理。决策级融合预测是最高层次的融合预测,每个传感器先分别建立同一目标的初步预测,并将结果按照某种方式进行组合,最后进行决策级的预测。决策级融合预测具有较好的实时性和容错性,但其预处理代价高。

因此,为保证数据处理的有效性和实时性,本节采用数据级融合和特征级融合方式对光谱信息进行融合分析。根据信息数据来源的不同,光谱信息融合可分为两种:第一种是光谱信息与其他传感器信息的融合,第二种是不同光谱信息间的融合,本研究属于第二种情况。

基于紫外和荧光多光谱信息融合技术的水质 COD 分析过程如图 4-1 所示,其中,图 4-1(a)为数据级融合建模,图 4-1(b)为特征级融合建模。

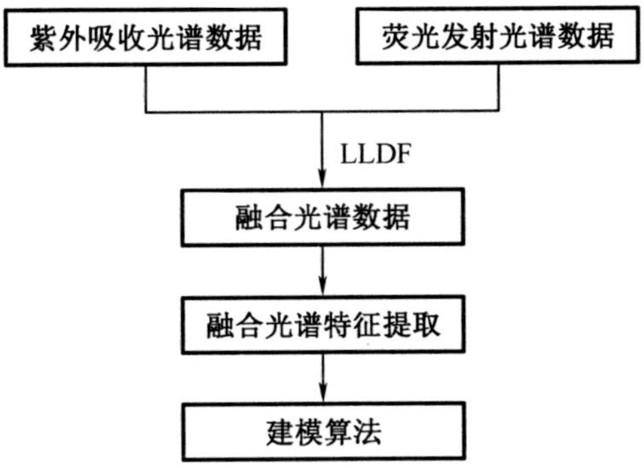

(a) 数据级融合建模

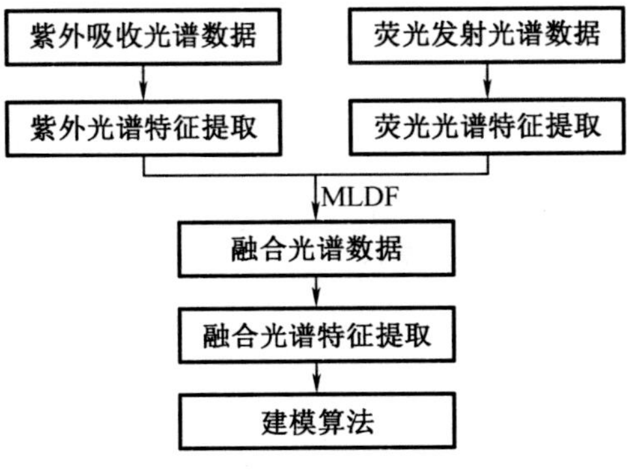

(b) 特征级融合建模

图 4-1　多光谱信息融合及建模过程

由图 4-1 可知,数据级融合即先将紫外吸收光谱和荧光发射光谱数据进行直接融合后再利用特征提取算法进行特征提取,最后完成建模;特征级融合即先将紫外吸收光谱和荧光发射光谱分别进行特征提取,然后将提取出的特征光谱进行融合,最后完成建模。

4.3 紫外/荧光多光谱信息融合检测水质 COD 的建模方法

由图 2-4 所示实际水样的三维荧光光谱和图 2-10 所示实际水样的紫外光谱可知,三维荧光光谱的最高强度值为 3 330 a. u. ,而紫外吸光度的最高值为 1. 05 a. u. 左右,紫外吸光度值远小于荧光发射光谱的强度值,二者不存在可比性,若直接将紫外吸收光谱和荧光发射光谱数据进行融合,荧光信息会在建模过程中起主导作用,而紫外吸收光谱信息会被忽略掉,从而造成光谱信息融合的失败。因此,紫外/荧光光谱融合前需将紫外吸收光谱和荧光发射光谱数据进行归一化处理,使二者数据具有可比性,再进行融合、提取特征、建模等操作。本节采用 SNV、Min-Max Nor 和 VN 方法对光谱数据进行归一化处理。

4.3.1 紫外/荧光多光谱数据级融合检测实际水样的水质 COD 建模

对照 3. 3. 2 节表 3-12 中实际水样按不同激发波长下荧光发射光谱的 COD 浓度建模结果,结合校正集和检验集的模型评价指标,选择激发波长 $E_x=230$ nm、265 nm、290 nm 处的荧光发射光谱数据(建模波长范围为 250~500 nm)与对应 COD 浓度的紫外吸收光谱数据进行数据级融合,并分别采用 SiPLS、MWPLS 及 ACO-iPLS 三种算法进行紫外/荧光多光谱的特征提取,采用 PSO-LSSVM 算法进行建模。

将紫外吸收光谱与 $E_x=230$ nm 处的荧光发射光谱信息进行数据级融合,并分别采用不同的归一化方法(SNV、Min-Max Nor、VN)和特征提取方法(SiPLS、MWPLS)对融合数据进行处理,特征提取后的优选波段如表 4-1 所示。

由表 4-1 可知,采用 SiPLS 和 MWPLS 两种方法提取的特征谱段只处于单一光谱内,并非在两种光谱数据中同时进行提取。这是因为两类光谱数据量或数值分布存在不均衡性,从而导致在特征提取过程中某一种光谱起主导作用,而另一种光谱信息的贡献被掩盖。因此以上两种情况使多光谱的融合失去意义,信息融合失败。

表 4-1　紫外/荧光发射光谱(E_x=230 nm)数据级融合的优选波段

特征提取方法	归一化方法	优选波段/nm	
		紫外吸收光谱	荧光发射光谱
SiPLS	SNV	215.194～230.073, 323.064～337.797	—
	Min-Max Nor	215.194～230.073, 230.668～245.526	—
	VN	—	298～348, 402～452
MWPLS	SNV	227.694～247.902	—
	Min-Max Nor	227.099～247.308	—
	VN	—	286～354

激发波长在 265 nm 和 290 nm 处的荧光发射光谱与紫外光谱进行 LLDF 融合建模时同样会出现上述情况,因此本节对 E_x=265 nm 及 E_x=290 nm 处的荧光发射光谱与紫外吸收光谱进行融合时不再利用 SiPLS 和 MWPLS 提取特征。

ACO-iPLS 特征提取方法是基于蚁群算法的波长优选方法,而蚁群算法具有全局搜索能力,因此可以有效地避免局部最优解的出现,但由于紫外信息和荧光信息的不均衡性,该方法所提取的特征信息也存在不均衡性。表现为:通常情况下,紫外数据的优选波长点多于荧光数据的优选波长点。

紫外/荧光多光谱经数据级融合后采用 ACO-iPLS 算法进行特征提取的波长优选结果如表 4-2 所示。其中,融合方式 LLDF1～LLDF3 依次代表紫外吸收光谱与激发波长分别为 E_x=230 nm、265 nm、290 nm 下的荧光发射光谱数据进行紫外/荧光多光谱数据级融合。

表 4-2　LLDF1～LLDF3 紫外/荧光光谱数据级融合的 ACO-iPLS 优选波长

融合方式	归一化方法	优选波段/nm	
		紫外吸收光谱	荧光发射光谱
LLDF1	SNV	220.553, 229.478, 242.556, 253.245, 259.179, 297.082, 319.524, 393.006	326, 382
	Min-Max Nor	12.812, 234.236, 237.802, 255.619, 271.631, 337.208, 347.804	368,470, 484
	VN	290.577, 322.474, 338.386, 351.922, 355.450, 375.419, 377.766, 395.934	276, 458

表 4-2(续)

融合方式	归一化方法	优选波段/nm	
		紫外吸收光谱	荧光发射光谱
LLDF2	SNV	213. 408, 233. 046, 236. 019, 254. 432, 337.797, 338.386	254, 460,482, 498
	Min-Max Nor	203. 874, 212. 812, 216. 385, 294. 717, 333.085, 340.153, 382.458	330, 372, 434
	VN	256. 213, 333. 085, 364. 852, 398. 276, 400.032	270, 322, 418, 436, 470
LLDF3	SNV	212. 812, 215. 194, 232. 452, 237. 802, 239.585, 262.738, 343.685, 362.502	250, 456
	Min-Max Nor	211. 621, 212. 217, 230. 668, 248. 496, 267.482, 287.619, 307.719, 351.922	312, 448
	VN	243. 150, 262. 145, 289. 985, 297. 673, 336.619, 350.745, 373.072	280, 434, 488

根据不同的特征提取结果,采用 PSO-LSSVM 建模的结果如表 4-3 所示。不难看出,对于紫外吸收光谱和三个单激发波长下的荧光发射光谱的各数据级融合模型而言,采用 VN 方法处理数据所得模型的效果最优,其中最优预测模型为 LLDF2 模型,其决定系数 R_p^2 为 0.988 6,预测均方根误差 RMSEP 为 1.258 2 mg/L。

表 4-3 紫外/荧光光谱 LLDF1~LLDF3 的 PSO-LSSVM 建模结果

融合方式	归一化方法	校正集		检验集	
		R_c^2	RMSECV /(mg/L)	R_p^2	RMSEP /(mg/L)
LLDF1	SNV	0.989 6	1.477 2	0.973 7	1.811 8
	Min-Max Nor	0.989 7	1.467 0	0.973 7	1.812 1
	VN	0.999 9	0.136 1	0.982 1	1.655 2
LLDF2	SNV	0.994 6	1.069 8	0.935 2	2.928 3
	Min-Max Nor	0.999 95	0.066 0	0.965 7	2.068 2
	VN	0.999 97	0.058 5	0.988 6	1.258 2
LLDF3	SNV	0.999 98	0.027 8	0.963 9	2.120 9
	Min-Max Nor	0.999 89	0.154 5	0.965 1	2.093 9
	VN	0.999 2	0.396 9	0.987 6	1.449 5

LLDF2 模型的预测效果如图 4-2 所示，其中图 4-2(a)为 LLDF2 模型的校正集预测效果，图 4-2(b)为检验集预测效果。

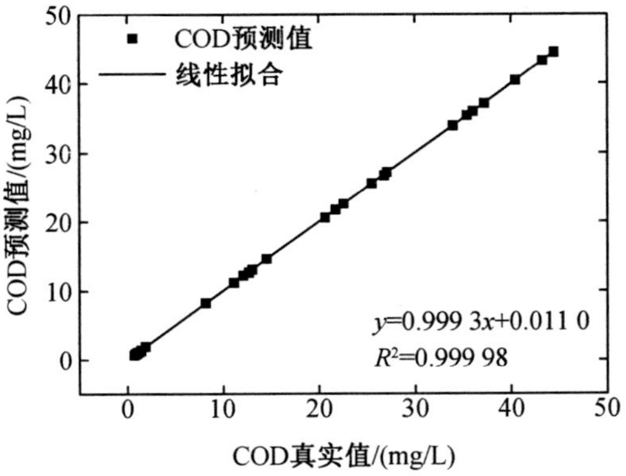

(a) 校正集预测效果

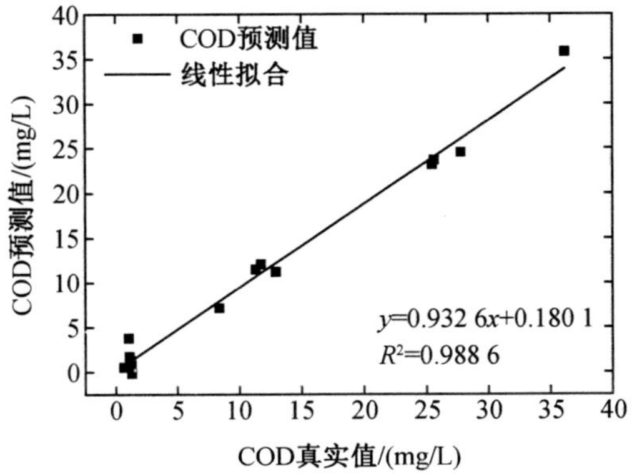

(b) 检验集预测效果

图 4-2　LLDF2 模型预测效果

紫外/荧光多光谱融合除了 LLDF1～LLDF3 的紫外吸收光谱和单激发波长下的荧光发射光谱融合外，还有紫外吸收光谱和多激发波长下的荧光发射光谱的融合，本节以 LLDF4～LLDF7 来表示，依次代表紫外吸收光谱和两个或三个激发下的荧光发射光谱进行数据级信息融合。由 LLDF1～LLDF3 的建模结果可知，最优的归一化方法为 VN，因此对于 LLDF4～LLDF7，本节直接采用 VN 方法对光谱进行归一化处理。采用 VN 归一化处理后，经 ACO-iPLS 算法提取特征的结果如表 4-4 所示。

表 4-4　LLDF4~LLDF7 紫外/荧光光谱数据级融合的 ACO-iPLS 优选波段

融合方式	优选波长/nm			
	紫外吸收光谱	荧光发射光谱		
		E_x = 230 nm	E_x = 265 nm	E_x = 290 nm
LLDF4	221.743, 328.959, 329.549, 361.915	286, 314, 460, 486	340, 456	—
LLDF5	297.673, 381.285, 381.871	—	340, 476, 480	280, 314, 394, 496
LLDF6	217.576, 300.629, 361.915, 385.389, 396.519	280, 346, 446	—	258, 272
LLDF7	225.314, 228.883, 234.830, 389.491	318, 454	436, 476	252, 472

根据特征提取结果,采用 PSO-LSSVM 建模的结果如表 4-5 所示。

表 4-5　紫外/荧光光谱 LLDF4-LLDF7 的 PSO-LSSVM 建模结果

融合方式	校正集		检验集	
	R_c^2	RMSECV /(mg/L)	R_p^2	RMSEP /(mg/L)
LLDF4	0.999 99	0.045 0	0.985 7	1.524 3
LLDF5	0.999 99	0.037 7	0.976 6	1.859 1
LLDF6	0.999 98	0.071 3	0.986 0	1.529 4
LLDF7	0.999 99	0.035 2	0.987 5	1.458 9

由表 4-5 可知,对于紫外吸收光谱和多激发波长下的荧光发射光谱的数据级融合模型而言,LLDF7 的 PSO-LSSVM 模型的预测效果最优,其决定系数 R_p^2 为 0.987 5,预测均方根误差 RMSEP 为 1.458 9 mg/L。LLDF7 的 PSO-LSSVM 模型的预测效果如图 4-3 所示,其中,图 4-3(a)为 LLDF7 模型的校正集预测效果,图 4-3(b)为检验集的预测效果。

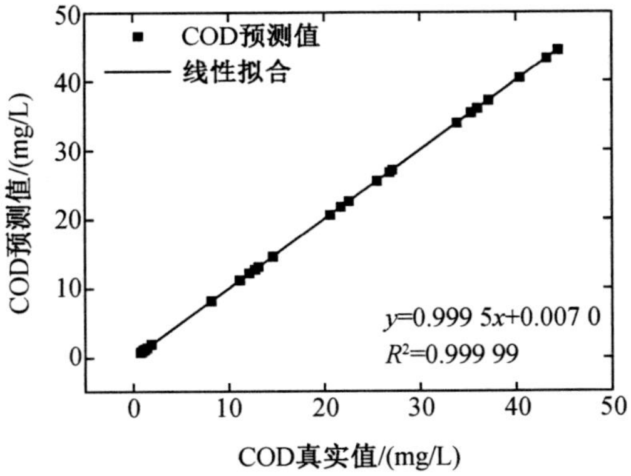

(a) 校正集预测效果

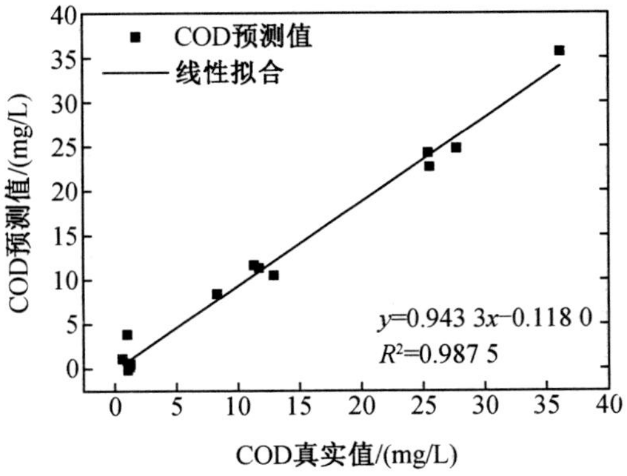

(b) 检验集预测效果

图 4-3　LLDF7 模型预测效果

综合比较 LLDF1～LLDF7 的模型效果可知，LLDF2 的 PSO-LSSVM 模型为紫外/荧光多光谱数据级融合的最优模型，简写为 LLDF2-PSO-LSSVM 模型。将 LLDF2-PSO-LSSVM 的模型预测效果与紫外吸收光谱的最优 PSO-LSSVM 模型预测效果进行比较可知，在校正集和检验集相同的情况下，检验集的预测结果决定系数 R^2 增加了 2.65%，预测均方根误差 RMSEP 减小了 42.88%，因此 LLDF2-PSO-LSSVM 的效果优于紫外吸收光谱的最优模型预测效果；将 LLDF2-PSO-LSSVM 的模型预测效果与荧光发射光谱的最优模型预测效果相比变化不大，检验集的预测结果决定系数 R^2 减小了 0.15%，而预测均方根误差 RMSEP 却增大了 4.97%，稍劣于单激发波长（E_x = 265nm）下的荧光发射光谱最优模型的预测效果，原因在于相对于荧光光谱的最优模型，紫外最优模型的效果相对较差，两光谱信息直接融合建模时模型预测值的相对误差变大，从而拉低了融合模型的预测效果。

4.3.2 紫外/荧光多光谱特征级融合检测实际水样的水质 COD 建模

结合紫外/荧光多光谱 LLDF 建模的经验，紫外/荧光多光谱 MLDF 建模选择 E_x = 230 nm、265 nm、290 nm 激发波长下荧光发射光谱数据和紫外吸收光谱数据进行特征级融合，归一化方法为 VN。四种光谱数据经 ACO-iPLS 算法提取出的特征波长如表 4-6 所示。

表 4-6 紫外/荧光光谱特征级融合时的优选波长

光谱种类	优选波长/nm
紫外吸收光谱	219.958, 225.314, 238.397, 293.534, 304.174, 305.356, 344.862, 346.627, 361.915, 391.834
E_x = 230 nm 处的荧光发射光谱	262, 290, 292, 294, 298, 352, 358, 404, 444, 490
E_x = 265 nm 处的荧光发射光谱	256, 268, 274, 352, 354, 370, 412, 438, 446, 462
E_x = 290 nm 处的荧光发射光谱	274, 284, 292, 330, 360, 362, 416, 422, 432, 456

根据特征提取结果，按照不同的融合方式将特征光谱进行融合，再次提取特征后采用 PSO-LSSVM 算法对特征光谱数据进行建模，建模结果如表 4-7 所示。表 4-7 中规定的融合方式 MLDF1～MLDF3 依次代表紫外吸收光谱和激发波长 E_x 分别在 230 nm、265 nm、290 nm 处的荧光发射光谱进行特征级融合；LLDF4～LLDF7 依次代表紫外吸收光谱和两个或三个激发波长下的荧光发射光谱进行特征级信息融合。

表 4-7 紫外/荧光光谱特征级融合时 PSO-LSSVM 建模结果

融合方式	校正集		检验集	
	R_c^2	RMSECV/(mg/L)	R_p^2	RMSEP/(mg/L)
MLDF1	0.999 99	0.028 4	0.986 3	1.426 5
MLDF2	0.999 99	0.028 5	0.986 4	1.426 5
MLDF3	0.999 99	0.040 9	0.988 6	1.408 6
MLDF4	0.999 99	0.016 8	0.985 6	1.511 6
MLDF5	0.999 99	0.030 5	0.991 2	1.233 1
MLDF6	0.999 99	0.016 4	0.983 3	1.571 5
MLDF7	0.999 99	0.013 1	0.984 8	1.551 7

由表 4-7 可知,对于紫外吸收光谱和多激发波长下的荧光发射光谱的数据级融合模型而言,MLDF5(紫外吸收光谱与 $E_x = 265$ nm、$E_x = 290$ nm 下的荧光发射光谱进行多光谱特征级融合)模型的预测效果最优,其预测集决定系数 R_p^2 为 0.991 2,预测均方根误差 RMSEP 为 1.233 1 mg/L。MLDF5-PSO-LSSVM 模型的预测效果如图 4-4 所示,其中,图 4-4(a)为 MLDF5 模型的校正集预测效果,图 4-4(b)为该模型检验集预测效果。

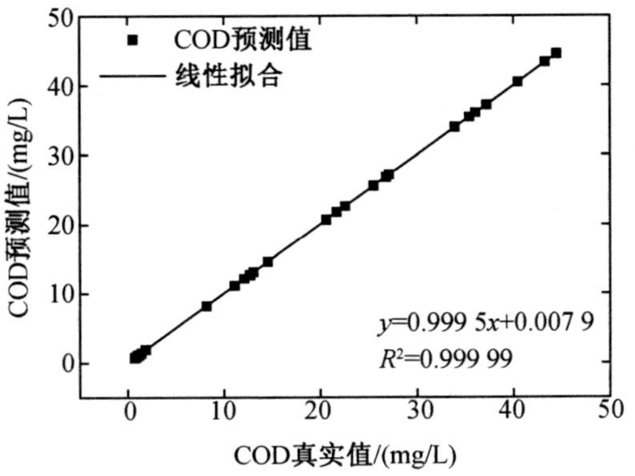

(a) 校正集预测效果

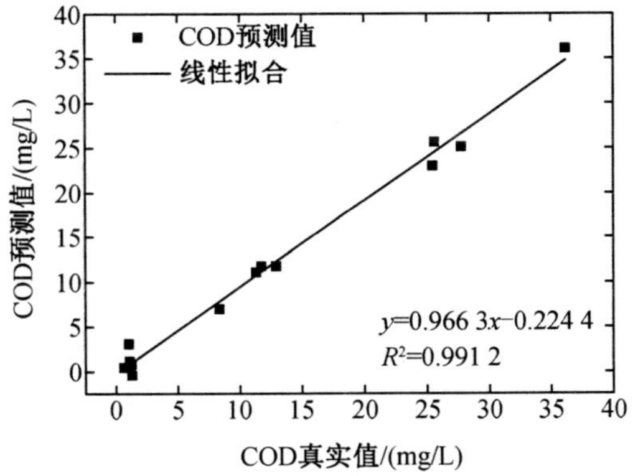

(b) 检验集预测效果

图 4-4　MLDF5 模型预测效果

综合比较紫外/荧光多光谱融合模型,MLDF 最优模型效果稍优于 LLDF 最优模型效果,其检验集的决定系数 R^2 增大了 0.26%,而检验集的预测均方根误差 RMSEP 减小了 1.99%。因此,对于紫外/荧光多光谱融合建模检测水质 COD,将紫外吸收光谱和 $E_x = 265$ nm、$E_x = 290$ nm 处的荧光发射光谱进行多光谱特征级融合时得到的预测模型(MLDF5-PSO-LSSVM)最优。

4.4 荧光多光谱信息融合检测水质 COD 的建模方法

荧光多光谱融合是指将不同激发波长下的荧光发射光谱进行多光谱信息的融合方式。由 3.3 节可知,对于标准液和实际水样的荧光发射光谱数据而言,最优的特征提取方法均为 ACO-iPLS 算法。因此,本节直接采用 ACO-iPLS 算法对实验样品的荧光光谱进行特征提取。建模时,标准液与实际水样的校正集和检验集样本的划分方法与本书 3.3 节中的划分方法相同,选择标准液荧光的发射波长有效建模范围为 275~450 nm;实际水样选用以 5 nm 为采样间隔,220~330 nm 范围内各激发波长下的荧光发射波长(250~500 nm)数据进行建模分析。

4.4.1 标准液的荧光多光谱数据级融合建模

浓度为 1~30 mg/L 的标准液的荧光多光谱数据级融合的 PSO-LSSVM 建模结果如表 4-8 所示。为简化,本节以 E_x 组合的形式给出,下同。表 4-8 中的"E_x 组合"表示不同激发波长 E_x 所对应的荧光发射光谱的融合,其中"all E_x"表示全部激发波长 E_x 所对应的所有荧光发射光谱进行融合。

表 4-8 浓度为 1~30 mg/L 的标准液荧光 LLDF-PSO-LSSVM 建模结果

E_x 组合 /nm	校正集		检验集	
	R_c^2	RMSECV /(mg/L)	R_p^2	RMSEP /(mg/L)
220+255	0.990 3	0.786 4	0.989 8	1.261 4
220+260	0.998 7	0.280 9	0.995 4	0.663 8
220+265	0.998 6	0.286 6	0.996 7	0.737 4
220+270	0.998 0	0.351 4	0.995 4	0.646 5
220+275	0.999 3	0.209 1	0.994 0	0.862 3
220+280	0.997 9	0.405 1	0.997 3	0.704 1
220+285	0.999 4	0.222 4	0.999 2	0.612 0
275+280	0.992 7	0.669 1	0.990 6	0.928 2
220+260+275	0.998 9	0.283 2	0.998 7	0.349 2
275+280+285	0.990 7	0.782 5	0.980 2	1.1315
all E_x	0.997 0	0.424 1	0.995 1	0.810 4

由表 4-8 可知，对于 1~30 mg/L 标准液的荧光发射光谱的数据级融合模型而言，E_x = 220 nm 与 E_x = 285 nm 处的荧光发射光谱的 LLDF-PSO-LSSVM 模型的预测效果为最优，其预测集决定系数 R_p^2 为 0.999 2，预测均方根误差 RMSEP 为 0.612 0 mg/L。最优的 LLDF-PSO-LSSVM 模型预测效果如图 4-5 所示，其中，图 4-5(a)为校正集预测效果，图 4-5(b)为检验集的预测效果。

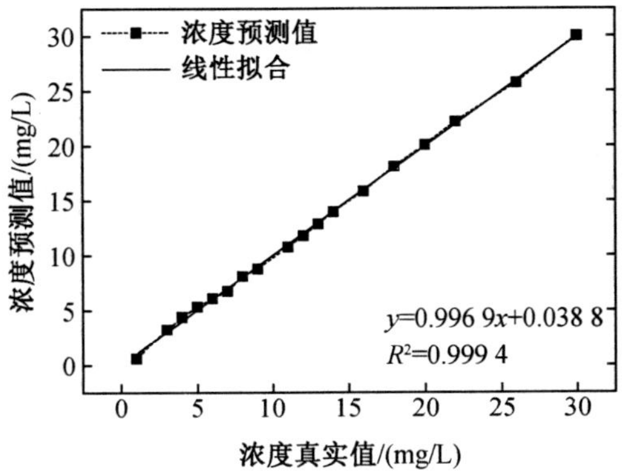

(a) 校正集预测效果

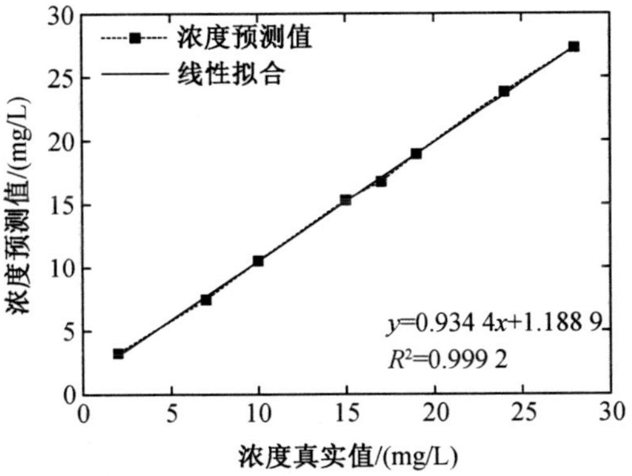

(b) 检验集预测效果

图 4-5　浓度为 1~30 mg/L 标准液的荧光最优 LLDF-PSO-LSSVM 模型预测效果

将最优 LLDF-PSO-LSSVM 模型的结果与单激发波长(E_x = 275 nm)时的最优 PSO-LSSVM 模型的预测效果进行对比可知，LLDF-PSO-LSSVM 模型的效果要明显优于 E_x = 275 nm 时荧光发射光谱的 PSO-LSSVM 模型效果。

浓度为 10~55 mg/L 的标准液的荧光多光谱数据级融合的 PSO-LSSVM 建模结果如表 4-9 所示。

表 4-9 浓度为 10~55 mg/L 的标准液荧光 LLDF-PSO-LSSVM 建模结果

E_x 组合 /nm	校正集		检验集	
	R_c^2	RMSECV/(mg/L)	R_p^2	RMSEP/(mg/L)
270+255	0.999 5	0.280 3	0.997 3	0.445 2
270+260	0.999 9	0.140 8	0.998 1	0.339 2
270+265	0.999 3	0.349 4	0.993 4	0.630 2
270+275	0.999 97	0.067 9	0.998 9	0.303 5
270+280	0.999 7	0.217 3	0.995 6	0.524 7
270+285	0.999 2	0.352 6	0.992 3	0.713 8
270+275+285	0.999 6	0.270 2	0.998 6	0.307 5
all E_x	0.999 92	0.111 6	0.998 3	0.357 3

由表 4-9 可知，对于 10~55 mg/L 荧光发射光谱的数据级融合模型而言，E_x = 270 nm 与 E_x = 275 nm 处的荧光发射光谱的 LLDF-PSO-LSSVM 模型的预测效果为最优，其预测集决定系数 R_p^2 为 0.998 9，预测均方根误差 RMSEP 为 0.303 5 mg/L。最优的 LLDF-PSO-LSSVM 模型预测效果如图 4-6 所示，其中，图 4-6(a) 为校正集预测效果，图 4-6(b) 为检验集的预测效果。

将最优 LLDF-PSO-LSSVM 模型的结果与单激发波长(E_x = 270 nm)时的最优 PSO-LSSVM 模型的预测效果进行对比可知，LLDF-PSO-LSSVM 模型的效果要优于 E_x = 270 nm 时荧光发射光谱的 PSO-LSSVM 模型效果。

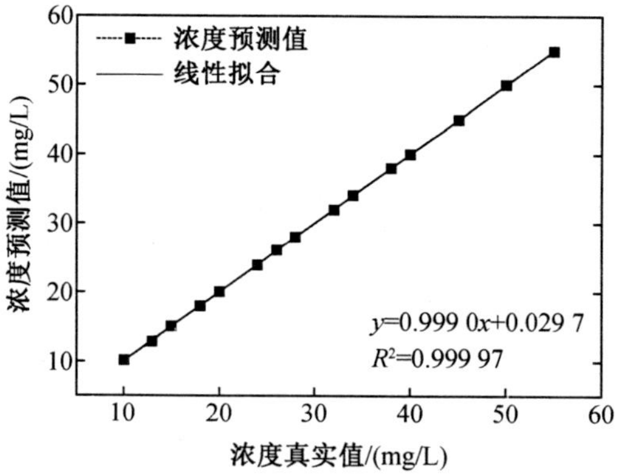

(a) 校正集预测效果

图 4-6 10~55 mg/L 标准液的荧光最优 LLDF-PSO-LSSVM 模型预测效果

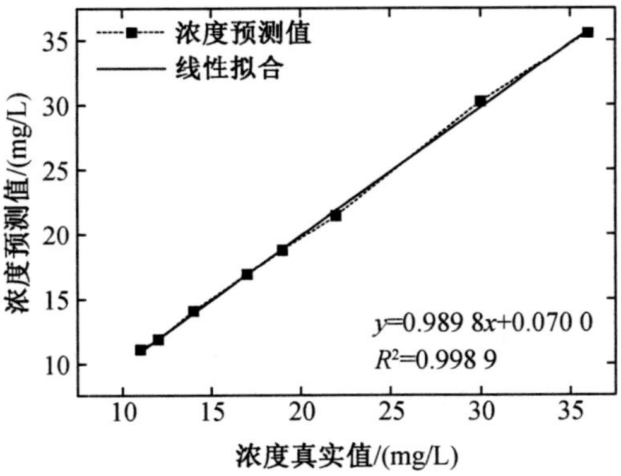

(b) 检验集预测效果

图 4-6(续)

4.4.2 标准液的荧光多光谱特征级融合建模

浓度为 1~30 mg/L 标准液的荧光光谱数据经特征级融合后再基于 PSO-LSSVM 算法进行建模。光谱数据的特征提取采用 ACO-iPLS 方法,建模结果如表 4-10 所示。

表 4-10　浓度为 1~30 mg/L 的标准液荧光 MLDF-PSO-LSSVM 建模结果

E_x 组合 /nm	校正集		检验集	
	R_c^2	RMSECV /(mg/L)	R_p^2	RMSEP /(mg/L)
220+255	0.990 7	0.751 4	0.974 8	1.440 2
220+260	0.996 5	0.462 0	0.989 1	1.067 2
220+265	0.998 9	0.263 1	0.992 0	1.029 5
220+270	0.998 7	0.280 3	0.988 6	1.175 9
220+275	0.996 7	0.451 4	0.986 4	1.082 1
220+280	0.994 3	0.591 8	0.993 4	1.088 8
220+285	0.991 8	0.716 2	0.989 5	1.179 9
275+280	0.994 4	0.586 7	0.983 8	1.130 1
220+260+275	0.996 6	0.463 9	0.988 1	1.300 8
275+280+285	0.995 7	0.512 3	0.979 1	1.287 4
all E_x	0.999 99	0.291 4	0.974 4	1.674 0

由表 4-10 不难看出，对于浓度范围在 1～30 mg/L 的标准液荧光发射光谱的特征级融合模型而言，E_x = 220 nm 与 E_x = 265 nm 处的荧光发射光谱的 MLDF-PSO-LSSVM 模型的预测效果为最优，其预测集决定系数 R_p^2 为 0.992 0，预测均方根误差 RMSEP 为 1.029 5 mg/L。

最优的 MLDF-PSO-LSSVM 模型预测效果如图 4-7 所示，其中，图 4-7(a) 为校正集预测效果，图 4-7(b) 为检验集的预测效果。对比浓度范围在 1～30 mg/L 标准液的 LLDF 建模时最优模型的预测效果和 MLDF 建模时最优模型的预测效果可知，基于 LLDF 建模时最优模型（LLDF-PSO-LSSVM）的预测效果更好。

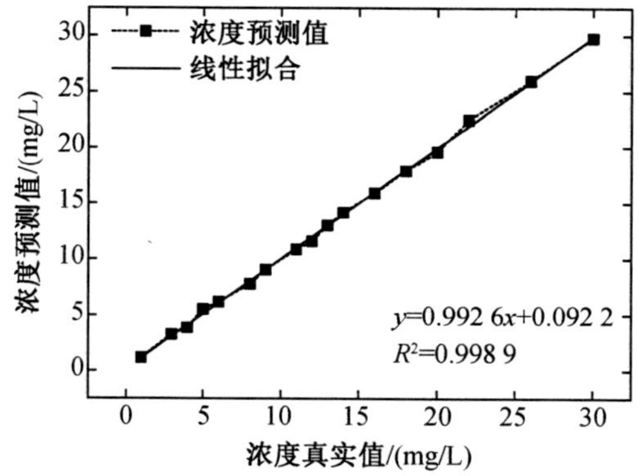

(a) 校正集预测效果

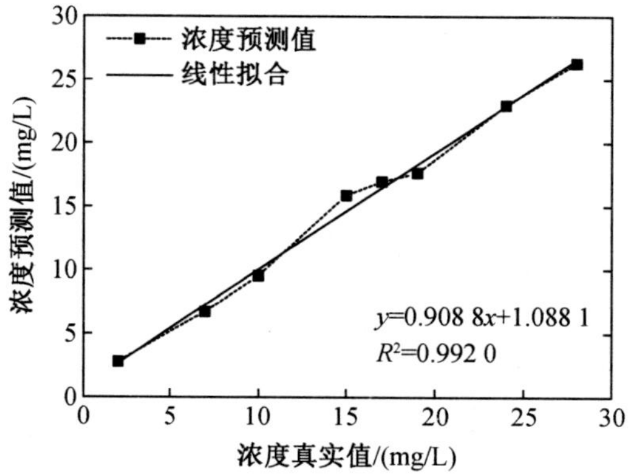

(b) 检验集预测效果

图 4-7　浓度为 1～30 mg/L 标准液的荧光最优 MLDF-PSO-LSSVM 模型效果

浓度为 10～55 mg/L 的标准液的荧光光谱数据经特征级融合后再基于 PSO-LSSVM 算法进行建模。光谱数据的特征提取采用 ACO-iPLS 方法，建模结果如表 4-11 所示。

表 4-11　浓度为 10～55 mg/L 的标准液荧光 MLDF-PSO-LSSVM 建模结果

E_x 组合 /nm	校正集		检验集	
	R_c^2	RMSECV /(mg/L)	R_p^2	RMSEP /(mg/L)
270+255	0.999 4	0.118 7	0.994 6	0.593 4
270+260	0.999 4	0.329 4	0.996 9	0.511 7
270+265	0.999 98	0.059 9	0.997 3	0.424 4
270+275	0.999 95	0.087 0	0.999 1	0.249 2
270+280	0.999 8	0.207 5	0.977 3	1.271 2
270+285	0.999 5	0.290 8	0.997 4	0.410 3
270+275+285	0.999 5	0.289 4	0.997 7	0.378 1
all E_x	0.998 7	0.508 5	0.987 5	1.038 2

由表 4-11 可知，对于 10～55 mg/L 荧光发射光谱的特征级融合模型而言，E_x = 270 nm 与 E_x = 275 nm 处的荧光发射光谱的 MLDF-PSO-LSSVM 模型的预测效果为最优，其预测集决定系数 R_p^2 为 0.999 1，预测均方根误差 RMSEP 为 0.249 2 mg/L。最优的 MLDF-PSO-LSSVM 模型预测效果如图 4-8 所示，其中，图 4-8(a) 为校正集预测效果，图 4-8(b) 为检验集的预测效果。

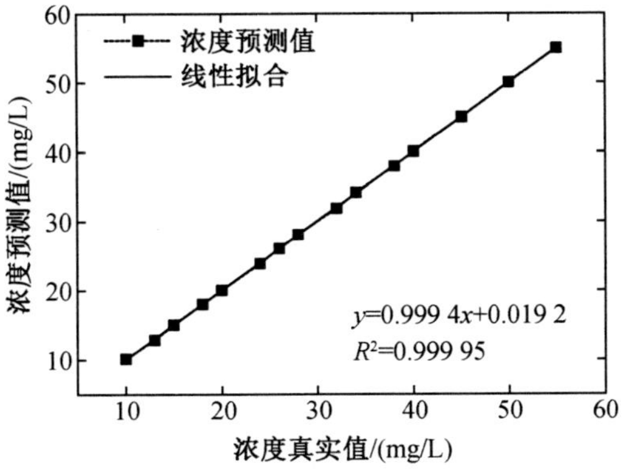

(a) 校正集预测效果

图 4-8　10～55 mg/L 标准液的荧光最优 MLDF-PSO-LSSVM 模型效果

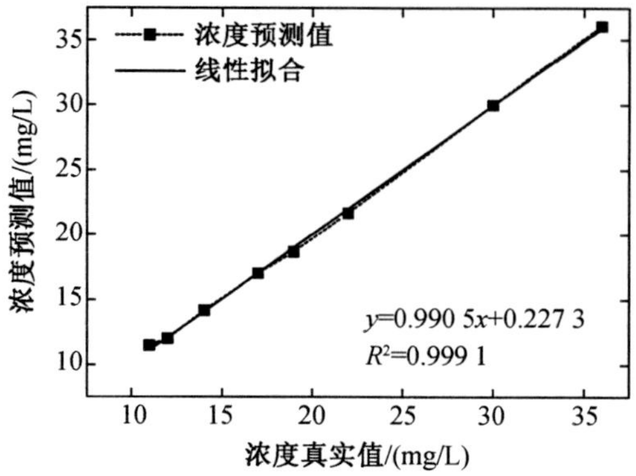

(b) 检验集预测效果

图 4-8(续)

对比浓度范围在 10～55 mg/L 标准液的 LLDF 和 MLDF 建模时最优模型预测效果可知,MLDF-PSO-LSSVM 最优模型的预测效果更好。

4.4.3 荧光多光谱数据级融合检测实际水样的水质 COD 建模

对照本书 3.3.2 节表 3-12 中实际水样按不同激发波长下荧光发射光谱的 COD 浓度建模结果,结合校正集和检验集的各模型评价指标,选择激发波长 E_x 在 225 nm、230 nm、235 nm、250 nm、265 nm、285 nm、290 nm、295 nm、305 nm 和 310 nm 处的荧光发射光谱数据进行荧光多光谱数据级融合建模,建模结果如表 4-12 所示。

表 4-12　实际水样的荧光 LLDF-PSO-LSSVM 建模结果

E_x 组合 /nm	校正集		检验集	
	R_c^2	RMSECV /(mg/L)	R_p^2	RMSEP /(mg/L)
225+230	0.999 99	0.025 8	0.975 5	1.907 3
230+285	0.999 96	0.106 4	0.985 5	1.703 6
230+290	0.999 99	0.050 3	0.980 5	1.926 5
230+305	0.999 99	0.039 0	0.984 7	1.870 3
235+265	0.999 96	0.094 0	0.983 5	1.548 5
265+285	0.999 8	0.210 7	0.961 5	2.191 9
265+290	0.995 7	1.030 5	0.966 1	2.223 8
265+295	0.999 1	0.430 9	0.961 5	2.550 6
265+305	0.999 95	0.105 0	0.979 5	1.810 3

表 4-12(续)

E_x 组合 /nm	校正集		检验集	
	R_c^2	RMSECV /(mg/L)	R_p^2	RMSEP /(mg/L)
265+310	0.999 95	0.103 6	0.974 1	2.099 8
285+295	0.999 94	0.113 6	0.953 3	2.549 5
285+305	0.993 6	1.166 4	0.961 9	2.249 0
285+310	0.989 5	1.807 8	0.970 9	2.518 4
290+305	0.997 5	1.026 1	0.975 1	2.319 7
290+310	0.997 6	1.043 1	0.984 2	2.292 4
295+305	0.997 9	0.911 9	0.981 0	2.310 8
295+310	0.998 4	0.770 5	0.975 9	2.510 0
300+310	0.995 1	1.394 7	0.986 8	2.077 3
265+285+305	0.999 96	0.085 2	0.974 1	1.950 1
230+285+290	0.999 9	0.169 3	0.992 2	1.615 5
235+265+290	0.999 98	0.068 8	0.992 2	1.055 1
265+290+305	0.992 3	1.560 8	0.976 9	2.228 0
265+285+310	0.996 0	0.965 7	0.947 6	2.621 4
265+290+310	0.990 5	1.813 5	0.975 1	2.176 7
230+285+290+305	0.999 8	0.186 7	0.967 4	2.295 3
230+235+265+285+290+305	0.999 99	0.047 8	0.982 5	1.502 8
all E_x	0.999 3	0.525 9	0.988 3	1.414 2

由表 4-12 可知,对于实际水样荧光多光谱数据级融合模型,E_x = 235 nm、265 nm 和 290 nm 处的荧光发射光谱的 LLDF-PSO-LSSVM 模型的预测效果最优,其预测集决定系数 R_p^2 为 0.992 2,预测均方根误差 RMSEP 为 1.055 1 mg/L。

最优 LLDF-PSO-LSSVM 模型预测效果如图 4-9 所示,其中,图 4-9(a)为校正集预测效果,图 4-9(b)为检验集预测效果。

将荧光多光谱 LLDF-PSO-LSSVM 的最优模型与单激发波长下的荧光发射光谱的最优 PSO-LSSVM 模型相比,检验集的预测结果决定系数 R^2 增加了 0.21%,预测均方根误差 RMSEP 减小了 11.97%。因此,荧光多光谱 LLDF-PSO-LSSVM 模型的预测效果更优。

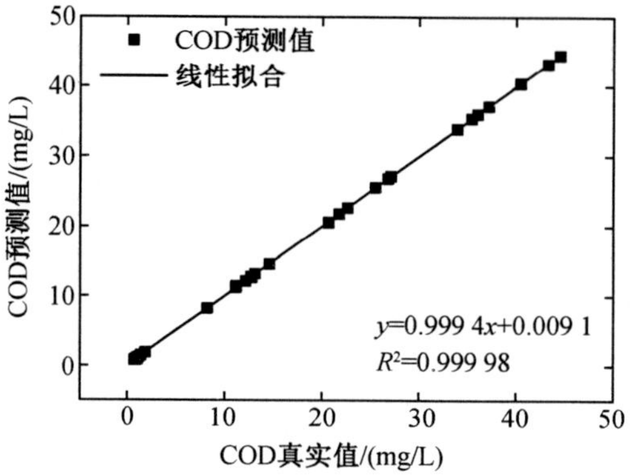

(a) 校正集预测效果

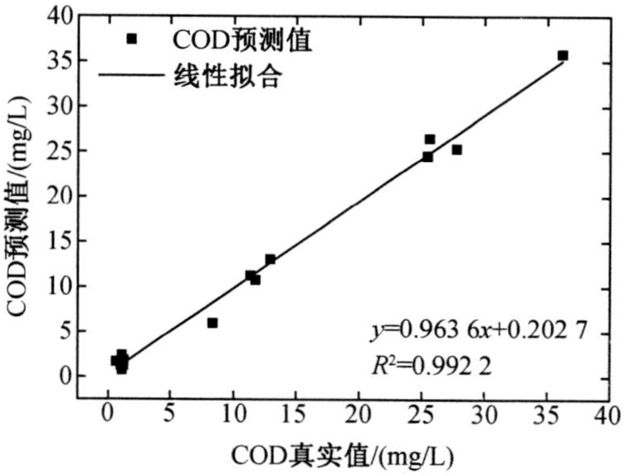

(b) 检验集预测效果

图 4-9　实际水样的荧光 LLDF-PSO-LSSVM 最优模型效果

4.4.4　荧光多光谱特征级融合检测实际水样的水质 COD 建模

为了与数据级融合建模效果进行对比,本节选择与 4.4.3 节中相同激发波长下的荧光发射光谱数据,并采用相同的 E_x 组合方式进行荧光多光谱数据的特征级融合建模。MLDF-PSO-LSSVM 的建模结果如表 4-13 所示。

表 4-13　实际水样的荧光 MLDF-PSO-LSSVM 建模结果

E_x 组合 /nm	校正集		检验集	
	R_c^2	RMSECV /(mg/L)	R_p^2	RMSEP /(mg/L)
225+230	0.999 99	0.038 5	0.980 1	1.700 6
230+285	0.999 99	0.034 0	0.984 8	1.673 6

表 4-13(续)

E_x 组合 /nm	校正集		检验集	
	R_c^2	RMSECV /(mg/L)	R_p^2	RMSEP /(mg/L)
230+290	0.999 6	0.288 3	0.988 8	1.483 4
230+305	0.999 7	0.233 6	0.987 3	1.478
235+265	0.999 99	0.045 6	0.988 6	1.347 1
265+285	0.999 8	0.190 7	0.997 1	0.676 8
265+290	0.998 0	0.641 7	0.995 6	0.880 8
265+295	0.999 98	0.059 4	0.996 8	0.721 9
265+305	0.999 7	0.238 6	0.997 7	0.619 2
265+310	0.999 93	0.117 4	0.995 9	0.823 0
285+295	0.999 7	0.236 9	0.992 0	1.333 8
285+305	0.999 97	0.070 7	0.997 3	0.978 3
285+310	0.999 97	0.073 6	0.997 1	0.779 2
290+305	0.999 9	0.137 6	0.994 1	1.344 2
290+310	0.999 94	0.112 6	0.993 4	1.152 7
295+305	0.999 96	0.086 5	0.994 3	1.022 7
295+310	0.999 9	0.166 5	0.994 8	0.994 8
300+310	0.999 94	0.110 2	0.990 0	1.245 7
265+285+305	0.999 9	0.145 5	0.998 0	0.562 4
230+285+290	0.999 99	0.042 9	0.985 4	1.641 1
235+265+290	0.999 99	0.048 1	0.989 1	1.293 6
265+290+305	0.999 96	0.094 5	0.998 2	0.534 2
265+285+310	0.999 9	0.159 4	0.997 5	0.709 9
265+290+310	0.999 9	0.168 2	0.997 5	0.668 9
230+285+290+305	0.999 99	0.040 7	0.985 0	1.593 3
230+235+265+285+290+305	0.999 99	0.039 4	0.986 0	1.554 8
all E_x	0.999 99	0.032 3	0.981 5	1.834 2

由表 4-13 可知,对于实际水样荧光多光谱特征级融合模型,Ex = 265 nm、290 nm 和 305 nm 处的荧光发射光谱的 MLDF-PSO-LSSVM 模型的预测效果最优,其预测集决定系数 R_p^2 为 0.998 2,预测均方根误差 RMSEP 为 0.534 2 mg/L。

最优的 MLDF-PSO-LSSVM 模型预测效果如图 4-10 所示,其中,图 4-10(a)为校正集预测效果,图 4-10(b)为检验集的预测效果。

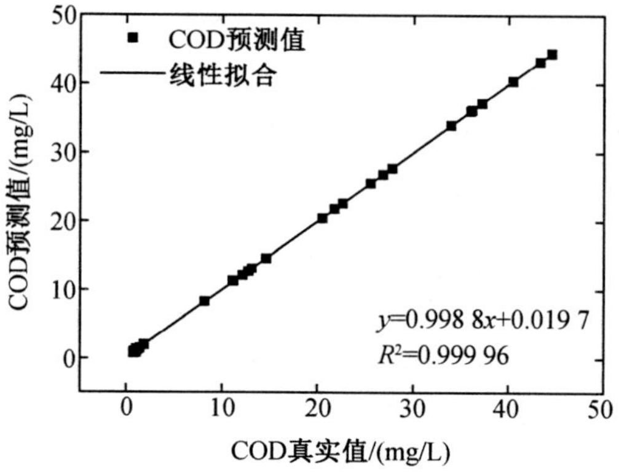

(a) 校正集预测效果

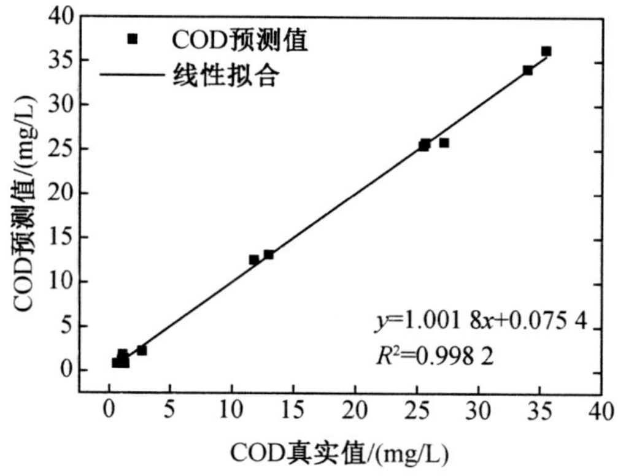

(b) 检验集预测效果

图 4-10　实际水样的荧光 MLDF-PSO-LSSVM 最优模型效果

将荧光多光谱 MLDF-PSO-LSSVM 最优预测模型与 LLDF-PSO-LSSVM 最优预测模型的效果进行对比,检验集的预测结果决定系数 R^2 增加了 0.60%,预测均方根误差 RMSEP 减小了 49.37%。因此,对于荧光多光谱信息融合模型而言,MLDF-PSO-LSSVM 模型的预测效果更优。

对比单激发波长下的最优模型、LLDF 最优模型和 MLDF 最优模型可知,采用多光谱融合数据建模所得结果要优于单激发波长下荧光发射光谱数据的建模结果,说明采用多光谱融合建模是一种对水质 COD 分析很有效的建模方法,可以更有效地检测水质 COD,为水质 COD 的检测提供了一种新的研究思路和解决方法。

4.5　各类建模方法的模型效果比较

4.5.1　单谱源模型与多光谱信息融合模型的效果对比

为比较实际水样水质 COD 的各类模型的预测性能，本节将文中建立的所有定量分析模型的效果进行了对比。根据光谱类别和融合方式的差异，选择出不同光谱类别和不同融合方式下最优模型的建模结果。各最优模型的建模结果如表 4-14 所示，根据表 4-14 中各最优模型的建模结果得到校正集和检验集的各评价指标之间的关系如图 4-11 所示。

表 4-14　各最优模型的建模结果

最优模型类别	校正集		检验集	
	R_c^2	RMSECV/(mg/L)	R_p^2	RMSEP/(mg/L)
1. 紫外吸收光谱	0.997 2	0.745 5	0.963 1	2.225 4
2. 荧光发射光谱	0.999 8	0.178 9	0.990 1	1.198 6
3. 紫外/荧光 LLDF	0.999 97	0.058 5	0.988 6	1.258 2
4. 紫外/荧光 MLDF	0.999 99	0.030 5	0.991 2	1.233 1
5. 荧光多光谱 LLDF	0.999 98	0.068 8	0.992 2	1.055 1
6. 荧光多光谱 MLDF	0.999 96	0.094 5	0.998 2	0.534 2

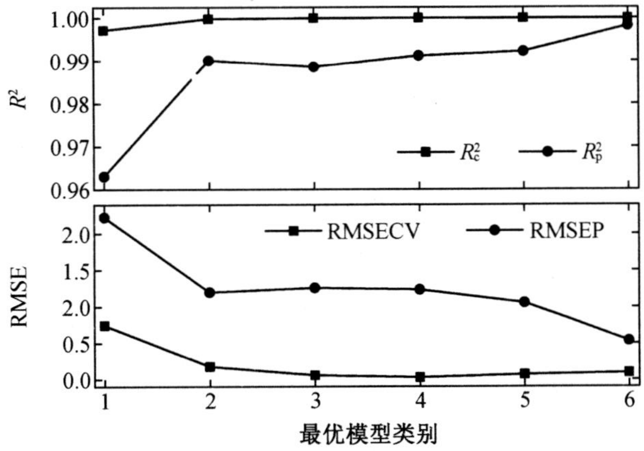

图 4-11　最优模型评价指标间的关系

由图 4-11 可知，模型校正集和检验集的决定系数以及交叉验证均方根误差之间具有很好的一致性；对于实际水样的水质 COD 模型而言，紫外吸收光谱的模型效果最差；单激发波长下的荧光发射光谱数据模型、紫外/荧光多光谱融合模型以及荧光多光谱融合模型的校正集评价指标相差不大；而荧光多光谱 MLDF-PSO-LSSVM 模型的预测效果最优。

4.5.2 本书所建模型与文献最优模型的对比分析

为检验本节所提方法的可行性和优越性，本节将相关文献中最优模型的效果与本节模型的效果进行了横向对比。本节所提方法与相关文献的建模/分析方法及最优模型的相关评价指标如表 4-15 所示。

表 4-15 本节所提方法与文献方法的模型效果对比

相关文献	建模/分析方法	评价指标			
		RMSECV /(mg/L)	RMSEP /(mg/L)	r_p	R_p^2
Lee 等[79],2004	三维荧光检测废水 COD	—	—	—	0.914 8
武晓莉等[107],2007	荧光光谱特征建模	10.27	11.05	0.957 3	—
	UV+EEMs 融合建模	8.58	8.93	0.988 8	—
武晓莉等[81],2010	独立 E_x 下的 E_m 数据建模	46.59	49.12	—	—
	子模型组合建模	40.51	41.07	—	—
严赟等[142],2011	独立荧光特征峰建模	—	56.361 7	0.789 5	—
	荧光特征峰组合建模	—	53.631 5	0.811 7	—
	整体光谱数据建模	—	39.492 8	0.902 8	—
Du 等[87],2012	PCR 建模	—	0.064 1	—	0.952 9
	PLS 建模	—	0.057 9	—	0.967 8
	3-PLS 建模	—	0.113 7	—	0.926 0
	PARAFAC 建模	—	0.120 6	—	0.914 8
Hur 等[110],2012	PARAFAC 处理 EEMs，建立 C1 峰与 COD 的模型	—	—	0.977 0	—
本书方法	独立 E_x 下的 E_m 数据建模	0.178 9	1.198 6	0.995 3	0.990 1
	紫外/荧光多光谱融合建模	0.030 5	1.233 1	0.995 9	0.991 2
	荧光多光谱融合建模	0.094 5	0.534 2	0.998 2	0.999 2

由表 4-15 所列出的各相关文献的最优模型评价指标与本章不同建模方法下的最优评价指标相比较可知,除文献[87]的检验集外部交叉验证均方差 RMSEP 优于本章相应指标外,其余文献的最优评价指标均劣于与本章相应的建模方法所得指标。

综上,本节所采用的建模方法具有较好的可行性和优越性,所建模型效果优秀,可为水质 COD 的光学分析方法提供一种新的思路。

4.6　本章小结

本章采用信息融合理论研究了基于多光谱信息融合的水质 COD 的分析方法,利用 LLDF 和 MLDF 信息融合技术,结合 PSO-LSSVM 建模方法,建立了标准液的荧光多光谱融合模型;对实际水样的紫外/荧光多光谱和不同激发波长下的荧光多光谱均进行了 LLDF 和 MLDF 融合建模,并将建模结果与相关文献所得结果进行了对比。结果表明,多光谱融合方法可以明显改善模型的预测效果,基于多光谱信息融合的水质 COD 建模方法可以成为水质 COD 定量分析的有效手段。

第5章 环境参量对光谱法检测COD的影响规律研究

5.1 引 言

采用光谱法分析水质参数时,环境因素会对光谱信息造成干扰,从而影响光谱法检测水质参数的稳定性、准确性和检测精度。本章首先以标准液和实际水样为研究对象,研究了多种环境因素对光谱法检测水质COD的影响规律,分析了水中各参量对光谱法检测水质COD的影响机理并给出了相应的分析结果;对于重要环境参数的影响建立了补偿校正模型,以抑制环境参量的影响,提高预测模型的精度。此外,本章还通过理论和实验手段研究了水质COD与TOC之间的关系,并给出了相应的分析结果,为基于光谱法的水质TOC的快速检测提供了相应的理论基础和绿色、环保的解决思路。

5.2 环境参量对紫外光谱法检测水质COD的影响规律分析

采用光谱法检测水质COD时,光谱数据的准确采集至关重要,它直接关系到校正模型建立的准确性和鲁棒性,而水体参数条件的不同将对光谱产生很大影响。对光谱信息的影响是外界多种环境因素同时作用的结果,因此如何抑制干扰信号并识别有效的光谱信息是光谱法检测水质参数的一个关键问题。由于紫外吸收光谱属于电子能量光谱,温度的变化会使电子能量发射改变,进而改变光谱的形状;水体中的悬浮颗粒物会使入射光在传输过程中发生散射,大大减弱有效的透射光信号;溶液的酸碱性

(pH 值)的不同也会影响光谱的吸收峰位置以及吸光系数;此外,一些溶解性无机盐离子在紫外波段也存在较强烈的吸收,这也会对光谱分析过程造成干扰。

因此,本节以不同的水样为研究对象,初步分析了不同环境条件对各水样紫外光谱的影响机理并对温度和浊度造成紫外光谱的影响进行了补偿校正。

5.2.1　温度对紫外吸收光谱法检测水质 COD 的影响规律

当温度变化时,样品内激发态电子数目会发生变化,而且光谱仪的检测器对温度也比较敏感,因此非常有必要研究温度对紫外吸收光谱造成的影响。本节首先对浓度为 60 mg/L 的 COD 标准液的紫外吸收光谱受温度的影响规律进行研究,温度范围在 18~48 ℃变化时的紫外吸收光谱如图 5-1(a)所示,为便于观察温度对紫外光谱的影响,图 5-1(b)给出常温条件下浓度范围在 1~80 mg/L 的 COD 标准液的紫外吸收光谱。

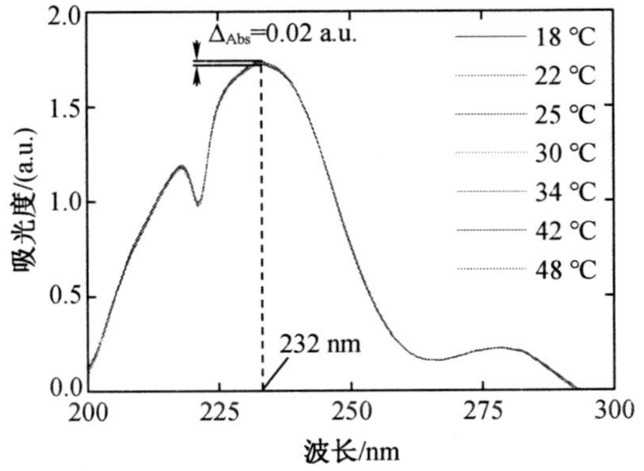

(a) 不同温度下的紫外光谱

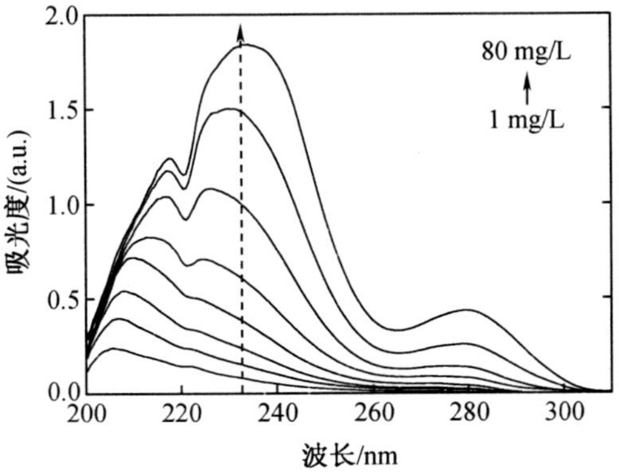

(b) 常温下不同浓度的 COD 标准液的紫外光谱

图 5-1　温度对标准液紫外光谱的影响

图 5-1　彩图

由图 5-1 可知，在 232 nm 处，对于 COD 标准液而言，温度变化对紫外吸收光谱的影响约为 6.6667×10^{-4} a. u./℃，而浓度变化 1 mg/L 时，吸光度的变化量约为 0.017 a. u.，其数值约为前者的 25 倍，故相比于浓度变化造成的影响，温度对于 COD 标准液的紫外吸收光谱的影响可以忽略不计。

实际水样的组成成分比标准溶液要复杂得多，因此本节选取 COD 为 14.2 mg/L 的某河水水样为研究对象，分别采用 232 nm 和 254.5 nm 处的紫外光谱强度和吸光度随温度变化的关系进行分析。其紫外光谱强度和吸光度与温度的关系分别如图 5-2 和图 5-3 所示。

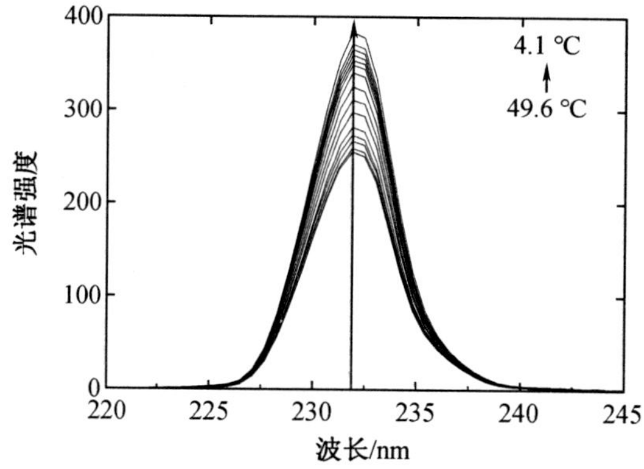

(a) 光谱强度与温度的关系

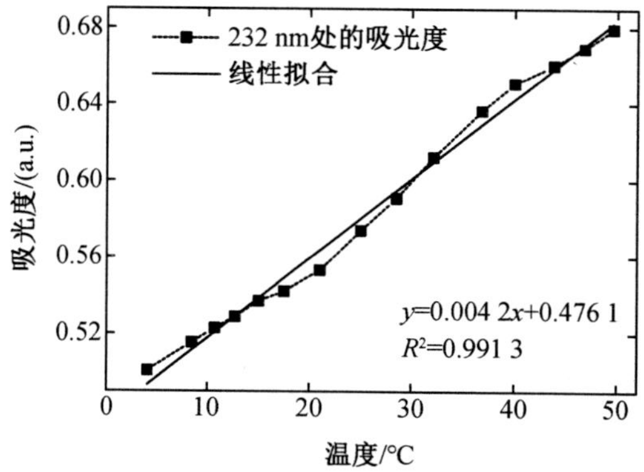

(b) 吸光度与温度的关系

图 5-2 河水水样在 232 nm 处的紫外光谱与温度的关系

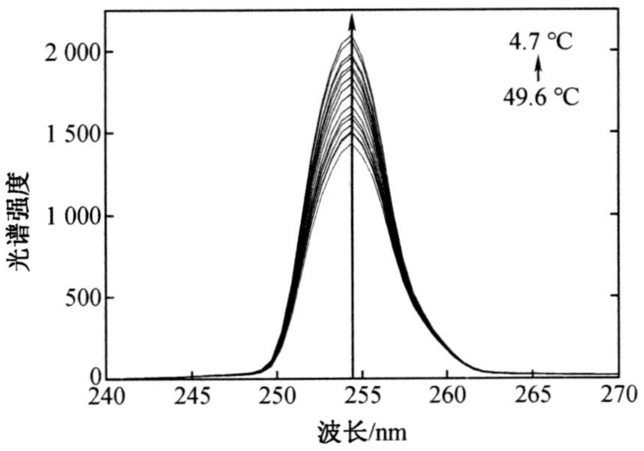

(a) 光谱强度与温度的关系

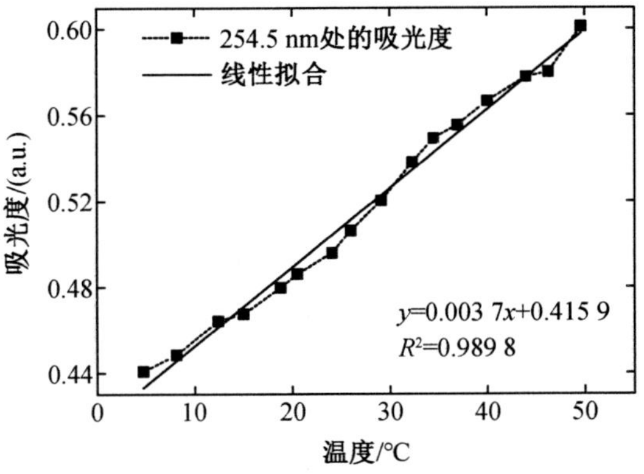

(b) 吸光度与温度的关系

图 5-3　河水水样在 254.5 nm 处的紫外光谱与温度的关系

由图 5-2 和图 5-3 可知，在 232 nm 和 254.5 nm 处，随着温度的升高，紫外光谱的数值逐渐降低，而吸光度却逐渐变大，且呈正相关变化。在 232 nm 处，温度变化对紫外吸收光谱的影响为 0.003 93 a.u./℃；在 254.5 nm 处，温度变化对紫外吸收光谱的影响为 0.003 57 a.u./℃。232 nm 处的温度影响高于 254.5 nm 处的温度影响，其原因可能是某些无机盐离子在低于 240 nm 的紫外波段存在较强的吸收所致。

COD 浓度为 14.2 mg/L 时，河水在 232 nm 和 254.5 nm 处的紫外吸光度和温度的关系式分别如式(5-1)和式(5-2)所示。

$$y=0.004\,2x+0.476\,1 \tag{5-1}$$

$$y=0.003\,7x+0.415\,9 \tag{5-2}$$

5.2.2　浊度对紫外吸收光谱法检测水质 COD 的影响规律

浊度是指水中的固态物质，包括不溶于水中的无机物、有机物以及泥沙、黏土、微生物等对光线传播的阻碍程度，浊度是影响光谱法检测 COD 最重要的因素。吴国庆[47]对水体中浊度的影响做了理论研究，本节从实验的角度对紫外吸收光谱法检测水质 COD 过程中浊度的影响进行分析，并建立校正模型。

浓度 40 mg/L 的标准液在 0~120 NTU 的浊度范围内的紫外光谱如图 5-4(a)所示。由图 5-4 可知，紫外吸光度随着浊度的增大而线性增强；浊度变化对模型预测值的影响如图 5-4(b)所示，表现为预测模型的输出预测值随着浊度的增大而线性增大，因此浊度对水样的影响不可忽略，必须予以抑制，否则会使模型输出错误结果。

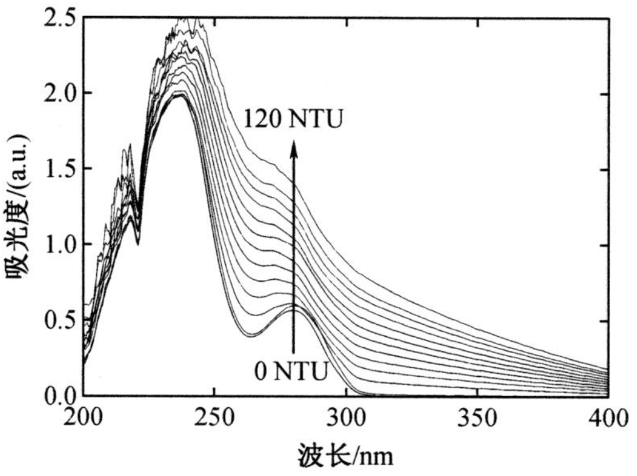

(a) 不同浊度标准液的紫外光谱

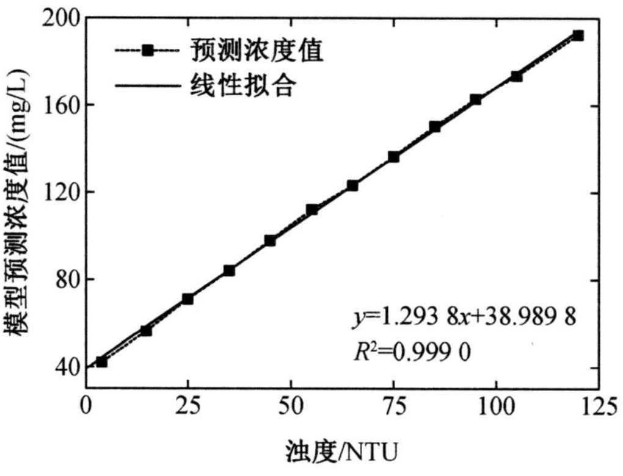

(b) 浊度变化对模型的影响

图 5-4　浊度对标准液紫外吸收光谱的影响

利用溶液预测浓度的变化量与浊度之间的相互关系可以建立补偿校正模型，对浊度影响进行补偿校正。浊度变化所引起的模型预测输出值相对于溶液原始浓度的变化量如图 5-5 所示。

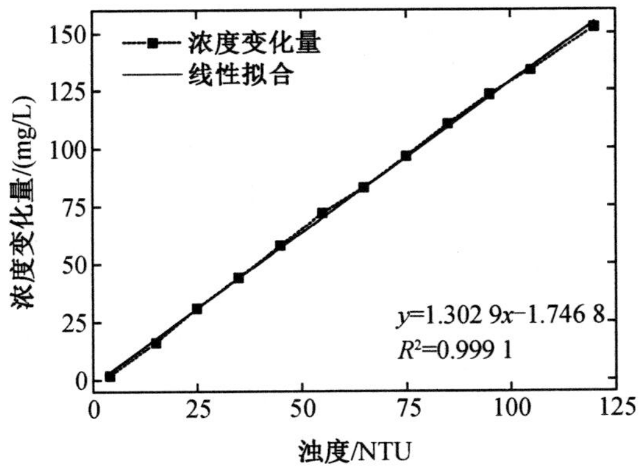

图 5-5　标准液的浓度变化量与浊度的关系

由图 5-5 可以看出，浊度和溶液浓度变化量具有强烈的正相关性，其线性拟合决定系数 $R^2=0.999\ 1$，经模型预测后得到的浓度变化量与浊度的关系式为

$$y=1.302\ 9x-1.746\ 8 \tag{5-3}$$

浊度变化对模型预测值的影响及浊度补偿后溶液的浓度值如表 5-1 所示，标准液的紫外吸收光谱模型在浊度补偿前后的结果对比如图 5-6 所示。由表 5-1 和图 5-6 可知，浊度补偿后模型的整体平均偏差为 0.191 2 mg/L，通过浊度补偿能很好地校正由溶液浊度所引起的预测误差。

表 5-1　浊度变化对模型的影响及补偿校正结果

浊度/NTU	模型预测值/(mg/L)	浊度补偿后浓度值/(mg/L)	浊度/NTU	模型预测值/(mg/L)	浊度补偿后浓度值/(mg/L)
4	42.984 4	41.980 0	65	122.719 4	40.184 7
15	56.810 6	42.208 5	75	136.512 8	39.168 3
25	71.293 7	40.502 4	85	149.900 9	38.557 2
35	84.363 3	40.209 8	95	162.280 3	38.954 8
45	97.853 0	39.497 1	105	172.906 2	41.105 9
55	112.042 4	38.084 7	120	191.336 3	41.841 3

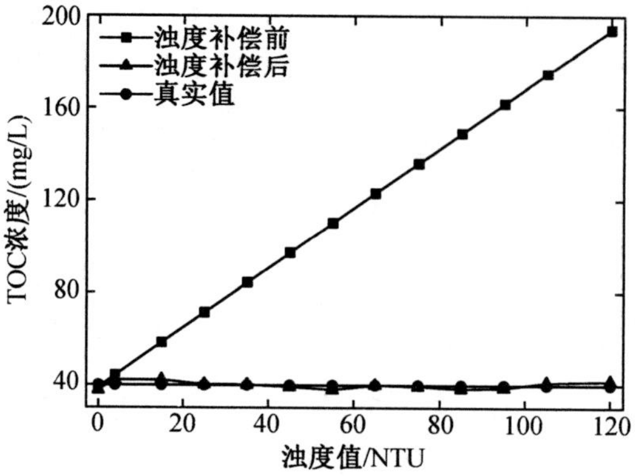

图 5-6　紫外吸收光谱法的浊度补偿前后结果对比

5.2.3　pH 值对紫外吸收光谱法检测水质 COD 的影响规律

国标法检测水质 COD 时,酸碱性是一个重要的因素,不同 pH 值反应环境中氧化剂的氧化能力有很大差别,它直接关系到最终分析值误差的大小。本节主要基于紫外吸光度的变化方面对 pH 值改变给紫外吸收光谱造成的影响进行实验分析。采用 SW-730 型 pH 计对溶液的 pH 值进行检测,酸碱调节剂为浓度均为 0.1 mol/L 的 H_2SO_4 溶液和 NaOH 溶液。

浓度为 10 mg/L 的标准液样品呈现酸性,溶液的 pH 值约为 4,其在 pH 值为 1.2~12.3 的变化范围内采集的紫外吸收光谱和 235 nm、255 nm、280 nm 三个波长在不同 pH 值范围内对应吸光度的关系曲线如图 5-7 所示。

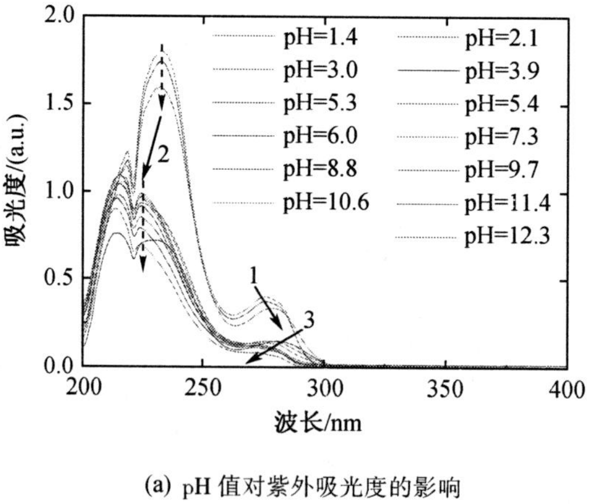

(a) pH 值对紫外吸光度的影响

图 5-7　pH 值对标准液紫外光谱的影响

图 5-7(a)　彩图

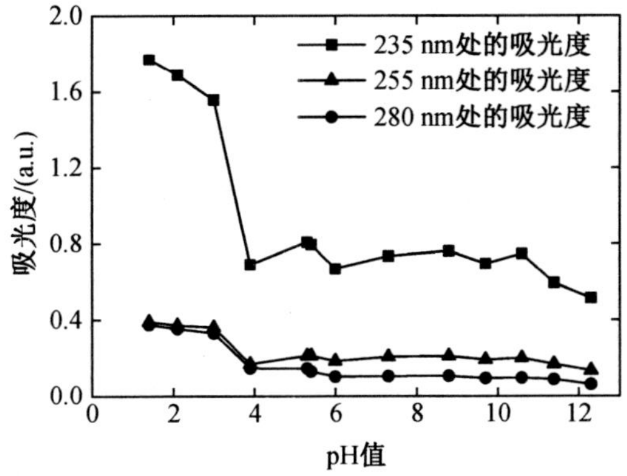

(b) 不同波长处的吸光度变化

图 5-7(续)

由图 5-7 可知,对于标准溶液而言,随着 pH 值的增大,吸光度逐渐减小,且吸收带有红移现象,当 pH>4 以后,吸光度基本保持不变,但吸收带发生蓝移现象。发生上述现象的原因在于:水是极性溶剂,随着溶液 pH 值的增大,OH^- 中和掉一部分 H^+,使其极性增强,使 $\pi \to \pi *$ 吸收带发生红移,而摩尔吸光系数 ε_{max} 略有降低,如图 5-7(a)中箭头 1 所示;邻苯二甲酸氢钾在酸性介质中易形成邻位-COOH 离子,在碱性介质中易形成邻位-COO^-离子,其特征吸收 K 带将从 230 nm 蓝移到 224 nm,ε_{max} 从 10 000 减小到 8 700,特征吸收 B 带从 280 nm 蓝移到 270 nm,ε_{max} 从 800 减小到 560,如图 5-7(a)中箭头 2,3 所示。

COD 浓度为 14.2 mg/L 的某河水水样在 pH 值为 1.2~12.3 的变化范围内采集的紫外吸收光谱和 235 nm、250 nm、280 nm 三个单波长在不同 pH 值范围内对应紫外吸光度的关系曲线如图 5-8 所示。

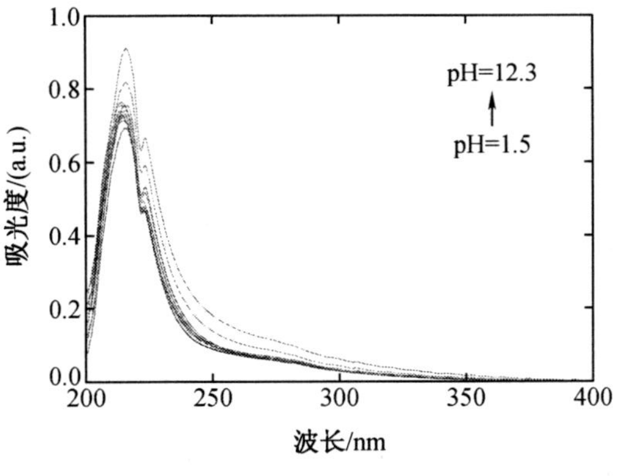

(a) pH 值对紫外吸光度的影响

图 5-8　pH 值对河水水样紫外光谱的影响

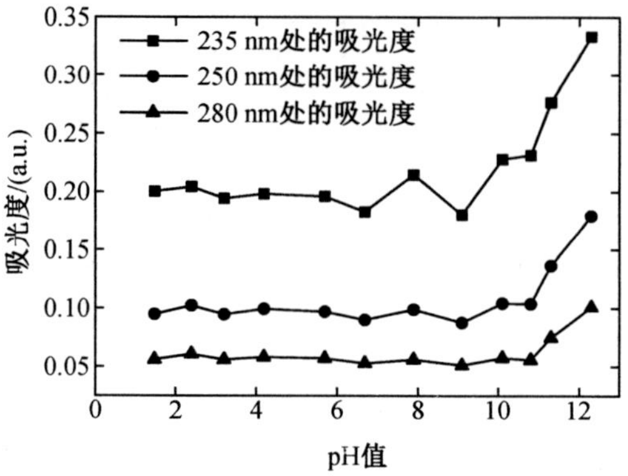

(b) 不同波长处的吸光度变化

图 5-8(续)

由图 5-8 分析可知,对于 COD 浓度为 14.2 mg/L 的河水水样而言,随着 pH 值的增大吸光度基本保持不变,而当 pH>11 以后,吸光度呈现上升趋势。其原因在于:实际水样构成复杂,水中的有机物分子在酸性条件时的电离现象所受影响较小,内部电子的结构和状态相对稳定;而碱性条件则促进了有机物分子发生电离,使得其内部电子的结构改变,导致生色体系发生极化现象,使有机物分子的电子状态改变,从而引起吸收带变化。当水环境的酸碱度呈碱性且到达一定值时,吸收带变宽,线性范围变小,进而导致吸光度发生变化。此外,pH>11 时,水溶液的有机物分子内部电子的跃迁会产生反常的强吸收,从而导致吸光度的增强。

由上述分析可知,对于实际水样,当 1.5<pH<11 时,样品的酸碱性对紫外吸收光谱法检测水质 COD 的影响较小,可以忽略;当 pH>11 时,应用光谱法检测水质 COD 会出现较大误差,应对其影响进行补偿。对于常见的地表水,如河流、湖泊等水体,pH 值一般都处于 1.5~11 的范围内,因此可忽略 pH 值对紫外吸收光谱检测水质 COD 的影响。

5.2.4 亚硝酸盐氮和硝酸盐氮对紫外吸收光谱法检测 COD 的影响规律

部分无机离子在紫外波段具有较强的吸收,因此这类无机离子会对紫外法检测水质 COD 造成一定的影响。某些阴离子,如Cl^-、SO_4^{2-}、$HClO_3^-$ 等在极紫外波段具有强吸收峰,而亚硝酸根(NO_2^-)、硝酸根(NO_3^-)离子在近紫外区域的吸收峰较强。

水体中的亚硝酸盐氮(NO_2-N)和硝酸盐氮(NO_3-N)是含氮有机物氧化分解的产物,在水中以亚硝酸盐和硝酸盐的形式存在。图 5-9(a)和图 5-9(b)分别是标准液在不同NO_2^- 和NO_3^- 离子浓度条件下的紫外吸收光谱图,其中,NO_2^- 和NO_3^- 的离子浓度变化范围均为 0~30 mg/L,标准液的浓度为 20 mg/L。

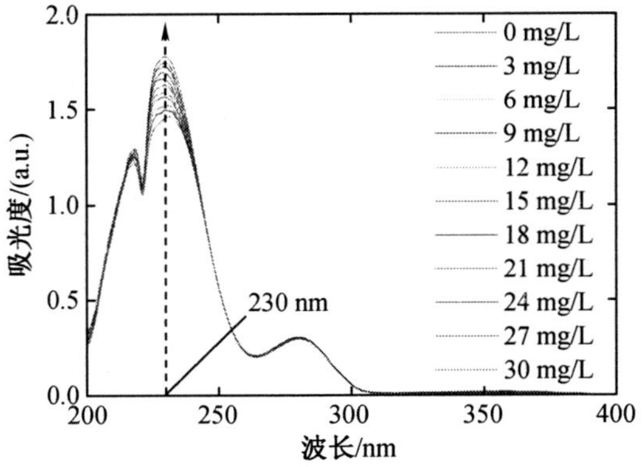

(a) NO_2^- 离子的影响

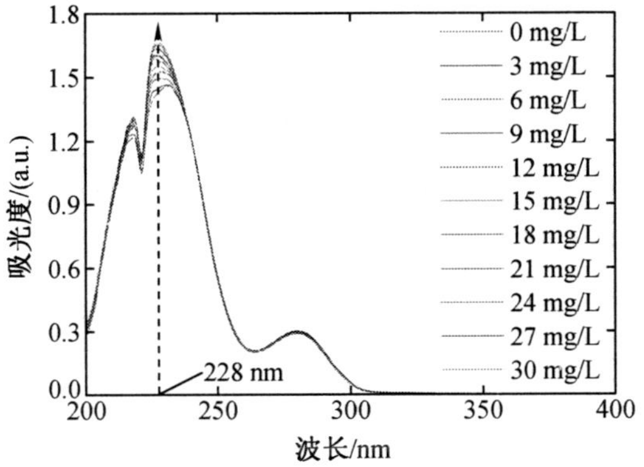

(b) NO_3^- 离子的影响

图 5-9　NO_2^- 和 NO_3^- 对紫外光谱的影响

图 5-9　彩图

由图 5-9 可知,NO_2^- 和 NO_3^- 离子在 230 nm 附近均有明显的吸收峰,且与标准液的一个吸收峰重叠。不难看出,NO_2^- 和 NO_3^- 离子浓度从 0 逐渐升高至 30 mg/L 时,吸光度分别增大了 0. 331 4 a. u. 和 0. 239 9 a. u. ,与图 5-1(b)相比,相当于标准溶液浓度增大至少 20 mg/L。可见,NO_2^- 和 NO_3^- 离子对紫外吸光度的影响较大。

为了去除其影响,基于紫外吸收光谱数据进行模型建立时,可以采用截去 NO_2^- 和 NO_3^- 离子的吸收区域的方法,即可考虑从 240 nm 以后的数据开始进行建模。

5. 2. 5　盐度对紫外吸收光谱法检测水质 COD 的影响规律

盐度表示每千克水中所含的溶解性盐类物质的量,可以理解为水中盐的浓度。海水的平均盐度是35‰,即每千克大洋水中的含盐量为35 g,淡水中的盐度很小,一般不高于0.5‰。由于NaCl为海水中的主要盐类物质,因此在实验过程中自行配制质量分数分别为5‰、15‰、25‰、35‰、45‰的NaCl溶液,用于模拟水体盐度的变化。

以蒸馏水作为空白背景,依次采集各NaCl溶液样本的紫外吸收光谱,采集过程中,紫外光谱仪的积分时间设置为2 ms,采样平均次数为200次。采集后的光谱图如图5-10所示。由图5-10可知,随着NaCl溶液浓度的升高,紫外吸光度也随之增大,在200~250 nm范围内变化较大,主要吸收峰位于205 nm左右;此外,250~300 nm范围内也有吸收,吸收峰位于275 nm处,但不强烈,NaCl的质量分数低于35‰时吸光度几乎不变。

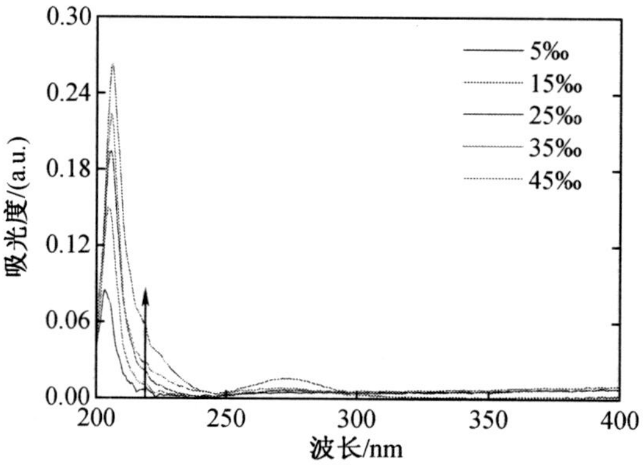

图5-10 不同浓度的NaCl溶液的紫外吸收光谱

图5-10 彩图

因此,当水样的盐度低于35‰时,可以忽略275 nm处的盐度影响;结合NO_2^-和NO_3^-离子对紫外吸光度的影响,基于紫外吸收光谱对含盐水体的水质COD进行分析时,若选择的建模数据的起始波长大于250 nm,则可以忽略NO_2^-、NO_3^-和盐度对紫外吸光度的影响;若建模时选取的特征波段包含200~250 nm的范围,则应考虑NO_2^-、NO_3^-和盐度对紫外吸光度的影响。

5.3　环境参量对三维荧光光谱法检测水质 COD 的影响规律分析

5.3.1　温度对三维荧光光谱法检测水质 COD 的影响规律

本节通过标准液和实际水样为研究对象,研究温度对三维荧光光谱检测水质 COD 的影响规律。与紫外吸收光谱不同,温度对溶液的荧光强度有显著的影响。通常,当溶液中不存在荧光猝灭剂时,随着温度的降低,溶液的荧光强度将增大;温度升高则溶液的荧光强度下降,其主要原因是分子内部能量的转化作用。此外,随着溶液温度的升高,介质的黏度变小,致使荧光分子与溶剂分子碰撞猝灭的机会增大,猝灭的荧光分子数目增多,从而导致荧光强度的下降。

1. 温度对标准液荧光强度的影响规律

浓度为 10 mg/L 的标准液的 T1 峰和 T2 峰的荧光强度随温度变化的关系曲线如图 5-11(a)和图 5-11(b)所示,浓度为 40 mg/L 的标准液的 T1 峰的荧光强度随温度变化的关系曲线如图 5-11(c)所示。

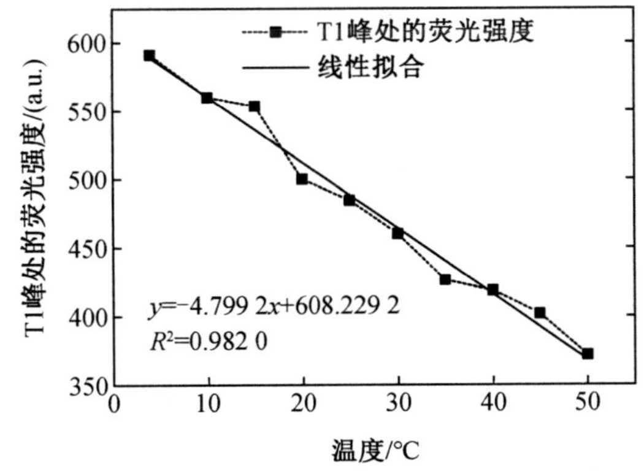

(a) 温度对 10 mg/L 标准液 T1 峰强度的影响

图 5-11　温度变化对不同浓度标准液 T1 峰荧光强度的影响

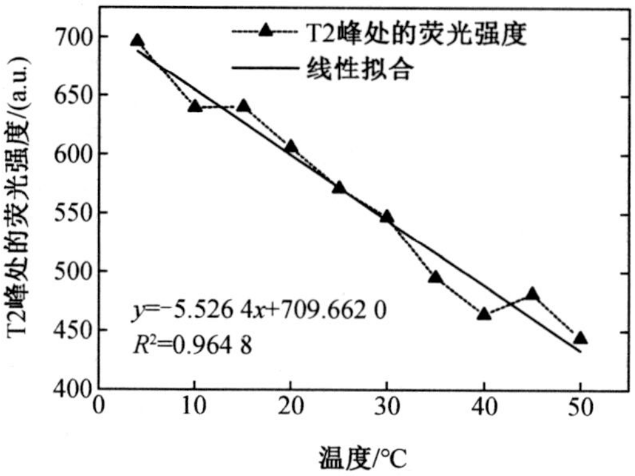

(b) 温度对 10 mg/L 标准液 T2 峰强度的影响

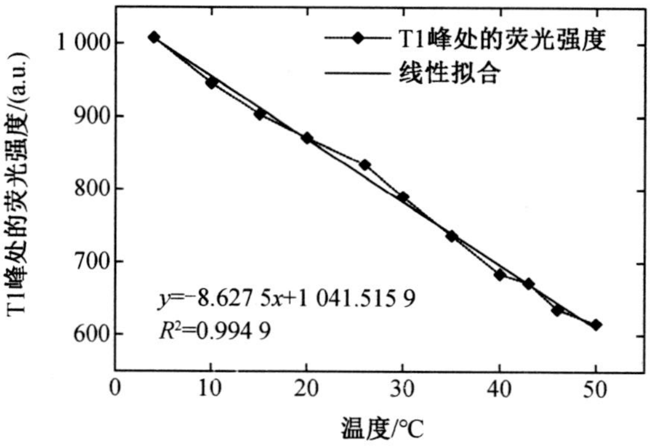

(c) 温度对 40 mg/L 标准液 T1 峰强度的影响

图 5-11(续)

由图 5-11(a)~图 5-11(c)可知,随着温度的升高,溶液的 T1 峰和 T2 峰附近的荧光强度线性降低,即荧光强度与温度呈负相关,线性拟合决定系数 R^2 分别为 0.982 0、0.964 8、0.994 9,各线性拟合表达式分别为

$$y=-4.7992x+608.2292 \tag{5-4}$$

$$y=-5.5264x+709.6620 \tag{5-5}$$

$$y=-8.6275x+1041.5159 \tag{5-6}$$

2. 标准液荧光光谱数据的温度补偿模型

下面以 40 mg/L 的标准液为研究对象,对温度的影响进行补偿校正。实验过程中 T1 峰的激发波长为 $E_x=275$ nm,因此选择 10~55 mg/L 的标准液在 $E_x=275$ nm 时的荧光光谱数据进行分析,此时溶液浓度与荧光强度的关系如式(5-7)所示。

$$y=17.0406x+156.6251 \tag{5-7}$$

再结合不同温度时的荧光强度值,可得到模型的预测浓度及补偿后的浓度,如表

5-2 所示。不难看出,温度补偿后荧光数据模型的整体平均偏差为 0. 130 6 mg/L。标准液的荧光光谱数据模型温度补偿前后的结果如图 5-12(a)和图 5-12(b)所示,其中,图 5-12(a)为 40 mg/L 的标准液荧光光谱数据模型在温度补偿前后的效果对比,图 5-12(b)为 10 mg/L 和 40 mg/L 的标准液的荧光光谱数据模型温度补偿后的效果。

表 5-2　温度变化对模型的影响及补偿结果

温度 /℃	模型预测值 /(mg/L)	浓度的变化量 /(mg/L)	温度补偿后 浓度值/(mg/L)
4	49. 903 2	9. 961 6	39. 941 7
10	46. 865 5	6. 334 9	40. 530 6
15	44. 334 0	3. 823 3	40. 510 8
20	41. 802 6	1. 916 1	39. 886 5
25	38. 764 8	-0. 237 6	39. 992 5
30	36. 739 7	-2. 843 2	39. 582 8
35	34. 208 2	-5. 959 2	40. 167 5
40	31. 676 8	-9. 051 9	40. 728 6
43	30. 157 9	-9. 767 8	39. 925 7
46	28. 639 0	-11. 874 5	40. 513 6
50	26. 613 9	-13. 042 3	39. 656 2

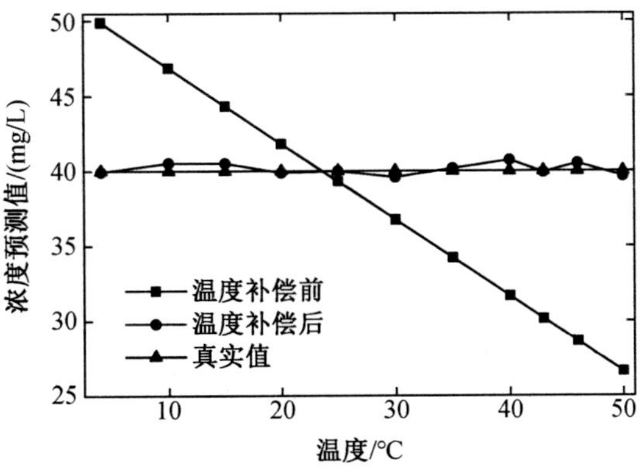

(a) 40 mg/L 标准液温度补偿结果对比

图 5-12　标准液的荧光-温度补偿结果

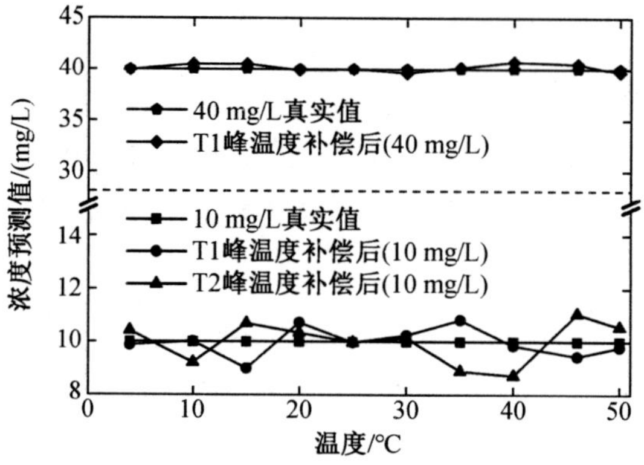

(b) 标准液温度补偿结果

图 5-12(续)

3. 温度对实际水样荧光光谱的影响规律及补偿模型

对于实际水样,以 COD 浓度为 14.2 mg/L 的某河水水样作为研究对象,该水样温度-荧光强度关系如图 5-13 所示,其中图 5-13(a)为 T1 峰的荧光强度与温度的关系,图 5-13(b)为 T2 峰的荧光强度与温度的关系。

由图 5-13 可知,对于实际水样来说,T1 峰和 T2 峰的荧光强度依然与温度呈现很强的负相关性,因此同样可以通过建立温度补偿模型进行温度补偿。

实际水样的温度补偿校正模型的建立方法与标准液的建立方法相同,这里不再赘述。温度对 COD 为 14.2 mg/L 的实际水样荧光光谱影响的补偿结果如图 5-14 所示。

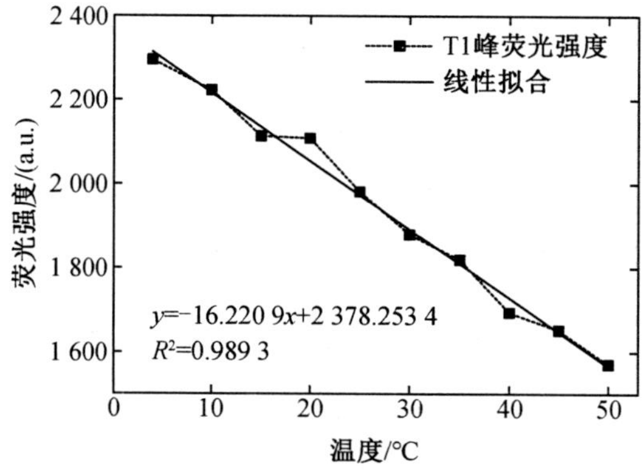

(a) 温度对河水的 T1 峰强度的影响

图 5-13　温度变化对河水水样 T1、T2 峰荧光强度的影响

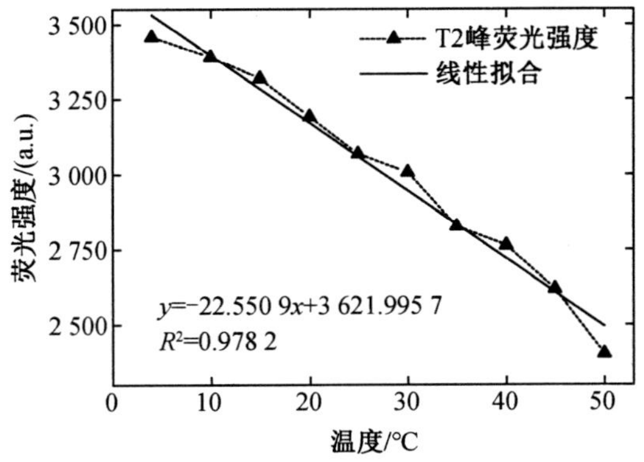

(b) 温度对河水的 T2 峰强度的影响

图 5-13(续)

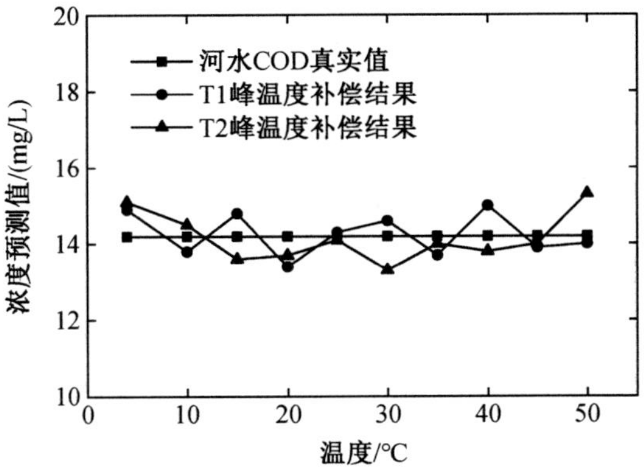

图 5-14　河水水样的 T1 峰和 T2 峰处温度补偿结果

5.3.2　浊度对三维荧光光谱法检测水质 COD 的影响规律

水体的浊度同样会对荧光产生影响。由于水体中悬浮的颗粒物使激发光或发射光发生散射现象,使得荧光强度增大。即荧光强度增大的主要原因是水体中悬浮颗粒物散射作用的贡献。

本节以不同浊度的标准液(浓度为 10 mg/L)为研究对象,溶液的浊度变化范围为 0~120 NTU。实验所需样品采用原始浓度为 1 000 NTU 的福尔马肼浊度标准溶液、原始浓度为 1 000 mg/L 的邻苯二甲酸氢钾溶液及蒸馏水配制而成。样品溶液的 T1 峰和 T2 峰处的荧光强度与浊度的关系如图 5-15 所示。

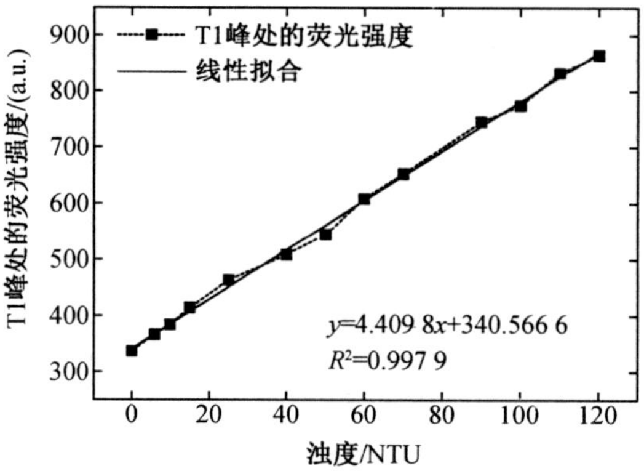

(a) T1 峰处

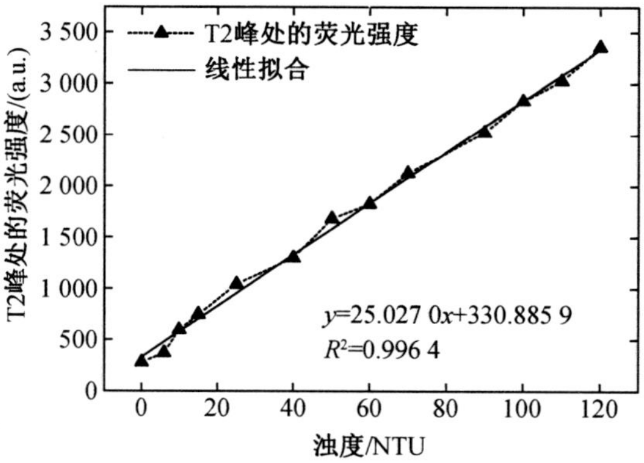

(b) T2 峰处

图 5-15　标准液的荧光强度与浊度的关系

由图 5-15 可知，与紫外吸收光谱类似，荧光发射光谱的强度与浊度呈正相关，且浊度带来的影响不可忽略。实验过程中 T1 峰和 T2 峰的激发波长分别取 $E_{x_1}=275$ nm 和 $E_{x_2}=225$ nm，因此选择 1～30 mg/L 的标准液在 $E_{x_1}=275$ nm 和 $E_{x_2}=225$ nm 时的荧光光谱数据进行分析，此时溶液浓度与荧光强度的关系如式(5-8)和式(5-9)所示。

$$y_1=15.710\ 7x_1+170.653\ 2 \tag{5-8}$$

$$y_2=-9.585\ 8x_2+480.074\ 7 \tag{5-9}$$

再结合不同浊度时的荧光强度，进而得到 T1 峰和 T2 峰处浊度的补偿模型。为了衡量浊度补偿模型的补偿效果，图 5-16(a)和图 5-16(b)分别给出了浓度为 10 mg/L 的标准液三维荧光光谱的 T1 峰和 T2 峰处浊度补偿前后的效果图。

由图 5-16(a)和式(2-44)可知，浊度补偿后预测模型在 T1 峰处的整体平均偏差约为 0.000 06 mg/L；由图 5-16(b)可以看出，T2 峰处的补偿效果不佳，原因是随着浊度的增大，浊度补偿前的预测浓度值出现负值，而此时的预测数据也已超出

1～30 mg/L 的预测模型可预测的范围，且预测结果已无实际意义。因此，浊度变化较大时，T2 峰处的预测结果会变差。

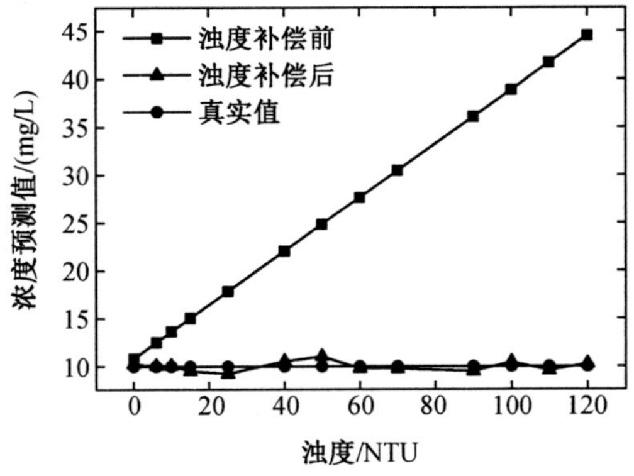

(a) T1 峰处

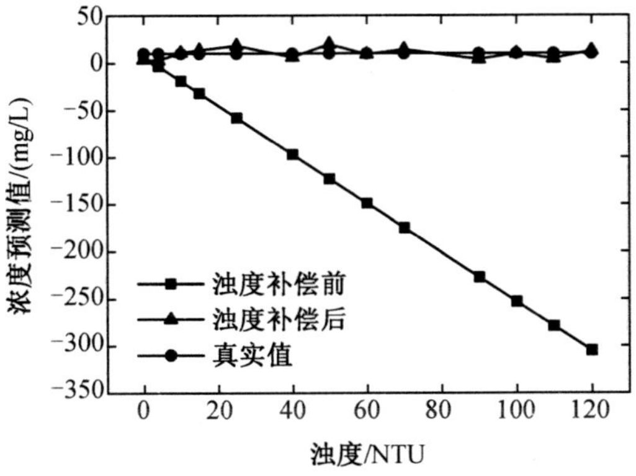

(b) T2 峰处

图 5-16　标准液的 T1 峰和 T2 峰处浊度补偿前后的效果

5.3.3　pH 值对三维荧光光谱法检测水质 COD 的影响规律

在不同酸碱度下，具有酸性基团或碱性基团的芳香族化合物的荧光光谱和荧光强度都会由于其酸性基团的离解作用或碱性基团的质子化作用而发生变化，所以在荧光分析中一般都要严格控制溶液的 pH 值。本节通过改变被测水样的酸碱度，对溶液的 T1 峰和 T2 峰的中心位置及荧光强度的变化进行分析。

浓度为 10 mg/L 的标准液的荧光强度随 pH 值在 1.4～12.3 范围内变化的规律如图 5-17 所示。

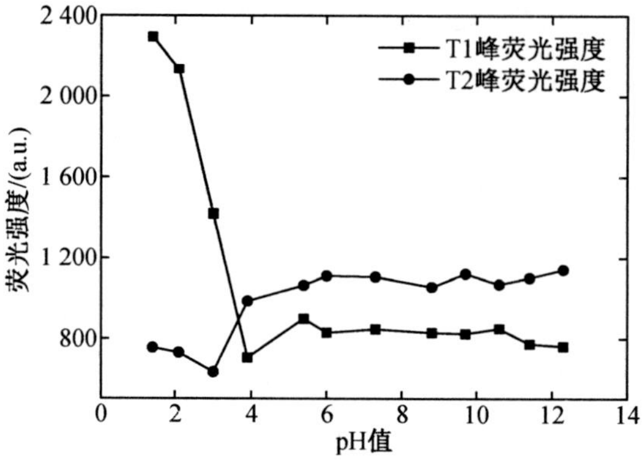

图 5-17　pH 值对标准液 T1 峰、T2 峰荧光强度的影响

由图 5-17 不难看出，pH 值从 4 增大至 12.3 的过程中，浓度为 10 mg/L 的标准液荧光强度的变化不明显，表明溶液中邻苯二甲酸氢钾的一部分荧光基团随 pH 值的变化其构型改变较少；而 pH<3 时，荧光强度变化较大，其原因在于当 pH 值由 3 降至 1.4 时，溶液中羧基的质子化作用加强，溶液中有机分子的构型出现伸展，导致荧光基团暴露在溶液中，从而使荧光强度增强。

实际水样的荧光强度与 pH 值变化的规律如图 5-18 所示，其中，图 5-18(a)为 COD 浓度为 4.0 mg/L 的某河水样本，图 5-18(b)为 COD 浓度为 14.2 mg/L 的某河水样本。由图 5-18 可知，不同的水样随 pH 值的变化规律是不同的，原因在于各水样所含有机物的种类和结构有所不同。

由图 5-18(a)分析可知，T1 峰和 T2 峰的荧光强度随 pH 值的变化关系曲线均出现了 2 个峰值，分别出现在 pH=5 和 pH=10.5 时，其原因在于：水中有机大分子结构中的羧基和酚羟基的酸度系数(pKa)分别在 3~6 和 9~11 之间，当 pH 值从 6 降到 3 时，由于羧基的解离导致 DOM 内大分子的构型出现伸展，荧光基团暴露在溶液中，至 pH=5 时出现最大荧光峰；当 pH 值从 9 升到 11 时，由于酚羟基的解离和大量阴离子的排斥作用导致 DOM 分子伸展，也使大量的荧光基团裸露在溶液中，荧光强度增加，在 pH=10.5 时达到最大荧光强度。

由图 5-18(b)分析可知，在 pH=1.5~12.3 范围内，该样本的荧光强度随着 pH 值的增大而逐渐降低，这表明在该 pH 值范围内样本的 DOM 中某些组分的荧光基团随着 pH 值的增大其聚合程度增大，一些荧光基团在偏酸性的环境中分子结构更易于伸展，使暴露于溶液中的荧光基团增加，从而使得荧光强度增强。

COD 浓度为 14.2 mg/L 的某河水样品在不同 pH 值条件下的三维荧光光谱的等高线图如图 5-19(a)~图 5-19(d)所示，pH 值分别为 1.5，5.7，7.2，12.3。

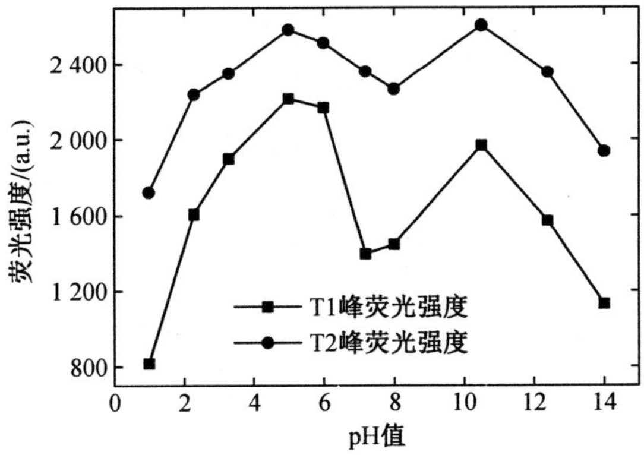

(a) COD = 4.0 mg/L 的河水

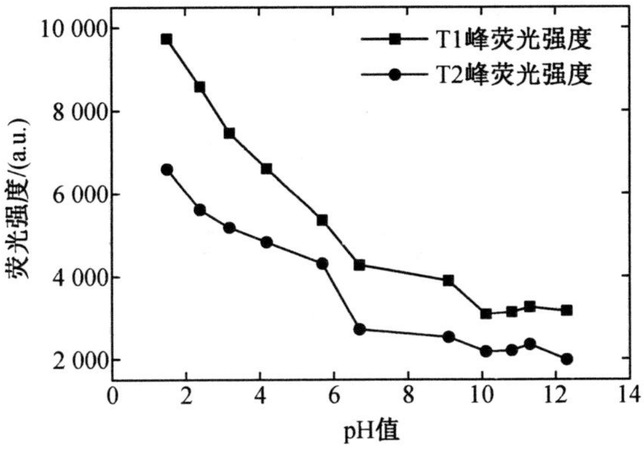

(b) COD = 14.2 mg/L 的河水

图 5-18　河水水样荧光强度与 pH 值的关系

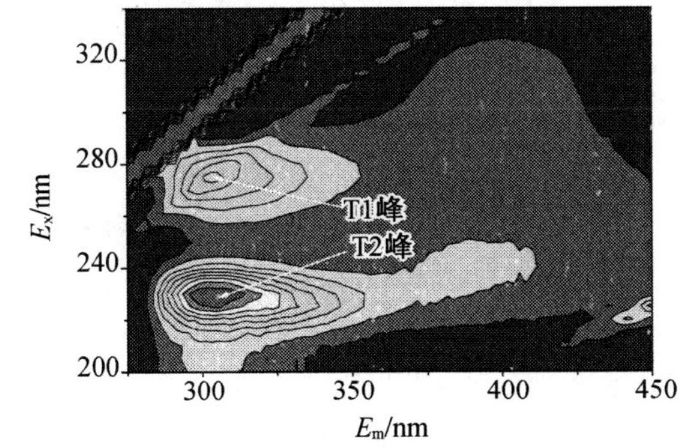

(a) pH = 1.5

图 5-19　不同 pH 值对河水水样的荧光峰位置的影响

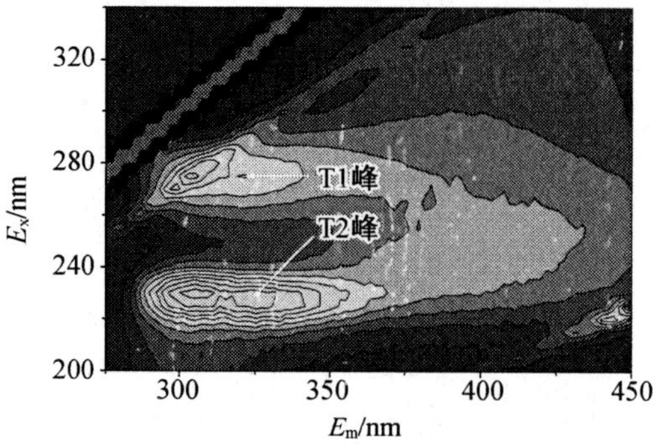

(b) pH=5.7

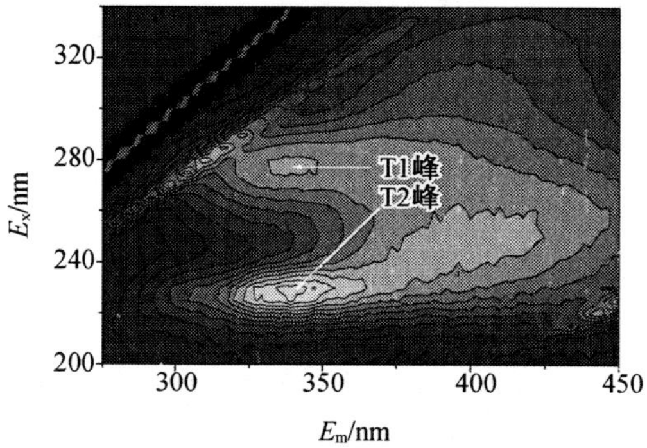

(c) pH=7.2

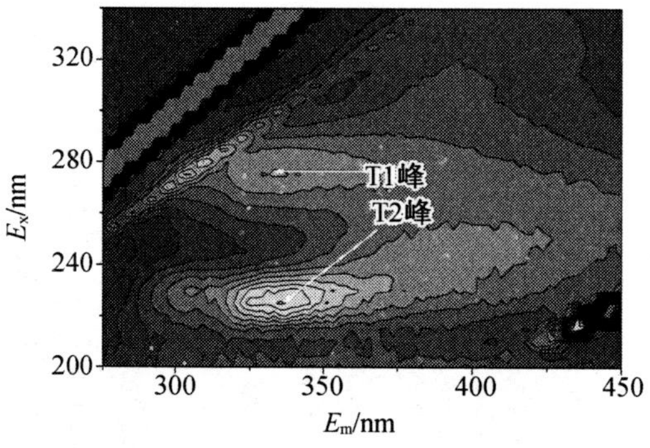

(d) pH=12.3

图 5-19(续)

由图 5-19(a)~图 5-19(d)可知，随着 pH 值的增加，T1 峰和 T2 峰的中心位置有所变化。T1 峰和 T2 峰在不同 pH 值条件下对应的具体位置如表 5-3 所示。

由表 5-3 可知，随着 pH 值的增大，激发波长 E_x 变化较小，而发射波长 E_m 变化较大。T1 峰和 T2 峰变化规律相同，pH 值由 1.5 增大到 7.2 的过程中，E_m 波长变大，即发生红移；而 pH 值由 7.2 继续增大到 12.3 的过程中，E_m 波长变小，即发生蓝移。究其原因，在于离解作用或质子化作用均使得分子的基态与激发态之间的能量间隔发生变化，从而导致荧光光谱的移动。若溶液本身呈现碱性，滴入 H_2SO_4 时，溶液的 pH 值减小，溶液中 H^+离子浓度变大，使得吸电子基团如羧基质子化（即$-COO^-$得到电子变为$-COOH$）作用增强，导致荧光光谱红移；若溶液本身呈现酸性，溶液中滴入 NaOH 时，其 pH 值增大，溶液中有机物分子电离作用增强，导致吸电子基团如羧基的离解作用增强，从而使得荧光光谱蓝移。

表 5-3　pH 值对 T1 峰和 T2 峰位置的影响

pH 值	T1 E_x/E_m/nm	T2 E_x/E_m/nm
1.5	275/303	230/302
5.7	275/320	230/323
7.2	275/338	230/340
12.3	275/333	225/335

5.3.4　硝酸盐氮和亚硝酸盐氮对荧光法检测水质 COD 的影响规律

硝酸盐氮和亚硝酸盐氮在水溶液中以硝酸根和亚硝酸根的形式存在，图 5-20 是浓度为 20 mg/L 标准液的 T1 峰在不同的NO_2^- 和NO_3^- 离子浓度条件下对应的荧光强度变化规律，NO_2^- 和NO_3^- 离子浓度范围为 0~30 mg/L。

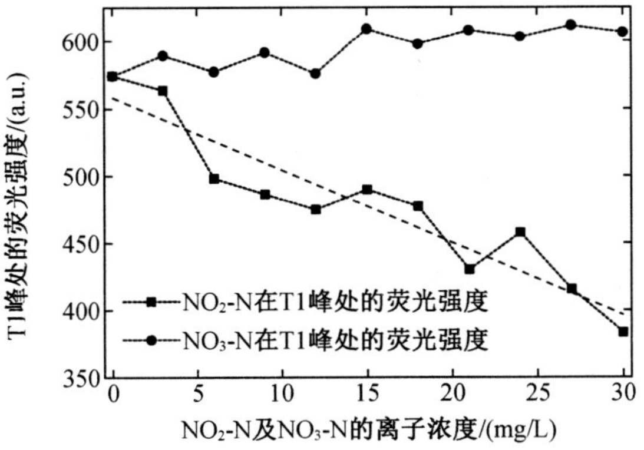

图 5-20　NO_2^- 和NO_3^- 对标准液 T1 峰的影响

由图 5-20 可知，在 0~30 mg/L 的离子浓度范围内，T1 峰处的荧光强度受NO_3^-的影响不大但其强度却随着NO_2^-浓度的增大呈现下降趋势。其原因在于：NO_2^-可以和水中有机物发生化学反应而生成硝基化合物，随着离子浓度的增加，水中形成的硝基化合物增多，形成了荧光猝灭剂，荧光物质的分子与猝灭剂分子作用生成了本身不发光的配位化合物，即荧光强度减弱。事实上，NO_2^-和NO_3^-均可以在水中与有机物反应生成硝基化合物而使荧光强度降低，只是 30 mg/L 的NO_3^-不足以合成足够的硝基化合物使荧光猝灭。

5.3.5 盐度对三维荧光光谱法检测水质 COD 的影响规律

采集自行配制的质量分数分别为 5‰、15‰、25‰、35‰、45‰的 NaCl 溶液的三维荧光光谱，以质量分数为 0 的蒸馏水为空白背景，采用测量 3 次取平均值的方法记录 T1 峰和 T2 峰的荧光强度，测量结果如图 5-21 所示。

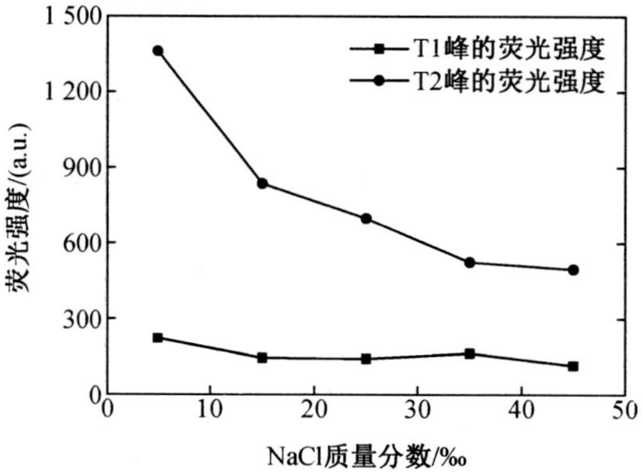

图 5-21　不同浓度的 NaCl 溶液的特征峰的荧光强度

由图 5-21 不难看出，随着 NaCl 浓度的增大，T1 峰的荧光强度基本不变，而 T2 峰的荧光强度随之下降并趋于平缓。原因在于 T2 峰的发光物质(低激发波长色氨酸物质)的结构不稳定，而 NaCl 溶液中的Cl^-离子可以抑制荧光物质官能团的电离作用，荧光物质的大分子构型的卷曲程度随着Cl^-浓度的增加而逐渐加剧，从而使得荧光强度降低，但由于氯离子抑制电离作用较小，所以 T2 峰的荧光强度会随着 NaCl 溶液的浓度增加而缓慢降低。

因此，对于不同盐度水样的荧光光谱进行水质 COD 建模时，若采用 T2 峰处的荧光强度和 COD 建立关系，则需要考虑盐度对荧光强度的影响，否则会导致模型的预测能力降低。而采用紫外吸收光谱和荧光光谱融合的方法对 COD 进行建模分析时，也需要综合考虑紫外光谱的特征波段提取和荧光光谱的特征峰选择等问题。

5.3.6　重金属离子对三维荧光光谱法检测水质 COD 的影响规律

天然水体中含有多种金属元素，如 K、Ca、Na、Mg、Al、Fe、Mn 等，随着科技的进步和人民生活水平的提高，各种污水、废水未经处理便排入大自然中，使天然水体受到各种重金属元素的污染，如 Hg、Cd、Cr、Zn、As、Cu、Ni 等，虽然重金属含量为微量，但均属于有毒元素。本节以邻苯二甲酸氢钾标准液为研究对象，通过对 As、Zn、Cu 三种重金属元素离子在不同浓度时对 T1 峰荧光强度的影响规律，分析这三种重金属元素离子对荧光光谱检测水质 COD 的影响。为突显重金属元素对荧光强度的影响，采用邻苯二甲酸氢钾浓度为 1 mg/L 的标准液，其中 As^{2+}、Zn^{2+}、Cu^{2+} 离子浓度范围为 0~30 mg/L，由原始浓度 1 000 mg/L 的重金属离子标准液经蒸馏水按比例稀释得到。三种重金属离子对水样 T1 峰的荧光强度的影响规律如图 5-22 所示。

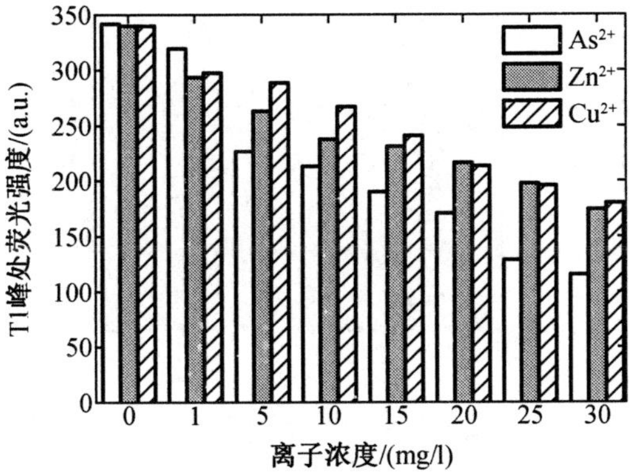

图 5-22　重金属离子浓度对 T1 峰荧光强度的影响

由图 5-22 可知，随着离子浓度的增加，T1 峰处的荧光强度逐渐降低，这是因为大多数无机盐类金属离子不产生荧光，且水体中的 DOM 存在部分荧光性物质与重金属离子结合而发生猝灭反应，使得 DOM 的荧光性减弱。绝大多数的金属离子在溶液中只能发生无辐射的跳跃，不能产生荧光。实际水体中虽然存在一些有机化合物具有共轭双键，能与重金属离子形成螯合物，但由于不是刚性结构，分子处于非同一平面，因而不产生荧光，致使荧光强度减弱。

水样的 T1 峰、T2 峰的中心位置随重金属离子浓度变化的情况如图 5-23 所示。

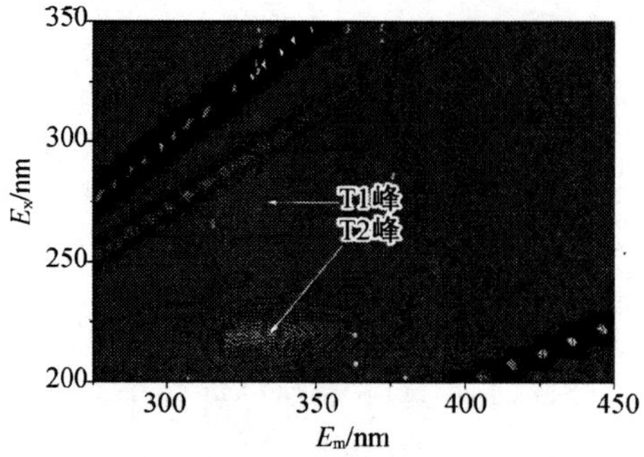

(a) 标准液等高线图

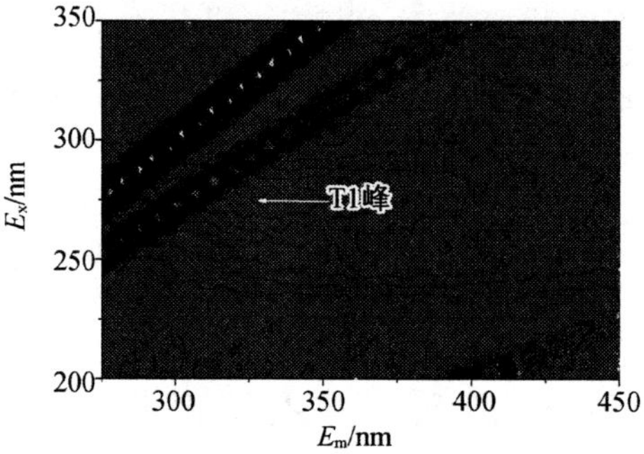

(b) Zn^{2+}浓度为 15 mg/L 的标准液荧光

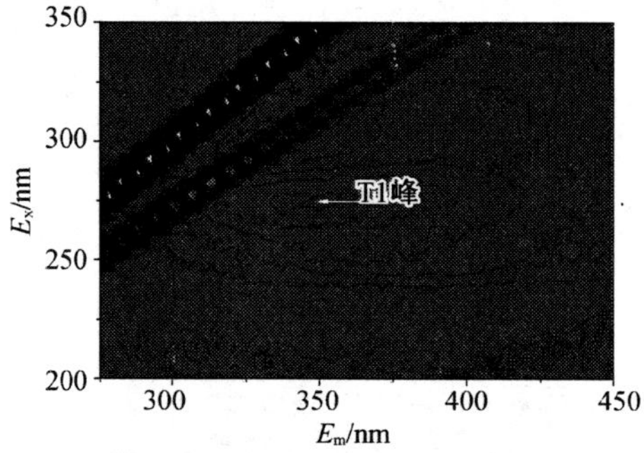

(c) Zn^{2+}浓度为 30 mg/L 的标准液荧光

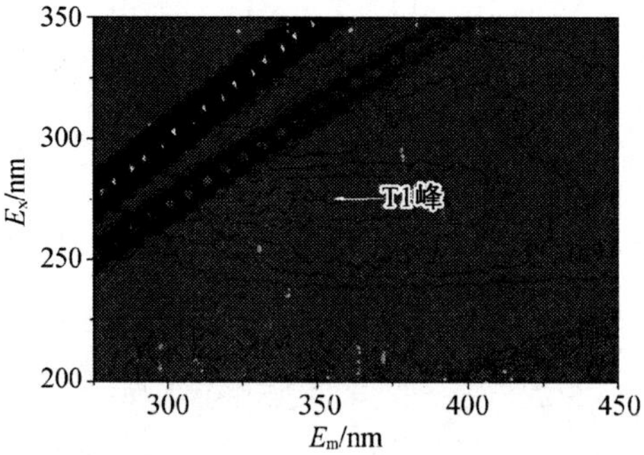

(d) As^{2+}浓度为 15 mg/L 的标准液荧光

图 5-23　重金属离子浓度对荧光峰位置的影响

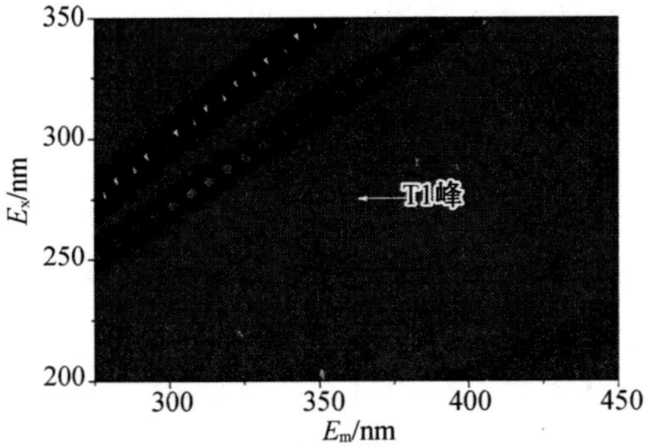

(e) As^{2+}浓度为 30 mg/L 的标准液荧光

图 5-23(续)

图 5-23(a)为不含有重金属离子的标准液的三维荧光等高线谱图,图 5-23(b)(c)为标准液的 T1 峰随 Zn^{2+}浓度变化情况,图 5-23(d)(e)为标准液的 T1 峰随As^{2+}浓度变化情况。可以看出,当存在重金属离子时 T2 峰直接消失,表明 T2 峰对重金属离子非常敏感,同时 T1 峰位置也出现了移动现象。T1 峰在不同的重金属离子浓度条件下对应的具体位置如表 5-4 所示。

表 5-4　重金属离子浓度对 T1 峰位置的影响

重金属离子	离子浓度/(mg/L)	T1 E_x/E_m/nm
Zn^{2+}	0	275/333
	15	275/327
	30	275/350
As^{2+}	0	275/333
	15	275/355
	30	275/363

由表 5-4 可知,重金属离子浓度的变化对激发波长 E_x 无影响,而使发射波长 E_m 发生移动。当 Zn^{2+}离子浓度在 0~15 mg/L 变化时,E_m 蓝移;当 Zn^{2+}离子浓度在 15~30 mg/L 变化时,E_m 红移。对于As^{2+}离子,E_m 随着离子浓度的增大逐渐向长波长方向移动,发生红移。这是因为荧光配位体与金属离子的配位作用实际上可看成一种酸碱反应。因此,由金属离子配位作用产生的配位体电子光谱的变化与配位体的光谱受溶液 pH 值的影响情况类似。

实际上,芳族配位体与非过渡金属离子(如 Zn^{2+})的配位作用在配位体的配位位置上产生正极化作用与配位体在配位位置上的质子化作用所产生的光谱移动相似，而许多过渡金属离子与芳族配位体配位后，往往导致配位体发光的静态猝灭。

5.4 多种环境因素共同作用时对水质 COD 的影响规律分析

以上分析了单一的外界环境因素对紫外吸收光谱及三维荧光光谱的影响，而实际检测时光谱受到的影响并非来自单一的环境因素，而是多种环境因素共同作用的结果。实际水样的组分复杂，而不同水样中的有机物种类和含量各不相同，因此针对不同的实际水样应采用不同的分析方法。本节以标准液为研究对象，对多种环境因素共同作用时光谱法检测水质 COD 的影响进行了简要分析。

由 5.2 节和 5.3 节所得到的环境因素对标准液的紫外吸收光谱和荧光光谱特性影响规律进行归纳总结，如表 5-5 所示。

表 5-5　环境因素对标准液光谱特性的影响规律

影响因素	光谱类别	
	紫外光谱	荧光光谱(荧光强度)
温度	紫外吸光度变化不大，可忽略	与 T1、T2 峰的荧光强度呈负相关
浊度	与紫外吸光度呈线性正相关	与 T1、T2 峰的荧光强度呈正相关
pH 值	4~12.3 范围内吸光度变化不大	4~12.3 内 T1、T2 峰荧光强度变化不大
NO_2-N(NO_2^-)	200~240 nm 内有影响，不可忽略	T1 峰处荧光强度随离子浓度的增大逐渐降低，但强度变化较小
NO_3-N(NO_3^-)	200~240 nm 内有影响，不可忽略	离子浓度对 T1 峰荧光强度影响不大
盐度(NaCl)	200~250 nm 内有影响，不可忽略；275 nm 处有弱吸收峰，低盐度可忽略	T1 峰处荧光强度变化不大，而 T2 峰处荧光强度随盐度增大而降低
重金属离子	—	T1 峰处荧光强度随离子浓度增大逐渐降低，T2 峰处荧光强度骤降

对于紫外吸收光谱来说，由表 5-5 可知，温度对其紫外光谱的影响可以忽略；pH 值在一定范围内对紫外光谱的影响也不大，而通常情况下水体的 pH 值变化范围不会太大，因此 pH 值对紫外光谱的影响也不太大；NO_2-N、NO_3-N 和盐度的影响在高于 250 nm 时可以忽略。因此，在相同环境条件下，对于采用紫外光谱数据建模时，起始波长选择在 250 nm 以上，即可忽略水样的温度、pH 值及盐类物质的影响。因此对于紫外光谱，只需分析浊度对其造成的影响即可。

外界环境的变化会对三维荧光光谱造成影响，由表 5-5 可知，对于标准液三维荧光光谱的 T1 峰，pH 值、NO_2-N、NO_3-N 和盐度的影响不大，因此采用 T1 峰对外界环境的影响进行分析时可将水样的 pH 值及盐类物质的影响忽略，对 T1 峰的影响因素主要来自水样的浊度和温度。

这里采用浓度为 20 mg/L 的标准液作为研究对象，研究浊度及温度变化对其三维荧光光谱的影响。实验过程中温度的变化范围为 4～50 ℃，浊度变化范围为 0～90 NTU。分别在不同条件下对样本的三维荧光光谱进行采集，预处理后代入 3. 3. 1 节中 1～30 mg/L 的最优模型，将模型输出值与溶液的实际值进行对比，得到在温度和浊度的影响下荧光数据模型预测值变化量，如表 5-6 所示。温度、浊度、荧光模型预测浓度变化量之间的关系如图 5-24 所示。

表 5-6　温度和浊度的影响下荧光数据模型预测值变化量

温度	浊度/NTU									
/℃	0	6	10	15	25	40	50	60	70	90
4	15. 5	17. 9	19. 1	21. 0	24. 1	27. 0	29. 3	33. 4	36. 2	42. 1
10	13. 7	16. 1	17. 2	19. 2	22. 3	25. 2	27. 5	31. 5	34. 4	40. 3
15	13. 3	15. 7	16. 9	18. 8	21. 9	24. 8	27. 1	31. 1	34. 0	39. 9
20	10. 1	12. 6	13. 7	15. 6	18. 7	21. 6	23. 9	28. 0	30. 9	36. 7
25	9. 2	11. 7	12. 8	14. 7	17. 8	20. 7	23. 0	27. 1	29. 9	35. 8
30	7. 8	10. 2	11. 4	13. 3	16. 4	19. 3	21. 6	25. 7	28. 5	34. 4
35	5. 8	8. 3	9. 4	11. 3	14. 4	17. 3	19. 6	23. 7	26. 5	32. 4
40	5. 4	7. 8	9. 0	10. 9	14. 0	16. 9	19. 2	23. 2	26. 1	32. 0
45	4. 4	6. 8	8. 0	9. 9	13. 0	15. 9	18. 2	22. 2	25. 1	31. 0
50	2. 6	5. 1	6. 2	8. 1	11. 2	14. 1	16. 4	20. 5	23. 3	29. 2

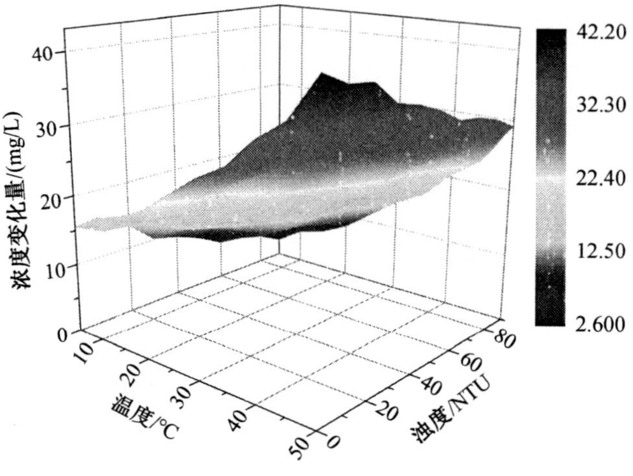

图 5-24　温度-浊度-浓度变化量之间的关系

由表 5-6 和图 5-24 可以看出，温度和浊度同时作用时，对标准液的荧光数据会产生较大影响，因此需对温度和浊度的影响进行补偿校正。

这里采用单独校正后再组合的方式对温度和浊度因素的影响进行补偿，温度和浊度同时补偿后水质 COD 变化量的表达式如式(5-10)所示，其中 ΔCOD 为 COD 的变化量，$x_{\text{temp.}}$ 为水样的温度值，$x_{\text{turb.}}$ 为水样的浊度值。

$$y_{\Delta COD}=17.316\,8-0.281\,6x_{\text{temp.}}+0.280\,7x_{\text{turb.}} \tag{5-10}$$

5.5　水质 COD 与 TOC 的相互关系研究

由于水质 COD 和 TOC 均属于常规的检测参数，我国检测 TOC 的标准方法为燃烧氧化-非分散红外吸收法，相比于 COD 的检测能更完全、更直接地反映有机物对水体的污染程度。由本书 1.2 节和 1.4 节可知，水质 COD 和 TOC 在水体组分稳定时存在相关性，一些仪器(如德国 TriOS 公司的 OPUS 传感器)也是利用水质 COD 和 TOC 的相关关系对二者进行检测，因此研究二者之间的关系十分必要。本节对水质 COD 和 TOC 之间的关系进行理论和实验研究，为光谱法检测水质 TOC 提供理论支撑。

5.5.1　水质 COD 与 TOC 相互关系的理论分析

在采用标准方法检测 COD 的过程中，强氧化剂氧化的物质分为两类，一类为水体中有机物的耗氧量，记为 COD_A，另一类则为无机物的耗氧量，记为 COD_B，若记检测所

得的化学需氧量的结果为 COD,则有

$$COD=COD_A+COD_B \tag{5-11}$$

设水体中有机物质的表达通式为 $C_mH_nO_p$,则其化学反应方程式为

$$C_mH_nO_p+kO_2=mCO_2+\frac{n}{2}H_2O \tag{5-12}$$

通过计算,求得

$$k=m+\frac{1}{4}n-\frac{1}{2}p \tag{5-13}$$

由 COD 及 TOC 的定义,可知:

$$COD_A=k\times W_{O_2}=\left(m+\frac{1}{4}n-\frac{1}{2}p\right)\times W_{O_2} \tag{5-14}$$

$$TOC=m\times W_C \tag{5-15}$$

式中　W_{O_2}——O_2 的分子量;

W_C——C 的分子量。

将式(5-15)代入式(5-14),得

$$COD_A=\left(\frac{TOC}{W_C}+\frac{1}{4}n-\frac{1}{2}p\right)\times W_{O_2}=\frac{W_{O_2}}{W_C}\times TOC+\left(\frac{1}{4}n-\frac{1}{2}p\right)\times W_{O_2} \tag{5-16}$$

又由于 $COD=COD_A+COD_B$,则有

$$COD=\frac{W_{O_2}}{W_C}\times TOC+\left(\frac{1}{4}n-\frac{1}{2}p\right)\times W_{O_2}+COD_B \tag{5-17}$$

也可写为

$$TOC=\frac{W_C}{W_{O_2}}\left[COD-COD_B-\left(\frac{1}{4}n-\frac{1}{2}p\right)\times W_{O_2}\right] \tag{5-18}$$

从式(5-18)可以看出,如果水体中物质的成分稳定,则 W_{O_2}、W_C、n、p 和 COD_B 的取值相对固定。那么可认为,在成分组成相对稳定的水体中,水质 TOC 和 COD 在理论上存在很好的相关性。

以上各式中,$W_{O_2}=32$,$W_C=12$。对于纯有机物水样,$COD_B=0$,则式(5-18)可以写为

$$COD=\frac{32}{12}\times TOC+\left(\frac{1}{4}n-\frac{1}{2}p\right)\times 32 \tag{5-19}$$

令 $c=\left(\frac{1}{4}n-\frac{1}{2}p\right)\times 32$,则有

$$COD = 2.6667 \times TOC + c \quad (5-20)$$

然而实际检测时,COD 的测定过程中有机物的氧化率较低,而 TOC 检测时能将水体中的有机物全部氧化,所以导致了有机物 COD 和 TOC 的氧化率存在较大的差异性。因此,实际测试时不能仅用一个理论方程式来表征水质 COD 和 TOC 的关系。

5.5.2 水质 COD 与 TOC 相互关系的实验验证

1. TOC 标准液的 COD 与 TOC 的相互关系

利用蒸馏水将原始浓度为 1 000 mg/L 的 TOC 标准液按比例稀释,配制成浓度范围为 0.6~100 mg/L 的实验样本 32 份,采用快速消解分光光度法对各样本的 COD 值进行测定,测量结果如表 5-7 所示。

表 5-7 TOC 标准液的 COD 和 TOC 的测量结果 单位:mg/L

序号	TOC	COD	序号	TOC	COD	序号	TOC	COD
1	0.6	1.5	12	5	13.9	23	55	145.5
2	1	2.6	13	5.5	14.7	24	60	157.5
3	1.4	3.2	14	6	16.5	25	65	177
4	1.8	5.2	15	7	18.6	26	70	189
5	2.2	6	16	10	29.5	27	75	194.5
6	2.6	6.9	17	20	54.5	28	80	211
7	3	8.4	18	25	65.5	29	85	224.5
8	3.4	9.7	19	30	81.5	30	90	241.5
9	4.2	10.7	20	40	107	31	95	247
10	4.4	11.4	21	45	125	32	100	268.5
11	4.6	12.8	22	50	136			

由表 5-7 可以看出,水样的 TOC 和 COD 具有相同的变化趋势。以 TOC 浓度范围为 0.6~7 mg/L 变化时的趋势为例,COD 随 TOC 变化的规律如图 5-25 所示。

为了验证不同浓度范围内水质 COD 与 TOC 的关系,将 TOC 和 COD 的对应值按照 TOC 浓度范围分别为 0.6~7 mg/L、10~100 mg/L、0.6~30 mg/L、0.6~100 mg/L 的组合方式分为 4 组,不同浓度范围内 COD 与 TOC 的关系如图 5-26(a)~图 5-26(d)所示。

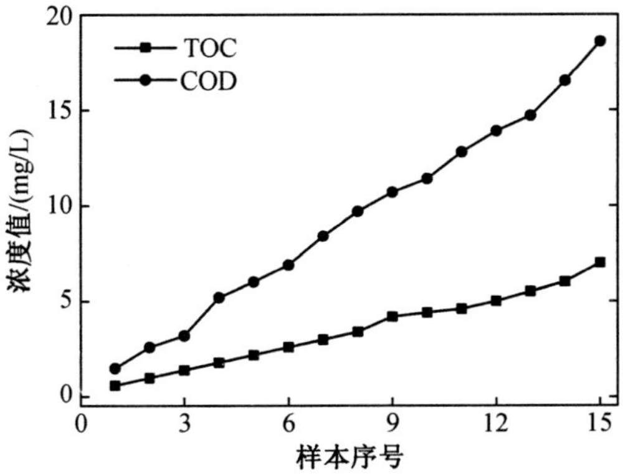

图 5-25　标准液的 COD 随 TOC 变化的规律

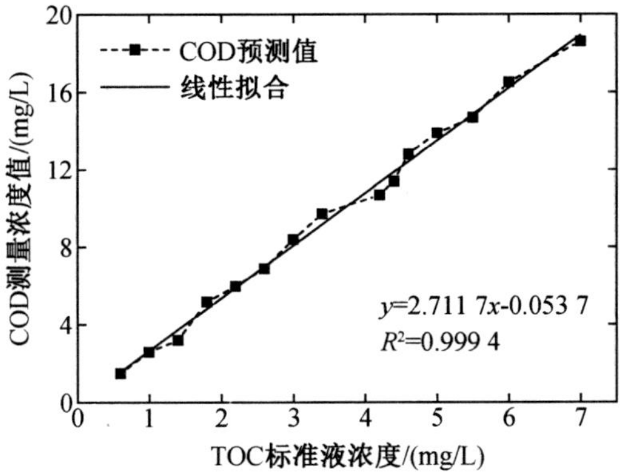

(a) 0.6~7 mg/L

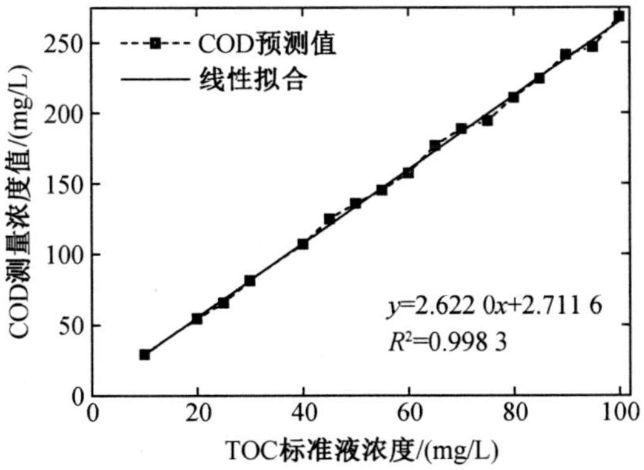

(b) 10~100 mg/L

图 5-26　不同浓度标准液的 COD 与 TOC 的关系

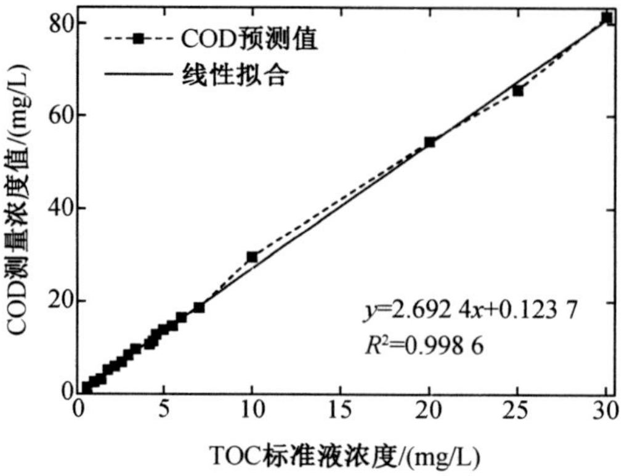

(c) 0.6~30 mg/L

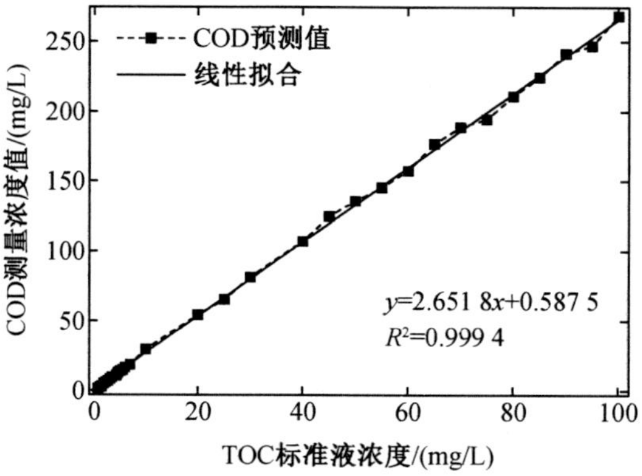

(d) 0.6~100 mg/L

图 5-26(续)

由图 5-26 可知,在不同的浓度范围内,TOC 标准液的 COD 和 TOC 值均呈现很好的正相关关系,线性拟合决定系数 R^2 均大于 0.99,TOC 浓度范围为 0.6~100 mg/L 时,COD 与 TOC 的拟合结果最优,R^2 为 0.999 4,此时 COD 与 TOC 的关系式为

$$COD=2.651\ 8\times TOC+0.587\ 5 \tag{5-21}$$

对比式(5-20)与式(5-21)可以看出,实验所得 TOC 的比例系数与理论计算的系数较为接近,说明了理论分析和实验验证的正确性。

此外,本节也采用课题组研发的基于单波长紫外吸收光谱法的水质 COD 光学传感器对标准液的 COD 和 TOC 的关系进行了验证。基于紫外单波长吸收光谱法的测试结果如表 5-8 所示,验证时的系统实物图如图 5-27 所示。

表 5-8　紫外单波长吸收光谱法的测试结果　　单位:mg/L

序号	TOC 浓度	COD 测量值	序号	TOC 浓度	COD 测量值
1	0.299 91	0.556 33	13	4.083 26	11.176 33
2	0.499 75	1.078 33	14	4.479 84	12.257 33
3	0.699 51	1.717 33	15	4.876 11	13.476 33
4	0.899 19	2.444 33	16	5.272 06	14.907 33
5	1.098 79	2.909 33	17	5.667 69	16.176 33
6	1.298 31	3.510 33	18	6.063 02	17.344 33
7	1.697 11	4.630 33	19	6.655 41	19.250 33
8	2.095 6	5.728 33	20	7.247 1	21.125 33
9	2.493 77	6.662 33	21	7.838 08	23.188 33
10	2.891 61	7.737 33	22	8.428 36	25.221 33
11	3.289 15	8.803 33	23	9.606 81	28.503 33
12	3.686 36	9.967 33			

(a) 紫外光学传感器

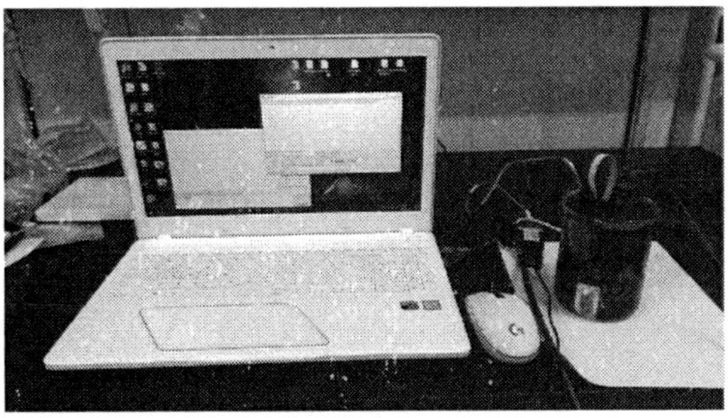

(b) 实验系统实物图

图 5-27　紫外光学传感器及实验系统实物图

基于紫外单波长水质 COD 光学传感器的检测结果如图 5-28 所示。

由图 5-28 可以看出,采用紫外光学传感器也可以很好地反映出标准液 COD 与 TOC 的相关关系,其线性拟合决定系数 R^2 为 0.998 3,此时 COD 与 TOC 的关系式为

$$COD=2.992\,5\times TOC-0.628\,1 \tag{5-22}$$

化学方法和光谱检测方法均能很好地对标准液的 COD 和 TOC 的相互关系完成验证,对比式(5-21)与式(5-22)可以看出,虽然测量对象均为标准液,但 TOC 的比例系数相差较大,这是由于两种检验方法的原理不同,并且在检测过程中均存在相应的测量误差,因而导致了检测结果的差异。

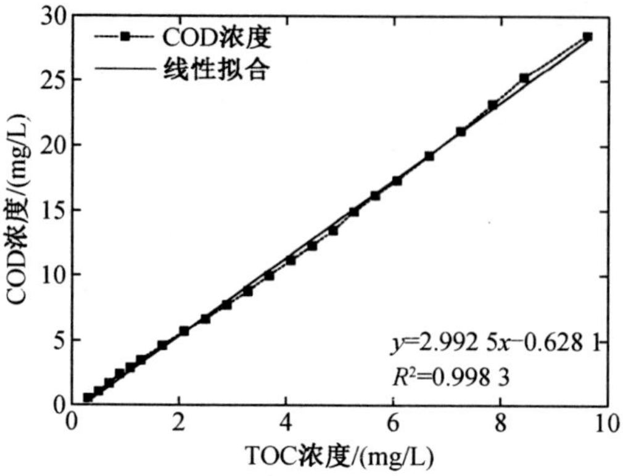

图 5-28　紫外光学传感器测得的 COD 与 TOC 关系

2. 海水水质 COD 与 TOC 的相互关系

为了研究海水水质 COD 与 TOC 的关系，在河北省秦皇岛市的渤海海域分批次采集包括入海口和近岸海域在内的海水水样 20 个，分别对水样的 COD 和 TOC 进行测量。海水 COD 的测量采用碱式高锰酸钾滴定法，海水 TOC 的测量采用德国 Elementar vario TOC select 型总有机碳分析仪，测量结果如表 5-9 所示。

表 5-9　海水水质 COD 与 TOC 的测量结果　　单位：mg/L

序号	TOC	COD	序号	TOC	COD	序号	TOC	COD
1	2.097	2.21	8	2.316 5	2.6	15	3.132	4.19
2	2.097	2.25	9	2.382 2	2.62	16	3.225 5	4.11
3	2.126 5	2.66	10	2.41	3.19	17	3.315	4.92
4	2.132 5	2.38	11	2.534	3.13	18	3.431	4.97
5	2.156	2.43	12	2.728 5	3.68	19	3.593	5.45
6	2.221 5	2.3	13	2.908 5	3.7	20	3.785	5.97
7	2.242 5	2.465	14	3.029	4.06			

海水水质 COD 与 TOC 之间的变化趋势及相互关系如图 5-29 所示。由图 5-29(a)可知，海水 COD 和 TOC 具有相似的变化规律；由图 5-29(b)可知，海水 COD 和 TOC 存在较好的正相关性，一次拟合决定系数 $R^2=0.969\ 4$，海水 COD 与 TOC 的关系式为

$$\text{COD}=2.053\ 8\times\text{TOC}-2.067\ 0 \tag{5-23}$$

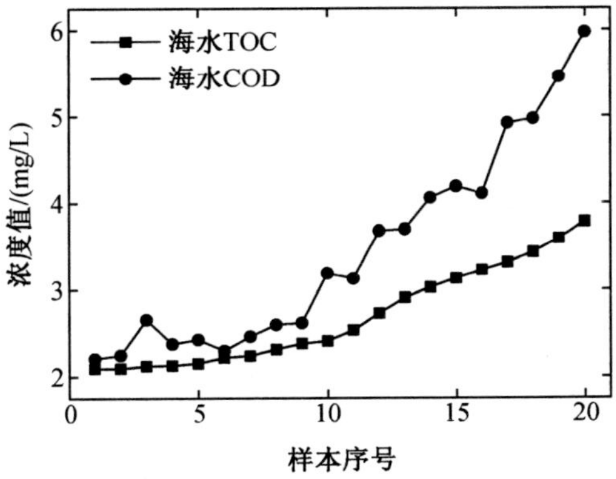

(a) 海水 COD 随 TOC 变化的规律

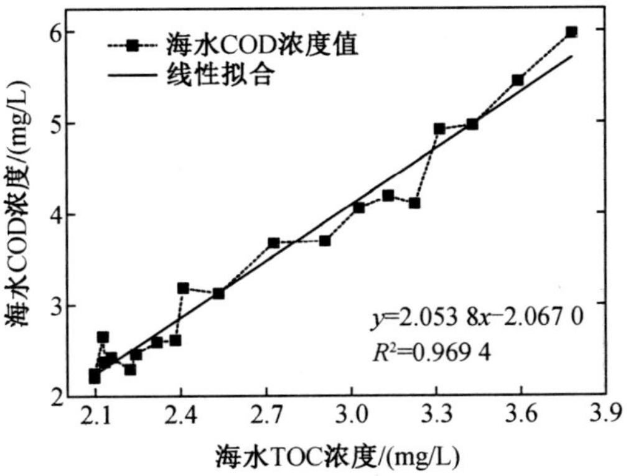

(b) 海水 COD 与 TOC 的相互关系

图 5-29　海水 COD 与 TOC 之间的变化趋势及相互关系

对比式(5-21)与式(5-23)可以看出,标准液和海水所得到的 TOC 的比例系数和常数项的值相差较大,并且线性拟合系数有所下降。其原因在于,海水中所含物质的含量比标准液复杂得多,因而导致海水的水质参数在测量过程中的误差增大,致使 R^2 下降以及比例系数和常数项改变。

3. 地表水水质 COD 与 TOC 的相互关系

为了研究地表水水质 COD 与 TOC 的关系,在河北省秦皇岛市的大汤河、小汤河、污水河、森林公园内河、森林公园人工湖、燕山大学燕鸣湖等地分批次采集水样并分别对水样的 COD 和 TOC 进行测量。将其中一些样品进行了蒸馏水稀释处理,以便使浓度范围更均匀,处理后共得到 22 组数据。水样 COD 的测量采用快速消解分光光度法,TOC 的测量采用日本 Shimadzu 公司的 TOC-L 型总有机碳分析仪。测量结果如表 5-10 所示,其中样品序号标有“ * ”的样品为稀释处理样品。

表 5-10　地表水水质 COD 与 TOC 的测量结果　单位:mg/L

序号	TOC	COD	序号	TOC	COD	序号	TOC	COD
1*	0.720	1.9	9	3.665	11.1	17	5.597	14.6
2*	0.802	2.1	10	3.777	9.7	18	6.232	17
3*	1.041	2.8	11	3.852	12.7	19	7.118	21.5
4*	1.359	3.7	12	4.194	9.9	20	7.428	20.5
5	2.639	8.2	13	4.485	13.9	21	7.656	22.6
6	2.678	7	14	5.068	13.1	22	8.587	24.5
7	2.997	8.1	15	5.178	14.3			
8	3.173	9.6	16	5.592	13.1			

地表水水质 COD 与 TOC 之间的变化趋势及相互关系如图 5-30 所示。由图 5-30(a)可以看出,水样的 COD 和 TOC 具有相似的变化规律;由图 5-30(b)可知,地表水 COD 和 TOC 具有较好的正相关性,一次拟合决定系数 R^2 为 0.970 8,地表水 COD 与 TOC 的关系式为

$$COD=2.8277\times TOC-0.1586 \tag{5-24}$$

对比式(5-21)、式(5-23)与式(5-24)可以看出,标准液、地表水和海水所得到的 TOC 的比例系数和常数项差异明显,并且线性拟合系数也不相同。这是由于各类水样中所含物质各不相同:标准液中只含有邻苯二甲酸氢钾和微量的无机元素,地表水中含有各类有机物和无机物,而海水中所含物质最为复杂,加之测量方法的不同,致使验证结果存在较大的差异。

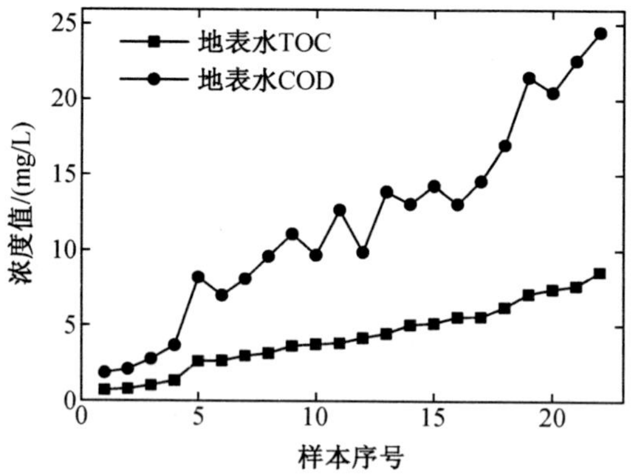

(a) 地表水 COD 随 TOC 变化的规律

图 5-30　地表水 COD 与 TOC 之间的变化趋势及相互关系

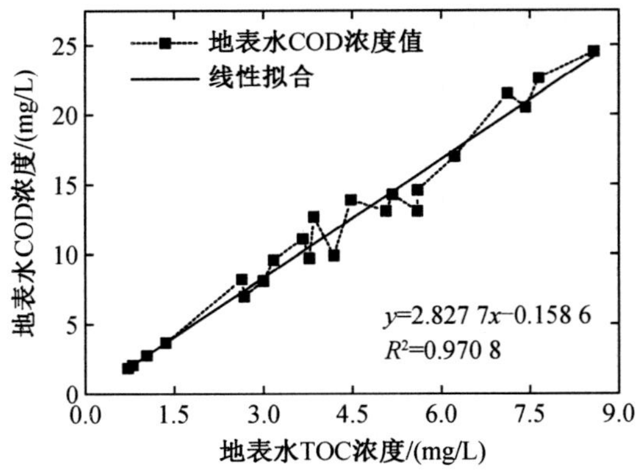

(b) 地表水 COD 与 TOC 的相互关系

图 5-30(续)

4. 混合样本水质 COD 与 TOC 的相互关系

为了验证水体成分构成不稳定时水质 COD 与 TOC 之间的关系，将海水与地表水的 COD 和 TOC 的测量数据混合，测量数据混合后的水质 COD 与 TOC 的关系如图 5-31 所示。

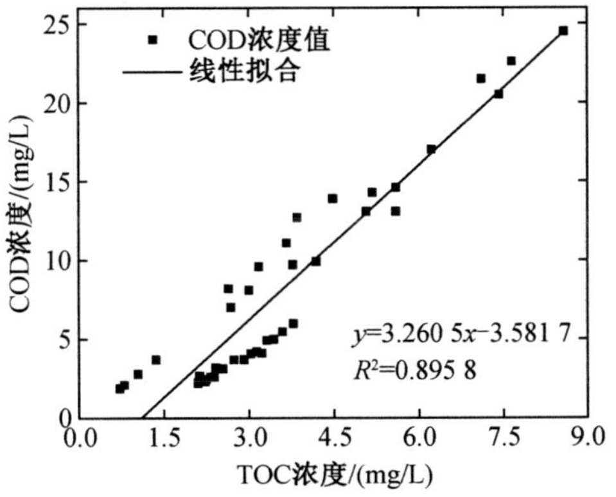

图 5-31　混合样本水质 COD 与 TOC 的相互关系

由图 5-31 可知，与海水及地表水各自的水质 COD 和 TOC 的关系相比，混合后的水质 COD 和 TOC 的相关性变差，表现在线性拟合决定系数 R^2 分别由 0.969 4 和 0.970 8 降低至 0.895 8，数据混合后得到的 COD 与 TOC 的关系式为

$$COD = 3.260\,5 \times TOC - 3.581\,7 \tag{5-25}$$

对比式(5-23)、式(5-24)与式(5-25)可以看出，TOC 的比例系数及常数项均有较大变化。这是由于海水和地表水的组成成分不同，即混合水样的水体成分构成不稳

定,因此造成水质 COD 与 TOC 的相关性变差,进而验证了水质 TOC 和 COD 在成分组成相对稳定的水体中存在很好的相关性这一结论。

5.6 本章小结

本章以标准液和实际水样为研究对象,研究了水体各环境参量对紫外吸收光谱和三维荧光光谱法检测水质 COD 的影响规律。对于紫外吸收光谱,分别对温度、浊度、pH 值、亚硝酸盐氮、硝酸盐氮及盐度对吸光度的影响规律进行了分析;对于荧光光谱,分别对温度、浊度、pH 值、亚硝酸盐氮、硝酸盐氮、重金属及盐度对荧光强度及荧光峰位置的影响规律进行了分析;对于重要的影响参量给出了相应的补偿模型。结果表明,通过校正模型可有效地抑制环境因素对模型预测值所造成的干扰,补偿后模型的预测值与真实值具有较好的一致性。此外,对于海水和地表水混合样本的水质 COD 建模时应综合考虑盐度对模型的影响,以提高模型的预测能力。本章还通过研究水质 COD 与 TOC 之间的相互关系得出了相关结论,对于组分稳定的水体,水质 COD 和 TOC 之间存在线性相关关系。

第6章 紫外-可见光谱法检测水质 COD 实验

6.1 引　　言

伴随着社会的高速发展,日趋加剧的水污染,严重危害了社会的长期健康稳定发展和人体健康。当今世界各国都在寻找如何有效和快速地检测、控制和治理水污染的方法,同时世界各国也开始重视水资源的合理利用与保护。人们为了更好地根据当地实际情况去检测、治理水污染,常常使用酸碱值、BOD 和 COD 等指标对水体的质量进行评价。其中水体中 COD 的检测结果是最重要的评价指标之一。

本章结合紫外-可见吸收光谱法进行水质 COD 的检测,通过不同预处理方法和特征波段提取方法后,使用 PLS 算法建立了检测水样中 COD 的 PLS 回归模型,实现了水质的 COD 准确检测,为水质的 COD 快速检测提供了一种新的思路和方法。

6.2 光谱预处理算法对比分析

光谱数据的预处理主要包含去除噪声干扰、线性校正和光谱拟合等。选择合适的预处理方法能够确保数据的有效性、提高建模结果的准确性和模型的适用性。下面将依次对 SG 平滑、光谱数据求导、SNV 和 Min-Max Nor 四种不同的预处理算法简单介绍,并使用这四种不同的预处理算法对原始光谱数据进行预处理。

本章所使用到的样本(包括 37 组校正集和 15 组检验集)的原始紫外吸收光谱图如图 6-1 所示。

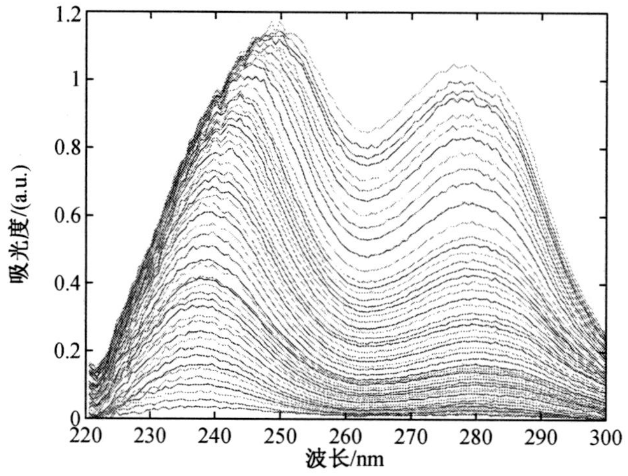

图 6-1　原始数据图

6.2.1　SG 平滑

SG 平滑算法采用最小二乘法拟合了运动中的图像,得出了运动窗口中图像的边缘点相对于运动窗的权重平均值。SG 平滑的计算公式为

$$p_i = \frac{\sum_{j=-n}^{n} p_{i+j} \cdot W_j}{\sum_{j=-n}^{n} W_j} \tag{6-1}$$

对标准液的紫外吸收光谱数据进行 SG 平滑算法预处理后的曲线如图 6-2 所示。

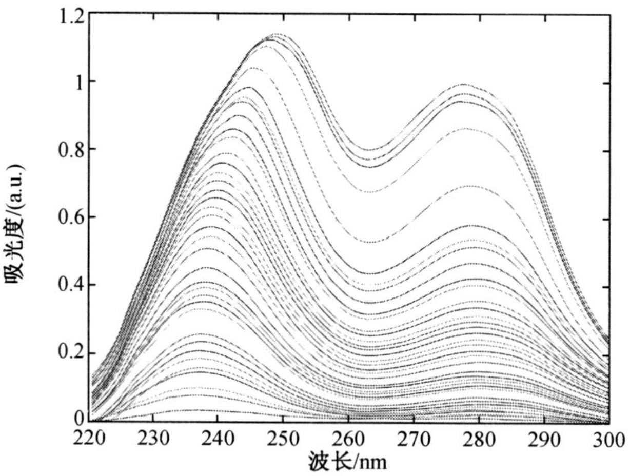

图 6-2　SG 平滑预处理图

经过 SG 平滑预处理后标准液校正集 iPLS 建模数据如表 6-1 所示。

表 6-1　SG 平滑校正集区间 5 到区间 15 iPLS 建模数据表

区间序号	光谱范围/nm	r_c	RMSECV	$Bias_c$
5	241.962~246.714	0.994 2	2.710 1	0.074 5
6	247.308~252.058	0.998 9	1.189 0	0.020 2
7	252.652~257.399	0.998 6	1.334 5	0.005 4
8	257.993~262.738	0.997 4	1.818 3	0.001 9
9	263.331~268.074	0.994 9	2.550 3	−0.077 3
10	268.667~273.408	0.996 1	2.216 9	−0.008 6
11	274.001~278.739	0.997 8	1.667 6	−0.003 1
12	279.331~284.068	0.995 9	2.331 7	−0.098 4
13	284.660~289.394	0.997 2	1.900 6	0.021 7
14	289.985~294.717	0.997 5	1.787 1	−0.026 2
15	295.308~300.038	0.997 5	1.780 7	−0.012 7

观察表 6-1 中模型性能评价指标可知第 6 区间(247.308~252.058 nm)的 r_c 最接近 1,且 RMSECV 最小。经过 SG 平滑预处理后在第 6 区间内校正集光谱数据建模结果和检验集光谱数据建模结果分别如图 6-3 和图 6-4 所示。

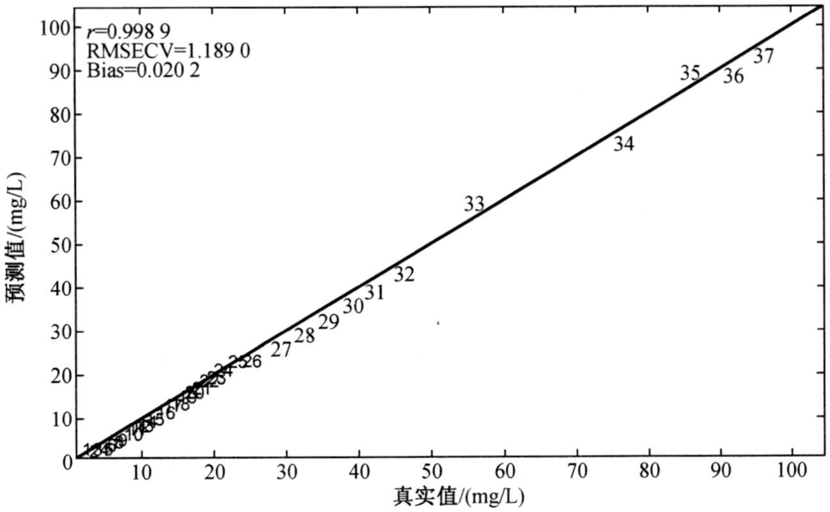

图 6-3　基于 SG 平滑预处理校正集建模效果图

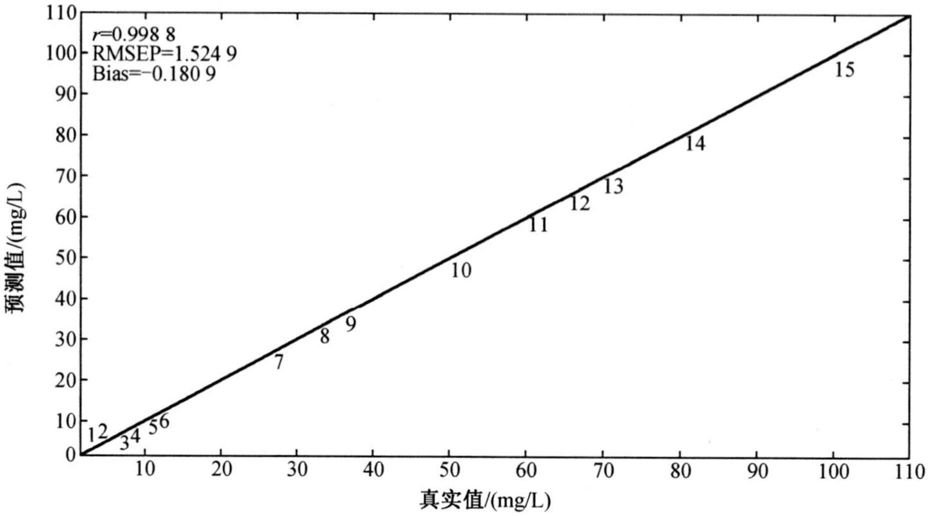

图 6-4　基于 SG 平滑预处理检验集建模效果图

6.2.2　光谱数据求导

光谱数据求导在最近几年得到了迅速的发展和广泛的应用,其中一阶导数和二阶导数是最常用的预处理方法。具体的实现方法主要包括 Savitzky-Golay 求导法和直接查分法,其中直接查分法是最简单的处理方法。

消除由基线漂移所产生的干扰和提高灵敏度等是光谱数据求导法的优点。标准液的紫外吸收光谱数据经过一阶导数预处理后的曲线如图 6-5 所示。

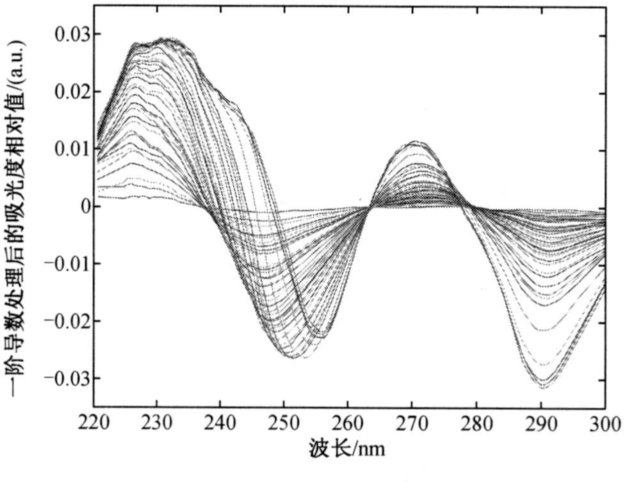

图 6-5　一阶导数预处理

经过一阶导数预处理后标准液校正集 iPLS 建模数据如表 6-2 所示。

表 6-2　一阶导数校正集区间 7、区间 9 到区间 15 iPLS 建模数据表

区间序号	光谱范围/nm	r_c	RMSECV	$Bias_c$
7	252.652~257.399	0.997 1	1.913 5	-0.002 9
9	263.331~268.074	0.996 2	2.195 0	-0.027 6
10	268.667~273.408	0.994 7	2.590 4	-0.084 4
11	274.001~278.739	0.996 2	2.202 9	-0.066 6
12	279.331~284.068	0.997 5	1.894 1	-0.154 6
13	284.660~289.394	0.997 5	1.777 5	-0.044 0
14	289.985~294.717	0.997 0	1.945 9	-0.023 1
15	295.308~300.038	0.994 5	2.639 3	-0.052 7

观察表 6-2 中模型性能评价指标,第 12 区间(279.331~284.068 nm)和第 13 区间(284.660~289.394 nm)的 r_c 最接近 1,而第 13 区间的 RMSECV 最小。因此经过一阶导数预处理后,在第 13 区间下进行 PLS 建模所得到的校正集和检验集分别如图 6-6 和图 6-7 所示。

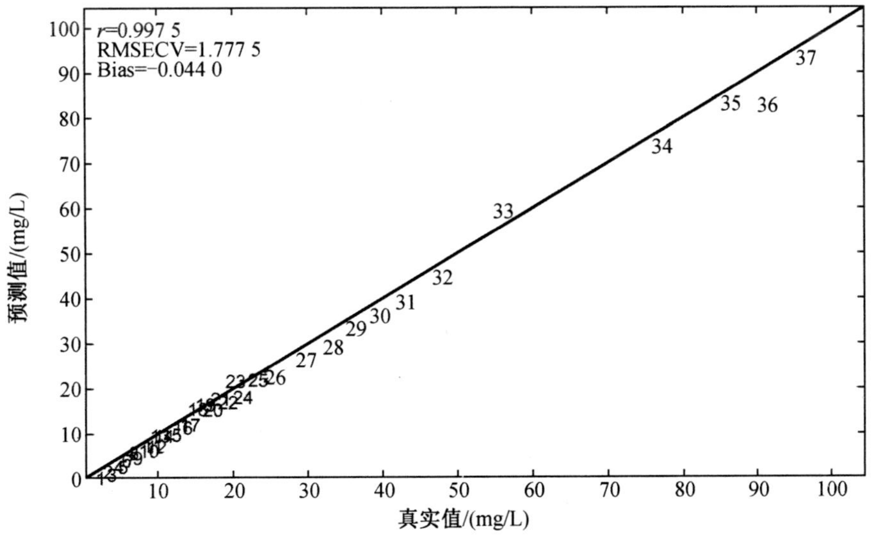

图 6-6　基于一阶导数预处理校正集建模效果图

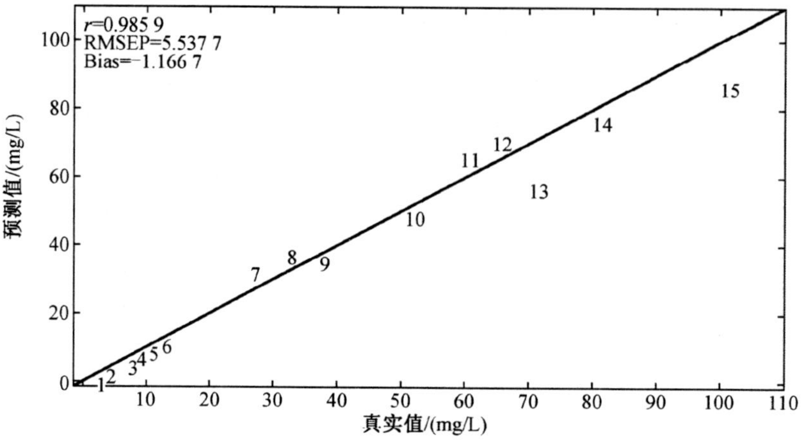

图 6-7　基于一阶导数预处理检验集建模效果图

6.2.3　标准正态变换(SNV)

SNV 通过降低不同样品之间自身浓度和成分的差异性,从而实现消除光程变化对光谱的影响。其数学计算公式是

$$X_{\text{SNV}}=\frac{X_i-\mu}{\sigma} \tag{6-2}$$

式中　X_{snv}——标准正态变换后的光谱;

X_i——原始光谱;

μ——平均光谱;

σ——标准偏差光谱。

经过 SNV 预处理后,标准液的紫外-可见吸收光谱数据效果如图 6-8 所示。

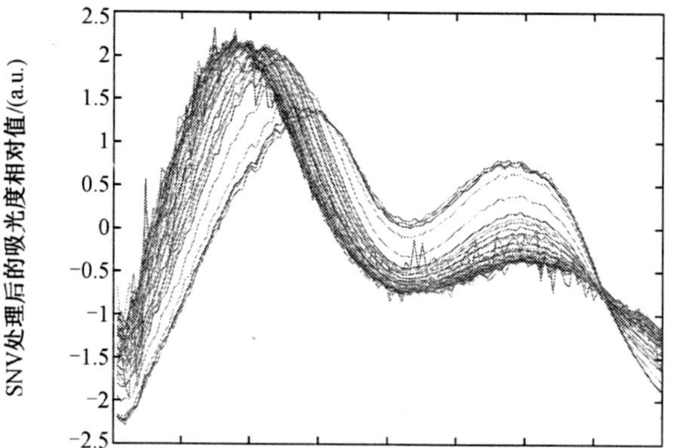

图 6-8　SNV 预处理

经过一阶导数预处理后标准液校正集 iPLS 建模数据如表 6-3 所示。

表 6-3　SNV 校正集区间 11 到区间 14 iPLS 建模数据表

区间序号	光谱范围/nm	r_c	RMSECV	$Bias_c$
11	274.001~278.739	0.996 2	2.214 3	0.169 6
12	279.331~284.068	0.995 7	2.353 0	0.080 1
13	284.660~289.394	0.993 8	2.808 7	-0.105 1
14	289.985~294.717	0.992 4	3.107 9	-0.091 8

观察表 3 中模型性能评价指标可知第 11 区间(274.001~278.739 nm)的 r_c 最接近 1,且 RMSECV 最小,经过 SNV 预处理后第 11 区间下基于 PLS 建模所得到的校正集和检验集分别如图 6-9 和图 6-10 所示。

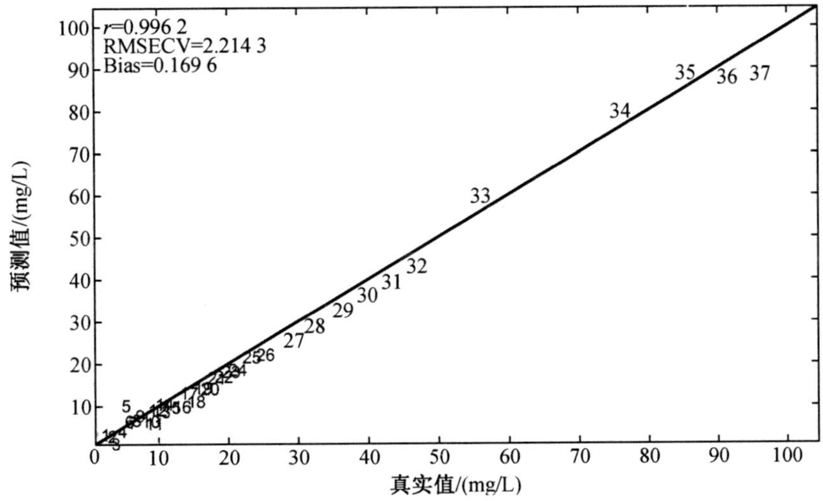

图 6-9　基于 SNV 预处理校正集建模效果图

6.2.4　最小最大归一化(Min-Max Nor)

Min-Max Nor 利用光谱数据中的最小值和最大值进行标准化处理,经过变准化后数值处于[0,1]之间,转换关系如公式:

$$x^* = \frac{x - x_{min}}{x_{max} - x_{min}} \tag{6-3}$$

式中 x_{max}——原始数据集的最大值；

x_{min}——原始数据集的最小值。

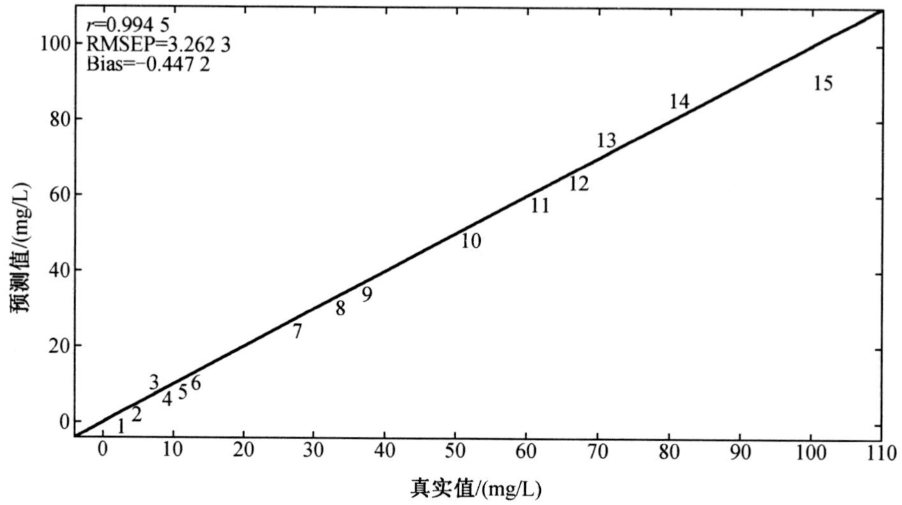

图 6-10　基于 SNV 预处理检验集建模效果图

Min-Max Nor 预处理后标准液的紫外吸收光谱数据曲线如图 6-11 所示。

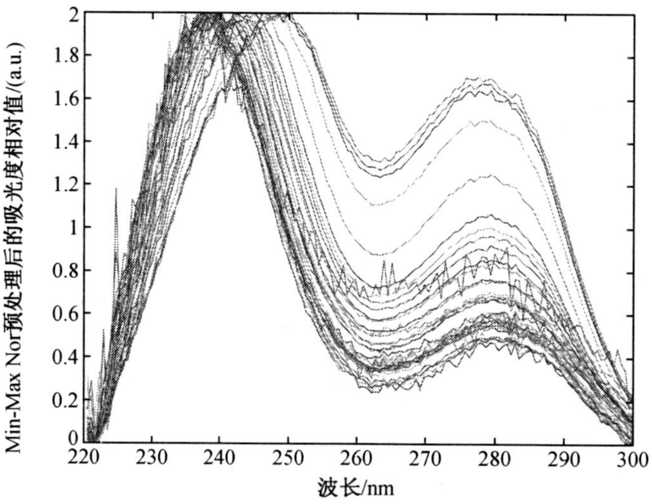

图 6-11　Min-Max Nor 预处理

经过 Min-Max Nor 预处理后标准液校正集 iPLS 建模数据如表 6-4 所示。

表 6-4　Min-Max Nor 校正集区间 12 到区间 15 iPLS 建模数据表

区间序号	光谱范围/nm	r_c	RMSECV	$Bias_c$
12	279.331～284.068	0.988 7	3.794 8	0.314 0
13	284.660～289.394	0.995 3	2.447 7	0.081 1
14	289.985～294.717	0.992 9	2.998 9	0.211 5
15	295.308～300.038	0.988 9	3.757 0	0.334 9

观察表 6-4 中模型性能评价指标可知第 13 区间(284.660～289.394 nm)的 r_c 最接近 1,且 RMSECV 最小,经过 Min-Max Nor 预处理后校正集数据和检验集数据在第 11 区间内校正集光谱数据建模结果和检验集光谱数据建模结果分别如图 6-12 和图 6-13 所示。

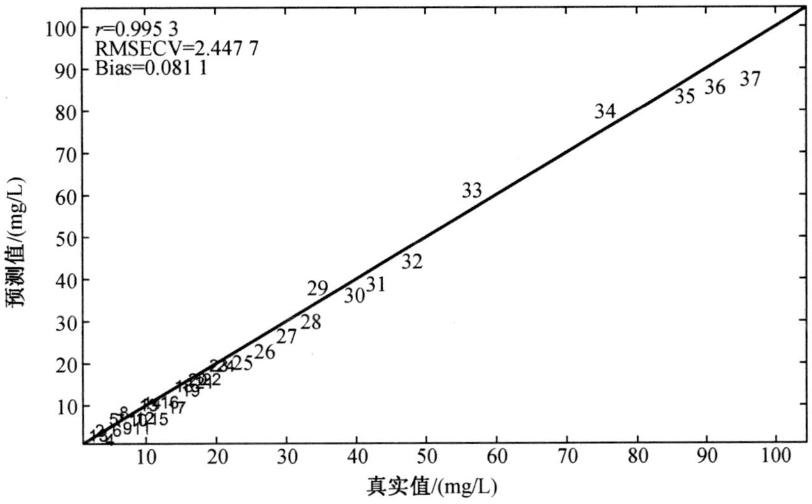

图 6-12　基于 Min-Max Nor 预处理校正集建模效果图

6.2.5　预处理效果对比

标准液经过上述四种方法预处理后进行建模,通过对比、分析表 6-1～表 6-4 的数据,可以得出标准液经过 SG 平滑预处理后,最优区间为第 6 区间,r_c 为 0.998 9,RMSECV 为 1.189 0;标准液经过一阶导数预处理后,最优区间为第 13 区间,r_c 为 0.996 2,RMSECV 为 2.202 9;标准液经过 SNV 预处理后,最优区间为第 11 区间,r_c 为 0.996 2,RMSECV 为 2.214 3;标准液经过 Min-Max Nor 预处理后,最优区间为第 13

区间，r_c 为 0.995 3，RMSECV 为 2.447 7。为了更好分析哪种预处理方法更优，下面对比各预处理方法检验集 r_p 和 RMSEP，如表 6-5 所示。

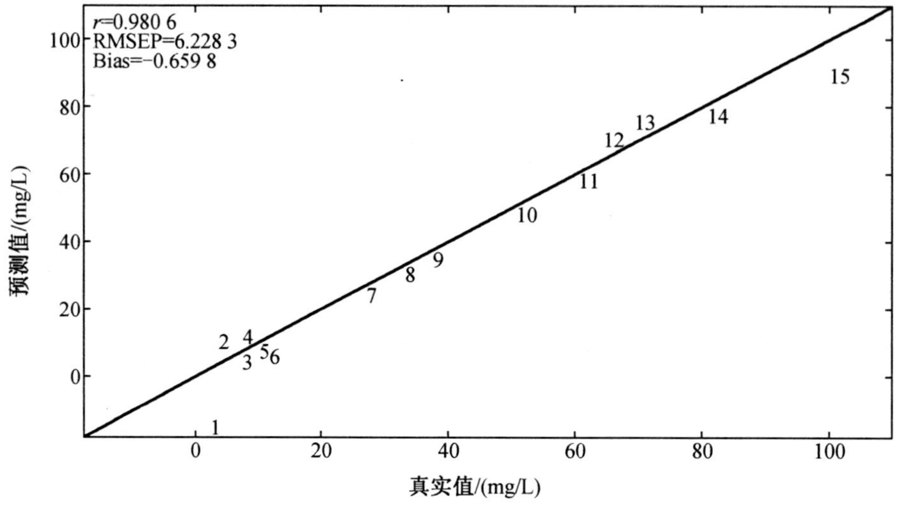

图 6-13 基于 Min-Max Nor 预处理检验集建模效果图

表 6-5 不同预处理方法的 PLS 建模数据表

预处理方法	校正集			检验集		
	r_c	RMSECV	$Bias_c$	r_p	RMSEP	$Bias_p$
SG 平滑	0.998 9	1.189 0	0.020 2	0.998 8	1.524 9	-0.180 9
一阶导数	0.996 2	2.202 9	-0.066 6	0.976 6	6.749 6	-0.488 8
SNV	0.996 2	2.214 3	0.169 6	0.994 5	3.262 3	-0.447 2
Min-Max Nor	0.995 3	2.447 7	0.081 1	0.980 6	6.228 3	-0.659 8

通过对比分析表 6-5 可以发现，使用不同的预处理方法进行建模，最终建模效果相差不大。根据 r 越接近于 1，RMSECV/RMSEP 和 Bias 越小则建模效果越好，可以得到使用 SG 平滑预处理建模效果最好，检验集的 r_p 为 0.998 8，RMSEP 最小为 1.564 9。通过比较检验集的模型性能评价指标可以分析出一阶导数预处理建模效果最差，其 r_p 为 0.976 6，RMSEP 高达 6.749 6。

根据以上分析，下面将基于 SG 平滑预处理进行不同特征提取方法建模的对比分析。

6.3　光谱特征波段提取方法对比分析及建模

光谱数据中包含着大量的无关信息和冗余数据，会给光谱分析速率、准确度造成影响。因此，我们可以通过选择对建模有益的光谱波段，剔除冗余和无关信息，提升预测模型的精确度。光谱特征波段的提取通常应用于近红外光谱的分析，但是在其他类型的光谱分析中也可以使用，同样可以得到最优光谱特征波段和使模型预测效果提升。下面将分别基于区间偏最小二乘法、协同区间偏最小二乘法进行建模，最后通过对比、分析可以得到预测精度最高的一种提取特征波段的方法。

6.3.1　区间偏最小二乘法（iPLS）特征提取

iPLS 将光谱区域以相同的宽度为依据划分为 n 个子区间，然后在每一个子区间内构建 PLS 回归模型。最后为了直观地反映出各模型预测精度将使用 RMSECV 和 RMSEP 为主要衡量指标，特征区间的选择依据是：RMSECV 和 RMSEP 最小的局部模型所对应的子区间。

本章所用的数据中，一共有 52 个样本，将其分为 37 组校正集，15 组检验集，光谱波长位于 220～300 nm 之间。对校正集用 iPLS 提取特征波段，将整个光谱划分成 15 个间隔，然后在该波段范围内及其间隔波段内，构建 PLS 回归模型。使用交叉验证法，通过计算出 15 个模型，并通过 5 段交叉验证，以模型均值为中心，计算了 9 个主成分数（partial least squares components，PLSC）。校正集均方根误差和主成分数如图 6-14 所示。

从图 6-14 可以看到最小值在 PLSC 数量为 9 时，因此继续做 iPLS 图与 9 个 PLSC 的全局模型，校正集均方根误差和区间数目关系如图 6-15 所示。

其中，每个区间内 PLSC 最优数量在图中用柱体内部的数字表示；虚线表示 PLSC 数量为 9 时全局模型的 RMSECV。从图 6-15 可以看出，区间 5（241.962～246.714 nm）～区间 15（295.308～300.038 nm）接近于全局模型。为了更好地了解特征区间，对区间 5～区间 15 进行建模，结果如表 6-6 所示。

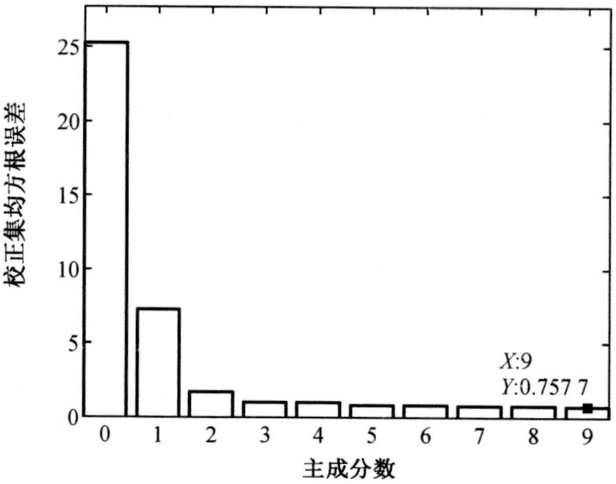

图 6-14 校正集均方根误差和主成分数

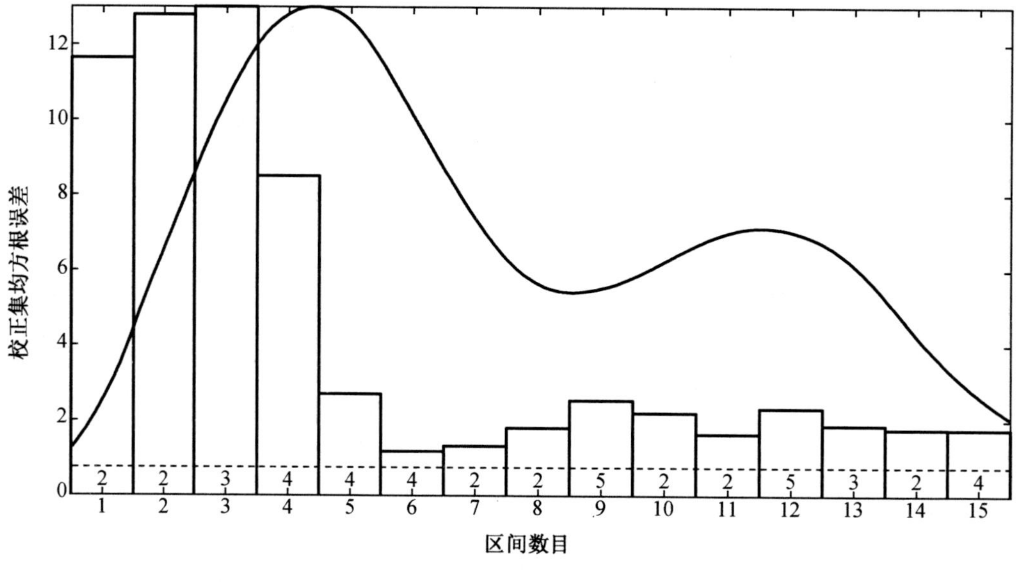

图 6-15 校正集均方根误差和区间数目

表 6-6 校正集区间 5~区间 15 建模数据表

模型序号	光谱范围/nm	校正集			检验集		
		r_c	RMSECV	$Bias_c$	r_p	RMSEP	$Bias_p$
1	241.962~246.714	0.994 2	2.710 1	0.074 5	0.991 3	4.160 4	−0.679 0
2	247.308~252.058	0.998 9	1.189 0	0.020 2	0.998 8	1.524 9	−0.180 9
3	252.652~257.399	0.998 6	1.334 5	0.005 4	0.998 8	1.622 2	0.218 7

表 6-6(续)

模型序号	光谱范围/nm	校正集			检验集		
		r_c	RMSECV	$Bias_c$	r_p	RMSEP	$Bias_p$
4	257. 993~262. 738	0. 997 4	1. 818 3	0. 001 9	0. 998 2	1. 922 3	0. 182 2
5	263. 331~268. 074	0. 994 9	2. 550 3	-0. 077 3	0. 994 6	3. 264 0	-0. 384 2
6	268. 667~273. 408	0. 996 1	2. 216 9	-0. 008 6	0. 998 3	1. 824 3	0. 121 2
7	274. 001~278. 739	0. 997 8	1. 667 6	-0. 003 1	0. 999 4	1. 109 9	-0. 029 7
8	279. 331~284. 068	0. 995 9	2. 331 7	-0. 098 4	0. 974 9	7. 182	-1. 100 6
9	284. 660~289. 394	0. 997 2	1. 900 6	0. 021 7	0. 993 2	3. 673 1	-0. 337 3
10	289. 985~294. 717	0. 997 5	1. 787 1	-0. 026 2	0. 997 4	2. 213 9	-0. 105 8
11	295. 308~300. 038	0. 997 5	1. 780 7	-0. 012 7	0. 998 9	1. 457 7	-0. 193 0

通过对比表格数据,发现模型 7 检验集的 r_p 和 RMSEP 均是这几个模型中数据最好的,但是模型 7 的校正集的相关系数小于检验集的相关系数,所建出的模型的精确度不高,可能存在拟合度不够的情况。模型 2、模型 10 和模型 11 的检验集相关系数较高,但是比较校正集的相关系数发现模型 2 更优,因此选择模型 2,即区间 6(247. 308~252. 058 nm)为特征区间。

区间 6 建模效果如图 6-16 所示。

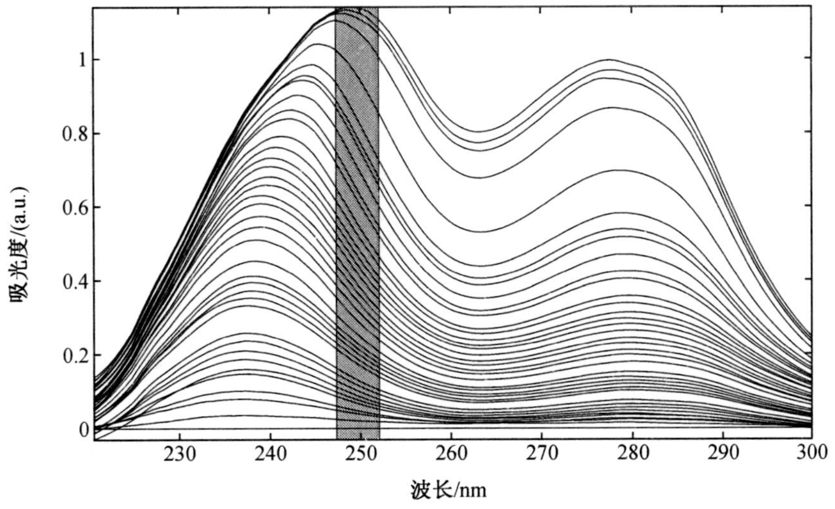

图 6-16　所选光谱区间范围

通过图 6-17 可得标准液校正集数据在经过 iPLS 特征提取后进行建模所得到的模型性能评价如下 r_c = 0.998 9，RMSECV = 1.189 0，$Bias_c$ = 0.020 2，该性能评价指标表明了在特征区间 6 下建立的模型能够较为准确地反映出水质的真实情况；通过图 6-18 可知，检验集在该特征区间下建立模型的模型性能评价指标为 r_p = 0.998 8，RMSEP = 1.524 9，$Bias_p$ = −0.180 9，结果表明：根据校正集数据所建立的模型具有良好的预测效果，也说明了所选取的特征区间具有代表性。

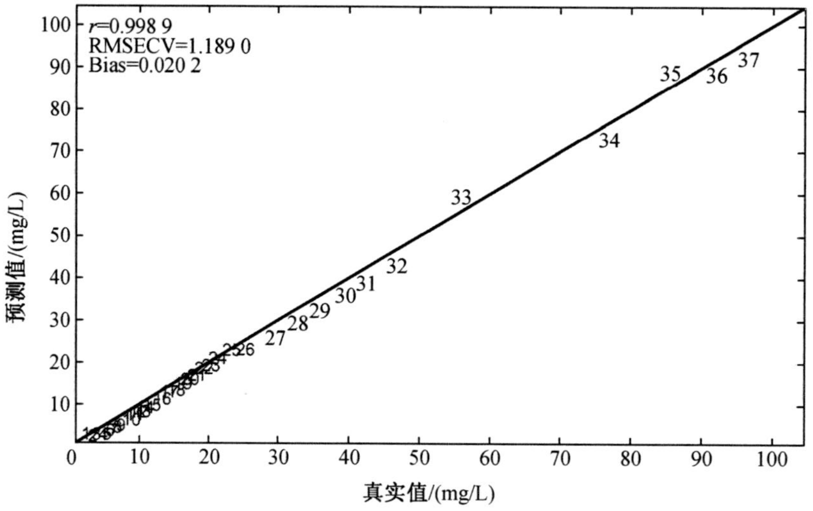

图 6-17　校正集特征区间内建模效果

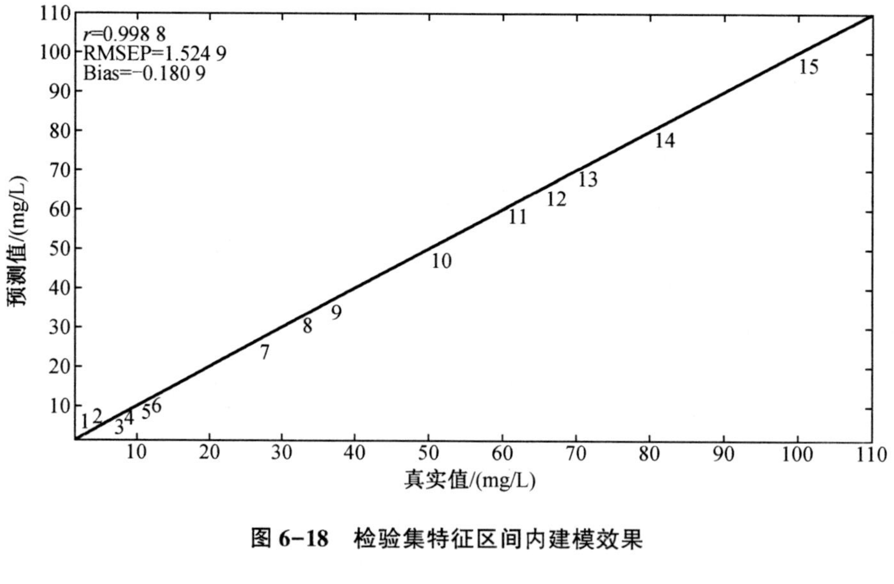

图 6-18　检验集特征区间内建模效果

6.3.2　协同区间偏最小二乘法(SiPLS)特征提取

SiPLS 将整个光谱区域划分为 n 个子区间,并计算出两个、三个或四个所有可能的子区间模型组合,之后选择最小 RMSECV 的区间组合进行建模,得到的模型预测能力最强、预测准确性最高。基于 SiPLS 特征提取建模的计算时长与间隔数量和所选择要组合的间隔的数量有关。

针对校正集进行 SiPLS 特征波段的选择,将全谱波段分成 $n(n=10\sim25)$ 个间隔,选取 RMSE 值最小的两个区段合并为特征区段。在此基础上,分别对最优的特征区段和相应的区间带进行 PLS 回归建模。表 6-7 为不同间隔数量下 SiPLS 模型所对应的最优区间组合、RMSE 和 PLSC 数量以及最优区间组合和 PLSC 下的模型性能评价指标。

表 6-7　SiPLS 建模结果

间隔数	PLSC 数量	最优区间组合	校正集			检验集		
			r_c	RMSECV	$Bias_c$	r_p	RMSEP	$Bias_p$
10	5	[7 10]	0.999 6	0.670 4	−0.022 4	0.999 4	1.144 6	−0.045 0
11	8	[3 11]	0.999 6	0.679 5	−0.015 3	0.999 5	1.023 9	0.121 6
12	4	[8 12]	0.999 7	0.637 7	−0.000 6	0.999 7	0.732 1	−0.019 0
13	5	[9 13]	0.999 6	0.673 5	−0.021 9	0.999 7	0.765 3	−0.059 8
14	4	[9 14]	0.999 6	0.689 2	−0.009 5	0.999 6	0.890 2	−0.176 0
15	4	[10 15]	0.999 6	0.667 8	−0.011 8	0.999 6	0.909 2	−0.183 2
16	6	[10 16]	0.999 6	0.721 4	−0.044 6	0.999 4	1.117 1	−0.230 4
17	5	[11 17]	0.999 4	0.851 7	−0.071 6	0.999 1	1.354 8	−0.298 3
18	7	[11 18]	0.999 6	0.721 3	−0.043 7	0.999 3	1.204 3	−0.198 2
19	7	[12 19]	0.999 7	0.666 8	−0.023 1	0.999 3	1.204 3	−0.198 2
20	4	[13 19]	0.999 7	0.664 7	−0.009 2	0.999 9	0.508 9	−0.014 5
21	4	[13 20]	0.999 7	0.658 2	−0.021 0	0.999 7	0.852 1	−0.152 9
22	9	[6 22]	0.999 7	0.604 9	−0.017 1	0.999 9	0.566 6	0.034 6
23	4	[15 22]	0.999 7	0.645 1	−0.018 4	0.999 7	0.796 1	−0.139 1
24	4	[15 23]	0.999 6	0.667 8	−0.011 8	0.999 7	0.796 1	−0.139 1
25	4	[16 24]	0.999 6	0.721 4	−0.044 6	0.999 8	0.688 8	−0.099 2

通过表格发现当间隔数为 22 时,RMSECV 的值最小,但由于校正集的 r_c = 0.999 7 小于检验集 r_p = 0.999 9。所以间隔数为 22 时,得到的特征区间不是要求的最优特征区间。通过比较表格中其余数据发现,当间隔数为 12 和 23 时,RMSECV 都很小。但是对比检验集 RMSEP,间隔数为 12 时的最优特征区间下建模 RMSEP = 0.732 1;间隔数为 23 时 RMSEP = 0.796 1。由于间隔数为 12 时的 RMSEP 小于间隔数为 23 时,因此选择间隔数为 12 的建模得到的模型准确性较高。此时最优组合区间为区间 8(246.714~250.277 nm)和区间 12(263.331~266.889 nm),PLSC 数量为 4,在此特征区间下建立 PLS 回归模型。使用交叉验证法,通过计算出 12 个模型,并通过 5 段交叉验证。建模所选取的特征光谱区间范围如图 6-19 所示。

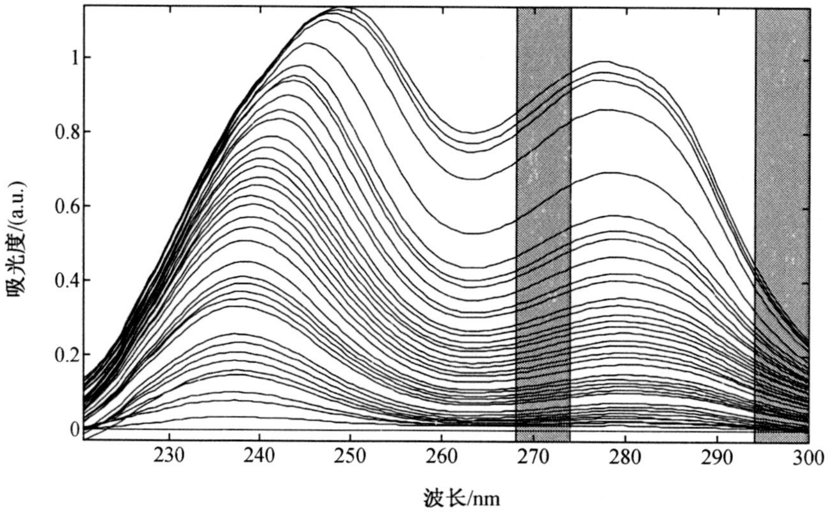

图 6-19　所选光谱区间范围

通过图 6-20 可得标准液校正集的数据经过 SiPLS 特征提取后进行建模所得到的模型性能评价如下 r_c = 0.999 7,RMSECV = 0.637 7,$Bias_c$ = 0.000 6,该性能评价指标反映出间隔数为 12 时由区间 8 和区间 12 组成的特征区间对于真实数据的反应具有一定的准确性;通过图 6-21 可得检验集在该特征区间内建模后的性能评价指标为 r_p = 0.999 7,RMSEP = 0.732 1,$Bias_p$ = −0.019 0。由以上分析可得:根据校正集数据所建立的模型具有良好的预测效果,也说明了所选取的特征区间具有代表性。

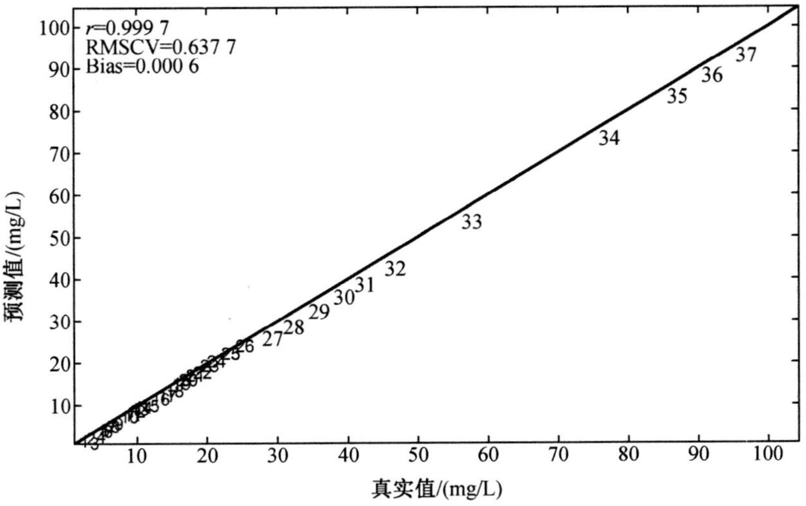

图 6-20　校正集特征区间内建模效果

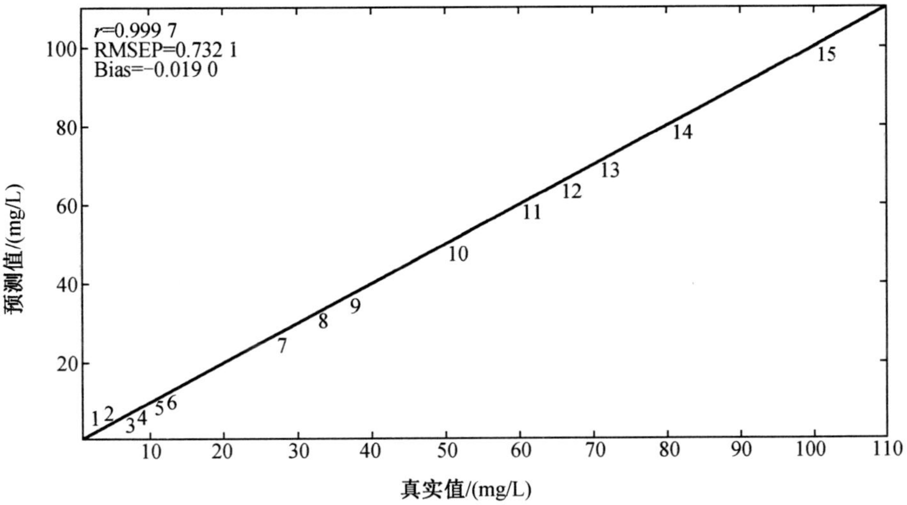

图 6-21　检验集特征区间内建模效果

6.4 模型效果对比分析

本章使用了 SG 平滑、一阶导数、SNV 和 Min-Max Nor 四种预处理方法。通过对比分析表 6-5 中各预处理方法建模性能评价指标，可以看出 SG 平滑预处理后校正集的 r_c 和检验集的 r_p 之间差值最小，仅为 0.000 1；SNV 预处理后的校正集和检验集的相关系数差值略小于 Min-Max Nor；一阶导数预处理的校正集和检验集的相关系数差值最大，从而可以证明 SG 平滑预处理更加适合处理本次样本数据。

最后基于 SG 平滑预处理分别进行 iPLS 和 SiPLS 提取特征波长的对比研究，本章选取 iPLS 和 SiPLS 两种不同的提取特征波长方法分别对经过 SG 平滑预处理后的标准液进行特征提取并建立 PLS 回归模型。通过分析表 6-8 中两种特征提取方法建模性能评价指标可以得出结论：SiPLS 提取特征波段所得模型校正集的 r_c 和检验集的 r_p 均比 iPLS 提取特征波段所得模型更加接近于 1，也即建模效果最接近于真实情况。

表 6-8　不同特征提取方法的 PLS 建模数据表

特征提取	特征区间/nm	校正集			检验集		
		r_c	RMSECV	$Bias_c$	r_p	RMSEP	$Bias_p$
iPLS	247.308~252.058	0.998 9	1.189 0	0.020 2	0.998 8	1.524 9	-0.180 9
SiPLS	246.714~250.277 263.331~266.889	0.999 7	0.637 7	-0.000 6	0.999 7	0.732 1	-0.019 0

6.5 本 章 小 结

本章主要运用光谱分析技术中的紫外-可见光吸收光谱对水样标准液进行建模，分析哪种预处理和提取特征波段方法更加适用于实际环境水质 COD 的检测。本章建立了利用 SG 平滑预处理水样紫外吸收光谱数据，并基于 SiPLS 提取特征波长的 PLS 模型，可以实现水质的 COD 快速、无污染的检测，所建立的模型具有很高的精度和预测效果；研究了不同紫外-可见光吸收光谱的预处理方法建模效果优劣，分别基于 SG

平滑、一阶导数、SNV 和 Min-Max Nor 四种预处理方法建立了 PLS 回归预测模型，结果表明：SG 平滑为最优的预处理方法，该预处理方法使光谱数据的噪声明显降低，并且光谱的特性没有发生改变。本章还研究了紫外-可见光吸收光谱提取特征波段的方法，对经过 SG 平滑预处理的标准液分别使用 iPLS 和 siPLS 两种方法进行特征波段的提取，之后进行 PLS 回归建模，最终建模结果表明：使用 iPLS 提取特征波段的方法建立的模型效果劣于 SiPLS 特征提取。因此，SiPLS 是一种更加有效的特征提取方法。光谱分析技术在水质的 COD 检测中能够有效、准确地通过数据反映出水质当前的状况，能够很好地帮助有关地方进行水污染的防治、水资源保护等，对于水质的评判具有深远的显示意义。

第7章　荧光发射光谱法检测水质COD实验

7.1 引　　言

荧光发射光谱水质检测具有许多优点,通常液体检测所需的样品量较少,一次水样采集足以支持多次试验且不需要对水样进行加工,因此具有检测效率高、误差小等优点。通过所采集的水样得到的荧光发射光谱,方便对水质中所含的COD值进行定量分析,这就是利用荧光发射光谱对水质中的COD含量进行检测的方法。

本章结合荧光发射光谱对实际水样中的COD浓度进行检测。所用到的实验水样包括公园湖水、市内河水、生活污水等。实验样本的荧光光谱采用日立F-7000型荧光光谱仪采集得到,实验水样的COD理化值采用快速消解分光光度法检测得到。对不同激发波长的荧光发射光谱进行不同的预处理和特征波长提取后,使用PLS算法建立PLS回归模型检测水质中COD浓度。

7.2　光谱分析检测原理

7.2.1　荧光光谱分析法

荧光光谱的产生始于水样中的分子或原子受到外部能量的激发。释放的能量以光的形式,称为荧光发射。首先使用紫外光源激发水样,激发光能量被水样吸收,电子得到能量后不稳定,将自动释放能量变成稳定状态。在不同激发波长下,水样所释放的一系列荧光光强称为荧光发射光谱。根据荧光强度的变化可以推断水样中的COD

浓度等信息。

荧光强度(I_f)公式：

$$I_f = c \cdot \lambda_i \cdot \lambda_j \tag{7-1}$$

式中　c——吸光物质的浓度；

λ_i——激发光谱 E_x；

λ_j——发射光谱 E_m。

本章的荧光光谱数据来自 COD 浓度不同的 97 组水样。使用荧光光谱分析法获取在激发波长范围:200～330 nm,发射波长范围:250～500 nm 的荧光发射光谱。为了方便后续建模分析,将 97 组数据随机分成 64 组校正集和 33 组检验集。如图 7-1 所示为 E_x=255 nm 下的荧光发射光谱图。

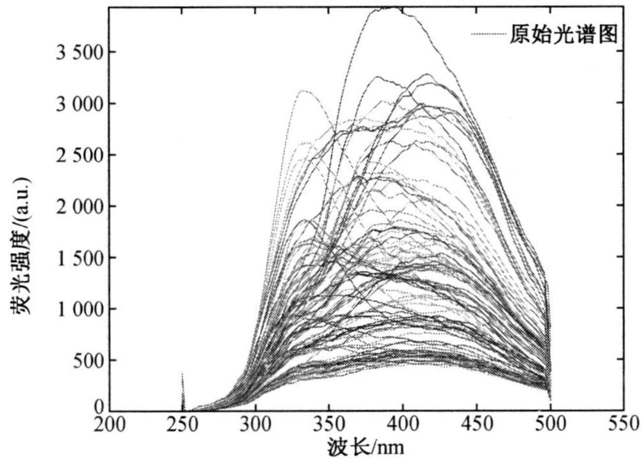

图 7-1　E_x=255 nm 下的荧光发射光谱图

图 7-1　彩图

7.2.2　模型评价指标

根据光谱分析常用指标:校正集交叉验证均方根误差(RMSECV)、检验集预测均方根误差(RMSEP)、系统偏差(Bias)、相关系数(r),比较和分析不同激发波长下不同模型的预测效果,$|r|$越接近 1,且 RMSE 和 Bias 越小,说明建立的模型预测结果越接近真实测量结果,反之效果越差。由此可以选出最优的光谱建模算法。模型评价指标具体公式如下:

(1)校正集交叉验证均方根误差(RMSECV)

RMSECV 用于评估分析模型在校正集上的预测误差,表示实际观测值与模型预测值之间的平均差异。

$$\text{RMSECV} = \sqrt{\frac{1}{n_c - 1}\sum_{i=1}^{n_c}(x_i^c - y_i^c)^2} \tag{7-2}$$

式中 x_i^c——校正集样本的实际测量值；

y_i^c——校正集样本的预测值；

n_c——校正集样本个数。

(2)检验集预测均方根误差(RMSEP)

RMSEP 用于评估分析模型在独立检验集上的预测误差，与 RMSECV 类似，它表示实际观测值与模型预测值之间的平均差异。

$$\text{RMSEP} = \sqrt{\frac{1}{n_p}\sum_{i=1}^{n_p}(x_i^p - y_i^p)^2} \tag{7-3}$$

式中 x_i^p——检验集样本的实际测量值；

y_i^p——检验集样本的预测值；

n_c——检验集样本个数。

(3)系统偏差(Bias)

Bias 表示利用校正集数据建立的模型预测结果与实际值之间的平均偏差，用于衡量在不同的预测值范围内所建立的模型的偏差情况。

$$\text{Bias} = \frac{1}{n}\sum_{i=1}^{n}(x_i - y_i) \tag{7-4}$$

(4)相关系数(r)

r 用于评估分析模型的拟合程度，即预测结果与实际观测值之间的线性关系强度。

$$r = \frac{\sum_{i=1}^{n}(x_i - \bar{x})(y_i - \bar{y})}{\sqrt{\sum_{i=1}^{n}(x_i - \bar{x})^2 \sum_{i=1}^{n}(y_i - \bar{y})^2}} \tag{7-5}$$

式中 x_i——样本实际测量值；

$\bar{x}$——实际测量值的平均值；

y_i——建模的预测值；

$\bar{y}$——建模预测值的平均值；

n——样本个数。

7.3　荧光光谱预处理方法对比分析

荧光发射光谱数据预处理是通过减少光谱中的噪声以提高信噪比、校正数据中的基线漂移、将数据缩放到一定的范围等方法，去消除干扰、降低数据的复杂性，达到提高光谱数据质量和准确性的目的，以便后续的建模和分析过程，提高后续建模方法的性能和可靠性。

水质检测中，常用的建模方法之一是 PLS 建模法。PLS 是一种多元统计分析方法，常用于处理具有多重共线性和高维特征的数据。它通过建立水质参数与光谱数据之间的关联模型，从而实现对水质参数的预测和分析。为突出数据预处理对建模效果的影响，本节将对五种预处理后的数据直接进行全光谱区间 PLS 建模，对比模型指标，选出最优预处理方法。

7.3.1　多元散射校正(MSC)

用水样的全荧光光谱数据的平均光谱代替理想的荧光光谱，也就是对光谱数据进行多元散射校正，该预处理算法的实现步骤是

$$\overline{x_i} = \sum_{i=1}^{n} \frac{x_i}{n} \tag{7-6}$$

$$x_i = y_i \cdot \overline{x_i} + b_i \tag{7-7}$$

$$x_{\mathrm{msc}_i} = \frac{x_i - b_i}{y_i} \tag{7-8}$$

式中　x_i——第 i 个水样的光谱数据；

y_i 和 b_i——所建立的回归方程的斜率和截距。

该算法是通过减小光谱数据中因为散射效应引起的光谱变异，从而保留原光谱中所含有的信息。该算法主要针对荧光光谱数据与 COD 浓度之间有较好的线性关系的情况。对激发波长 $E_x = 255$ nm 的荧光光谱数据进行多元散射校正算法预处理后的曲线如图 7-2 所示，进行 PLS 建模的效果如图 7-3 和图 7-4 所示。

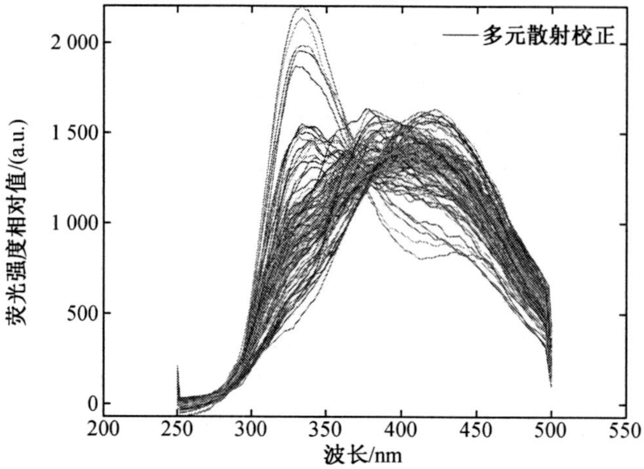

图 7-2　E_x = 255 nm 下多元散射校正预处理图

图 7-2　彩图

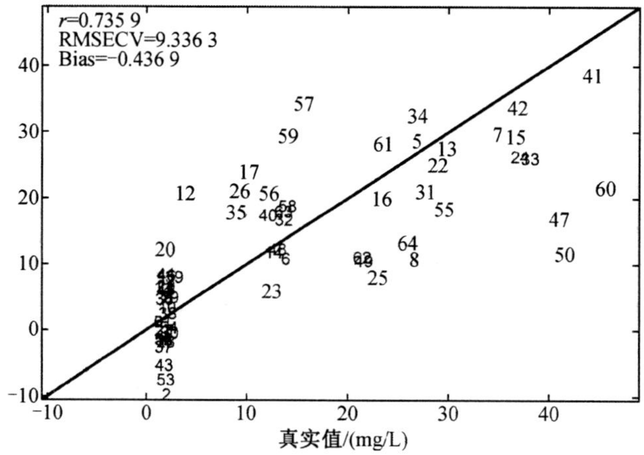

图 7-3　E_x = 255 nm 多元散射校正预处理 PLS 校正集建模效果图

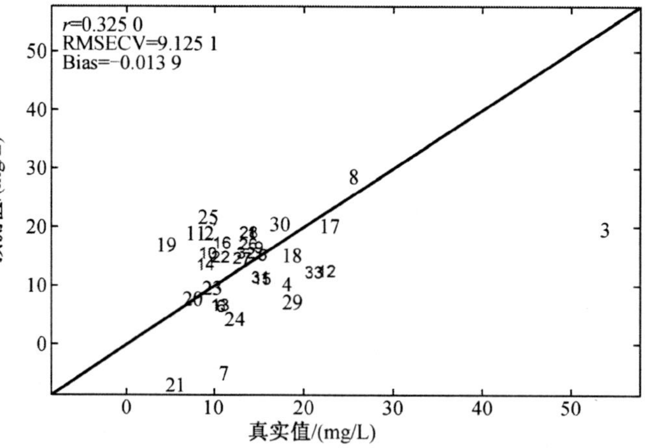

图 7-4　E_x = 255 nm 下多元散射校正预处理 PLS 检验集建模效果图

7.3.2　一阶求导预处理

一阶求导预处理不仅能够增强光谱特征而且在改善分辨率的同时有利于消除光谱中存在的基线漂移现象。直接差分求导处理光谱数据,会使得分辨率较低的数据产生失真效果,Savitzky-Golay 求导法可以很好地解决此类失真。

一阶直接差分求导公式如下:

$$\frac{\mathrm{d}x}{\mathrm{d}\lambda}=\frac{x_{i+1}-x_i}{\Delta\lambda} \tag{7-9}$$

式中　x——光谱的吸光度。

对样本溶液中激发波长 $E_x=255$ nm 的荧光光谱数据进行一阶求导预处理后的曲线如图 7-5 所示,进行 PLS 建模的效果如图 7-6 和图 7-7 所示。

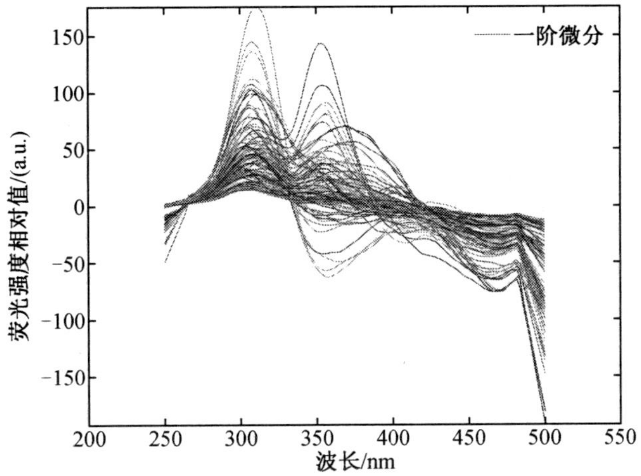

图 7-5　$E_x=255$ nm 下一阶求导预处理图　　　图 7-5　彩图

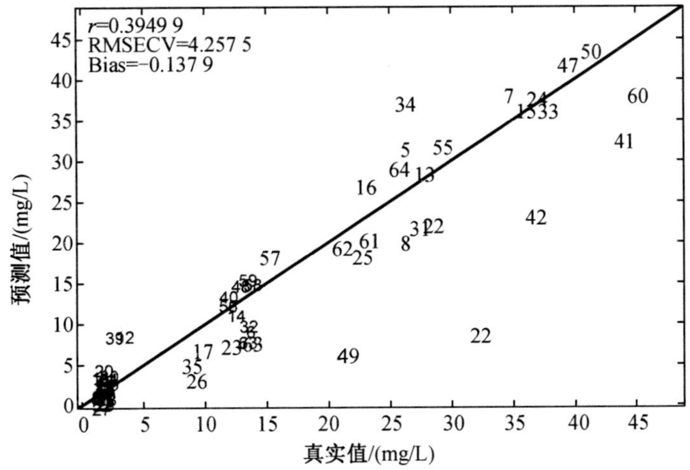

图 7-6　$E_x=255$ nm 下一阶求导预处理 PLS 校正集建模效果图

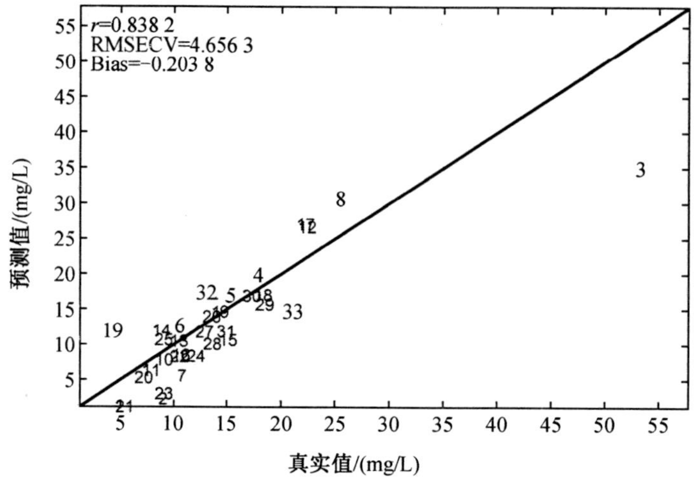

图 7-7　E_x=255 nm 下一阶求导预处理 PLS 检验集建模效果图

7.3.3　标准正态变换(SNV)

标准正态变换用于纠正由于光谱强度变化引起的差异,增强光谱特征。通过将每个数据点减去光谱的均值 μ,除以光谱的标准差 σ,使得整个光谱在 μ 为 0、σ 为 1 的标准正态分布下。该算法公式如下:

$$x_{\mathrm{SNV}}=\frac{x_i-\mu}{\sigma} \tag{7-10}$$

对激发波长 E_x=255 nm 的荧光光谱数据进行标准正态变换预处理后的曲线如图 7-8 所示,进行 PLS 建模的效果如图 7-9 和图 7-10 所示。

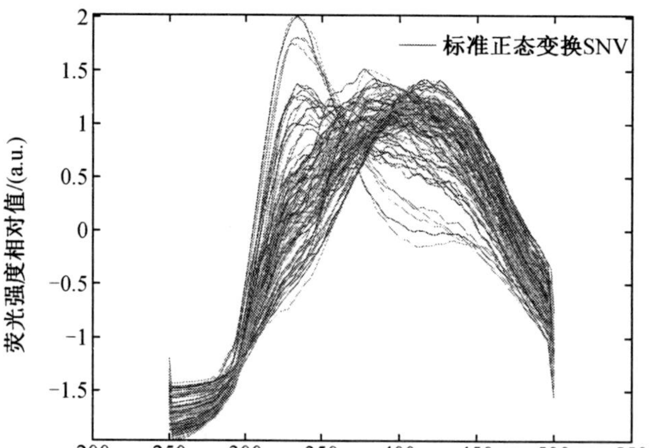

图 7-8　E_x=255 nm 下标准正态变换预处理图

图 7-8　彩图

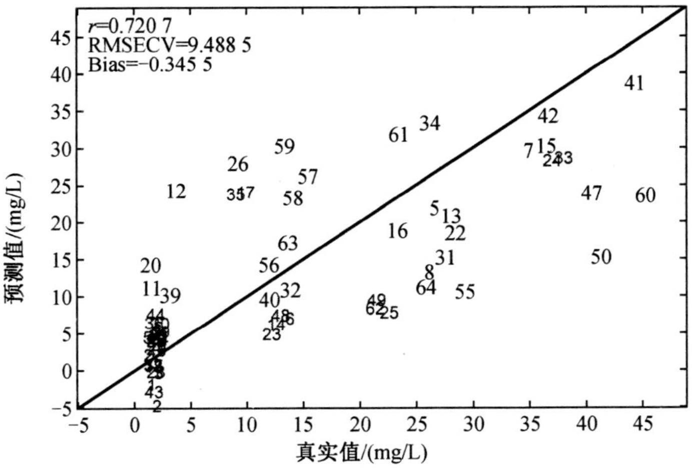

图 7-9　E_x=255 nm 下标准正态变换预处理 PLS 校正集建模效果图

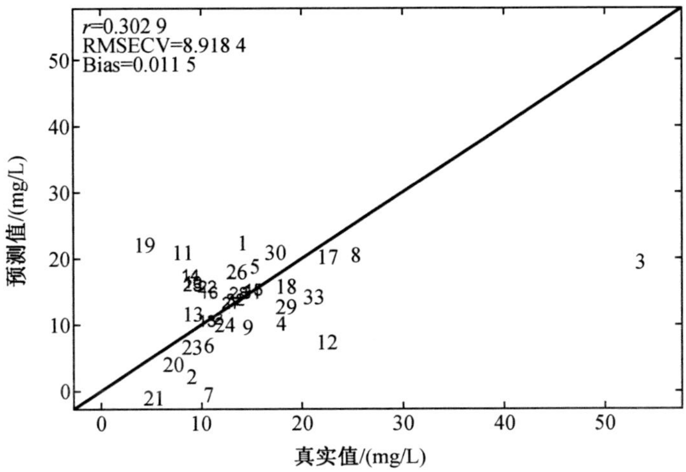

图 7-10　E_x=255 nm 下标准正态变换预处理 PLS 检验集建模效果图

7.3.4　最大最小归一化（Min-Max Nor）

Min-Max Nor 利用荧光光谱中的最大值和最小值进行处理，将光谱数据缩放到一个特定范围，通常是 0 到 1，以消除由于仪器或者测量条件引起的强度差异。

$$x_{\text{min-max nor}}=\frac{x-x_{\min}}{x_{\max}-x_{\min}} \tag{7-11}$$

对水样在激发波长 E_x=255 nm 的光谱数据处理后的曲线如图 7-11 所示，建立 PLS 模型的效果如图 7-12 和图 7-13 所示。

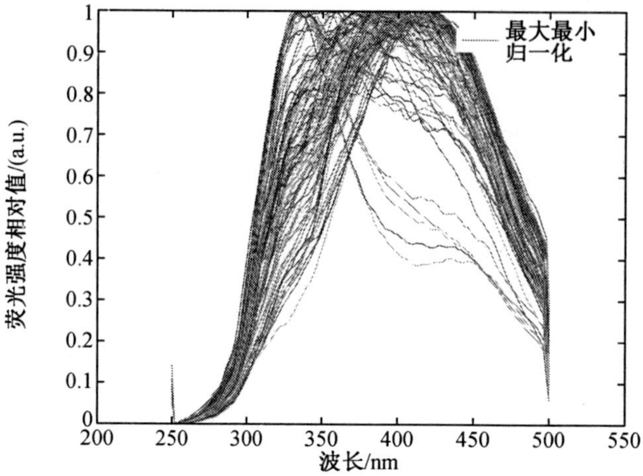

图 7-11　$E_x = 255$ nm 下 Min-Max Nor 预处理图

图 7-11　彩图

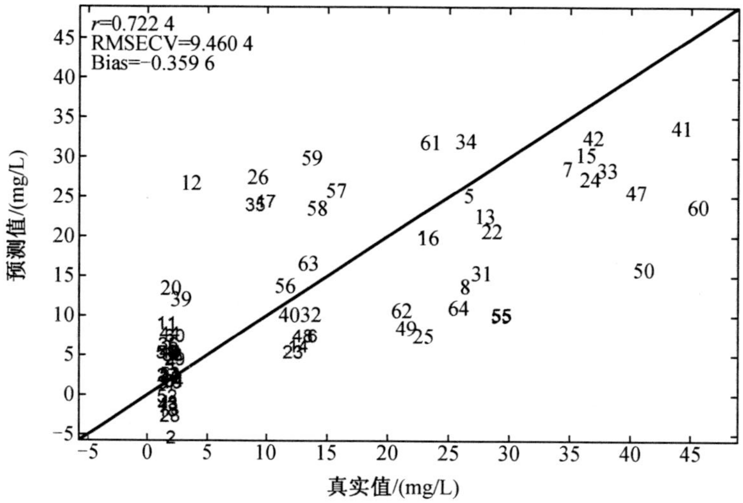

图 7-12　$E_x = 255$ nm 下 Min-Max Nor 预处理 PLS 校正集建模效果图

7.3.5　SG 平滑

SG 平滑法是目前运用最广泛的预处理方法，方便在去除光谱中的高频噪声的同时保留光谱中的主要特征，以提高模型的稳定性。该算法公式如下：

$$x_{SG} = \frac{\sum_{j=-n}^{n} x_{i+j} w_j}{\sum_{j=-n}^{n} w_j} \tag{7-12}$$

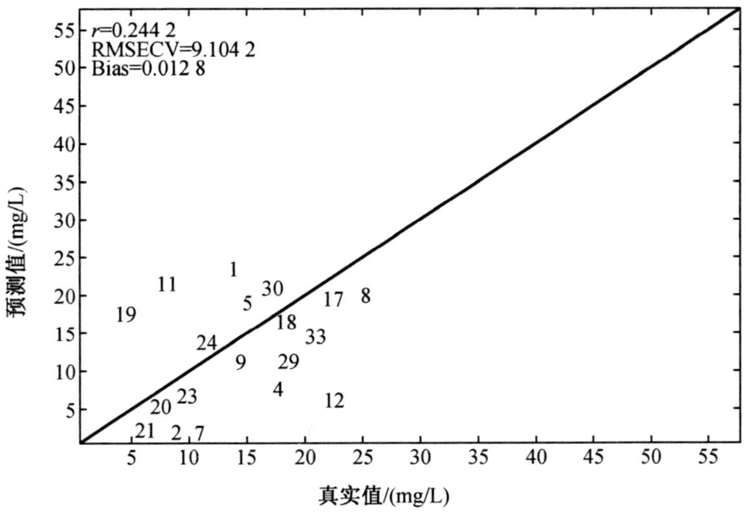

图 7-13　E_x = 255 nm 下 Min-Max Nor 预处理 PLS 检验集建模效果图

对激发波长 E_x = 255 nm 的数据进行 SG 平滑预处理后的结果如图 7-14 所示，进行 PLS 建模的效果如图 7-15 和图 7-16 所示。

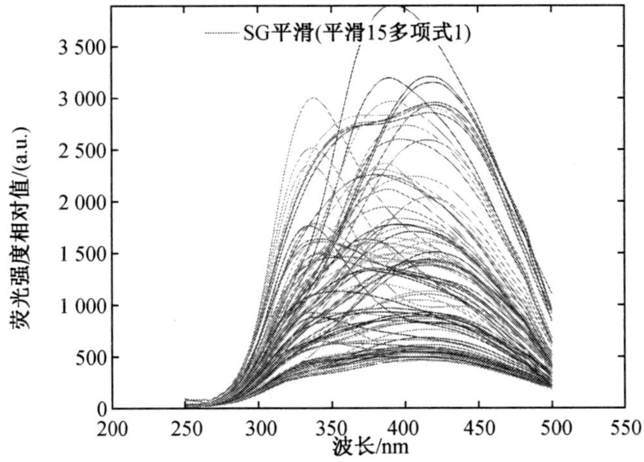

图 7-14　E_x = 255 nm 下 SG 平滑预处理图

图 7-14　彩图

7.3.6　不同光谱预处理效果对比

本节随机选取了激发波长 E_x = 200 nm、210 nm、235 nm、255 nm、270 nm、300 nm、330 nm 的荧光光谱数据进行五种预处理，将处理后的数据和原始数据建立 PLS 模型。各模型的评价指标对比如表 7-1 所示。

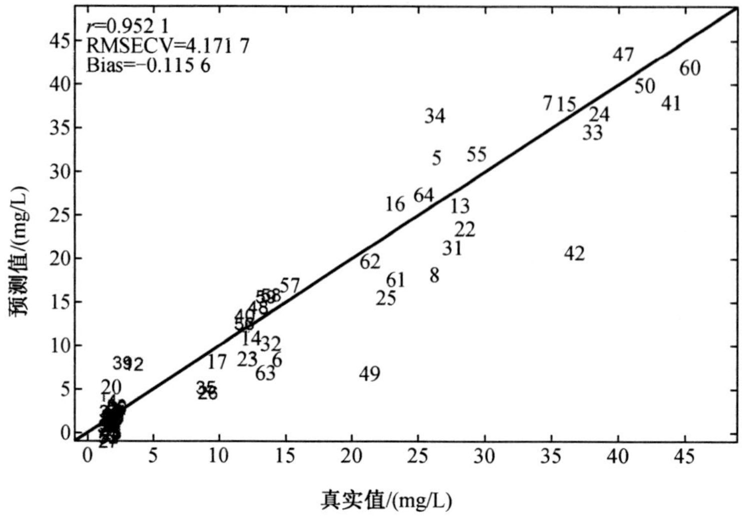

图 7-15　$E_x=255$ nm 下 SG 平滑预处理 PLS 校正集建模效果图

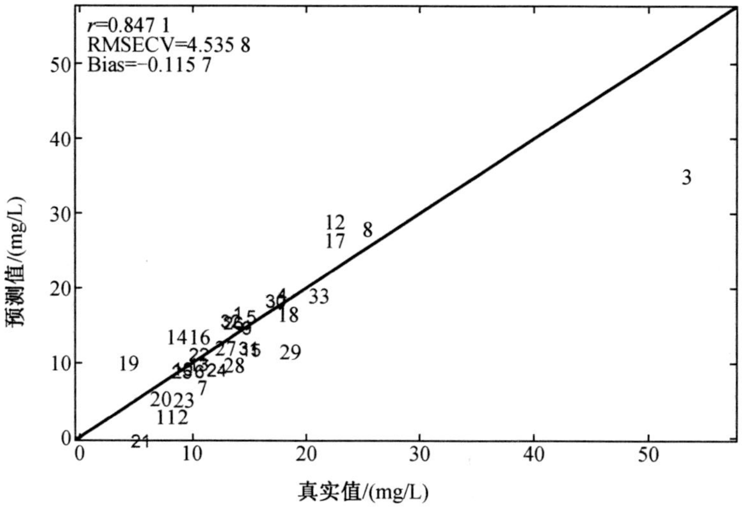

图 7-16　$E_x=255$ nm 下 SG 平滑预处理 PLS 检验集建模效果图

通过对比分析表 7-1 可知，当 $E_x=200$ nm 时，经过 SG 平滑处理建模后相关系数 r_c 略高于原始数据，经过 MSC 处理建模后的相关性是五种中最差的。当 $E_x=210$ nm 时，原始荧光光谱数据经过一阶求导预处理后建模效果最好，数据在 SG 平滑后所建立的模型其次，而 SNV 预处理建立的模型效果最差。当 $E_x=235$ nm 时，经过 SG 平滑预处理建立的模型的相关性最好，但其与一阶求导预处理后的校正集数据拟合程度均不如原始数据。而比较检验集建模的相关性可知，一阶求导后模型预测最佳，MSC 后 PLS 模型的相关性拟合最糟。当 $E_x=255$ nm 时，经过 SG 平滑后模型的相关性最佳，经 SNV 后建模效果最糟。当 $E_x=270$ nm 时，经过 SG 平滑后校正集建模效果最好，但由检验集模型可知，其预测效果不如一阶求导预处理。由于一阶求导预处理后建模的 r_c 和 r_p 的差值更小，因此一阶求导预处理后建模更好。Min-Max Nor 预处理后建模效果最差。当 $E_x=300$ nm 时，经过 SG 平滑预处理后的模型拟合效果最好，Min-Max Nor 预处理建模效果最差。当 $E_x=330$ nm 时，经过 SG 平滑预处理后建模相关性最好且模型评价指标 r_c 和 r_p 的差值更小，因此 SG 平滑预处理建模效果更好，SNV 预处理建模效果最差。

表 7-1　不同激发波长下不同预处理方法的 PLS 建模数据表

E_x/nm	预处理方法	校正集		检验集	
		r_c	RMSECV	r_p	RMSEP
200	原始数据	0.791 6	8.318 9	0.221 1	8.379 0
	一阶导数	0.778 3	8.537 4	0.141 9	8.540 6
	SG 平滑	0.791 7	8.317 1	0.222 3	8.374 7
	Min-Max Nor	0.700 6	9.712 4	0.367 7	8.300 2
	SNV	0.589 8	11.220 0	0.108 6	10.864 9
	MSC	0.554 6	11.59 3	0.204 1	10.421 5
210	原始数据	0.961 4	3.774 2	0.643 0	6.556 0
	一阶导数	0.969 3	3.353 6	0.675 5	6.279 2
	SG 平滑	0.954 8	4.054 8	0.618 3	6.733 8
	Min-Max Nor	0.765 9	8.948 3	0.604 1	7.230 4
	SNV	0.694 3	9.980 0	0.531 6	0.531 6
	MSC	0.754 1	9.057 2	0.599 5	7.206 0
235	原始数据	0.966 4	3.513 9	0.690 1	6.247 4
	一阶导数	0.944 7	4.467 7	0.802 7	5.063 9
	SG 平滑	0.953 8	4.082 8	0.795 5	5.146 1
	Min-Max Nor	0.748 8	9.133 3	-0.092 4	11.622 5
	SNV	0.734 8	9.250 8	-0.118 4	11.690 6
	MSC	0.727 1	9.386 2	0.083 1	10.444 8

表 7-1(续)

E_x/nm	预处理方法	校正集		检验集	
		r_c	RMSECV	r_p	RMSEP
255	原始数据	0.949 5	4.280 5	0.855 1	4.418 5
	一阶导数	0.949 9	4.257 5	0.838 2	4.656 3
	SG 平滑	0.952 1	4.171 7	0.847 1	4.535 8
	Min-Max Nor	0.722 4	9.460 4	0.244 2	9.104 2
	SNV	0.720 7	9.488 5	0.302 9	8.918 4
	MSC	0.735 9	9.336 3	0.325 0	9.125 1
270	原始数据	0.953 8	4.091 2	0.779 0	5.411 1
	一阶导数	0.955 9	4.000 9	0.789 5	5.268 6
	SG 平滑	0.956 3	3.986 0	0.778 7	5.383 2
	Min-Max Nor	0.762 1	8.951 4	0.097 1	10.934 1
	SNV	0.789 4	8.410 2	0.068 7	10.839 6
	MSC	0.767 0	8.803 1	0.123 6	10.316 4
300	原始数据	0.934 1	4.871 5	0.817 2	4.897 9
	一阶导数	0.933 3	4.917 5	0.845 8	4.540 4
	SG 平滑	0.936 8	4.772 2	0.832 8	4.692 2
	Min-Max Nor	0.793 9	8.415 6	0.158 8	10.743 9
	SNV	0.808 3	8.074 8	0.146 4	9.937 9
	MSC	0.807 4	8.151 2	0.253 2	9.072 7
330	原始数据	0.933 1	4.943 5	0.654 6	6.446 6
	一阶导数	0.937 1	4.787 8	0.747 2	5.658 4
	SG 平滑	0.939 7	4.679 7	0.662 8	6.396 7
	Min-Max Nor	0.792 8	8.336 2	0.011 2	11.029 9
	SNV	0.785 4	8.493 1	-0.020 4	11.982 3
	MSC	0.789 7	8.409 6	-0.005 3	11.708 6

综上,根据$|r|$越接近 1 且 RMSE 和 Bias 的值越小建模预测越精准可知,经过 SG 平滑预处理后建模效果最好,一阶求导预处理建模效果其次。下文将对经过 SG 平滑

预处理后的荧光发射光谱,选用两种特征提取方法后的 PLS 建模效果进行对比。

7.4　光谱特征波段提取方法对比及 PLS 建模

光谱特征波段的选取是为了去除光谱矩阵中的无关信息数据和冗余数据,提高检测精度和建立的预测模型精度,方便判断光谱和样品中需要检测成分的相关性。本节将荧光发射光谱随机分成 64 组校正集和 33 组检验集,分别使用后向间隔偏最小二乘法(backward interval partial least squares,BiPLS)和 SiPLS 算法提取特征波段,对不同激发波长的数据进行 PLS 建模,得出最优模型。将最优模型与对应激发波长的荧光发射光谱进行全区间 PLS 建模对比,可以明确特征提取在光谱建模中的必要性。

7.4.1　后向间隔偏最小二乘法(BiPLS)

BiPLS 是把整个光谱划为同宽的 n 个区间,去掉 n 个区间中交叉验证均方根数值最大区间,联合余下的光谱区间建立 PLS 模型,依次重复,得到算法给出的交叉验证均方根值,选择所建立模型的交叉验证均方根最小的组合区间为最优特征波段。在建立 PLS 回归模型中使用的潜在变量又称主成分数(PLSC),它决定了在建立 PLS 模型时需要考虑的信息量和模型的复杂性。将最大主成分数设置为 10,对荧光发射光谱进行特征提取和建模。对不同激发波长下荧光发射光谱进行 BiPLS 建模所对选区间间隔数、主成分数、所选区间组合和模型性能评价指标如表 7-2 所示。

表 7-2　不同激发波长下 BiPLS 建模数据表

E_x/nm	区间个数	PLSC	所选区间	校正集		检验集	
				r_c	RMSECV	r_p	RMSEP
200	12	1	[12 1 11 8]	0.818 3	7.808 9	0.365 0	7.991 3
205	10	5	[3 9]	0.871 3	6.691 5	0.746 1	5.646 4
210	10	10	[1 2 5 6 8 9 10]	0.979 2	3.300 6	0.815 8	4.992 3
215	9	6	[1 3 4 6 9]	0.971 7	3.208 9	0.597 5	6.946 0
220	9	7	[5 6 4 2 8]	0.976 6	2.931 6	0.661 7	6.517 7
225	12	5	[1 11 3 8 2 10 5]	0.977 9	2.841 1	0.692 7	6.329 2

表 7-2(续)

E_x/nm	区间个数	PLSC	所选区间	校正集		检验集	
				r_c	RMSECV	r_p	RMSEP
230	9	5	[2 8 3 6]	0.976 1	2.951 7	0.745 5	5.678 6
235	9	10	[5 3 6 7 2]	0.970 5	3.290 6	0.635 2	6.937 2
240	12	4	[10 3 9 2]	0.964 9	3.571 1	0.728 3	5.835 5
245	10	7	[3 8 2]	0.960 2	3.796 8	0.764 4	5.540 5
250	10	5	[3 8 1]	0.958 9	3.856 2	0.734 0	5.780 0
255	8	6	[1 3 6 7 5]	0.959 6	3.825 1	0.824 6	4.892 4
260	10	4	[1 9 2]	0.953 3	4.107 7	0.807	5.032 7
265	11	6	[6 8 5 3 104]	0.958 8	3.864 3	0.827 1	4.815 3
270	10	6	[5 8 4]	0.962 2	3.713 6	0.823 2	4.826 6
275	12	4	[6 9 11 5]	0.953 7	4.094 8	0.828 8	4.742 1
280	11	3	[9 10 2]	0.952 0	4.158 4	0.738 7	5.738 9
285	9	7	[5 7 4]	0.957 8	3.912 4	0.848 7	4.489 0
290	9	10	[2 5 3 7 4]	0.958 5	3.978 4	0.743 1	5.831 7
295	11	6	[3 7 9 8]	0.946 9	4.382 0	0.828 9	4.776 5
300	12	9	[1 7 8 12 10 3]	0.953 3	4.135 8	0.755 7	5.832 6
305	12	3	[11 10 3]	0.944 8	4.454 9	0.730 1	5.797 0
310	10	9	[5 10 8 9 6 4]	0.948 0	4.356 4	0.919 1	3.348 8
315	9	7	[5 7 3]	0.953 9	4.081 7	0.865 9	4.243 4
320	10	7	[1 6 8 3]	0.948 5	4.307 7	0.815 8	4.908 5
325	12	3	[9 10 8 12 5]	0.941 2	4.606 8	0.730 2	5.801 0
330	12	7	[4 8]	0.945 0	4.461 4	0.766 0	5.452 0

由表 7-2 可知,对于校正集而言,该荧光发射光谱在激发波长 E_x = 210 nm、225 nm 时,利用 BiPLS 提取特征波段所建立的 PLS 模型效果较优。其中,当 E_x = 210 nm 时,其校正集的均方根误差 RMSECV 为 3. 300 6 mg/L,相关系数 r_c 为 0. 979 2;当激发波长 E_x = 225 nm 时,RMSECV 为 2. 841 1 mg/L,r_c 为 0. 977 9。观察检验集可知,当 E_x = 310 nm 时建模对应的 r_p 和 RMSEP 为所有模型中最好的。其校正集的光谱区间划分为 10(即 n = 10),选出 6 个子区间(分别为第 4,5,6,8,9,10 区间),变量个数为 75 个,计算了 9 个主成分数,建立模型。

对激发波长为 310 nm 的荧光发射光谱数据进行 PLS 建模时计算的主成分数如图 7-17 所示，所选特征光谱区间如图 7-18 所示，模型的评价指标和建模效果如图 7-19、图 7-20 所示。

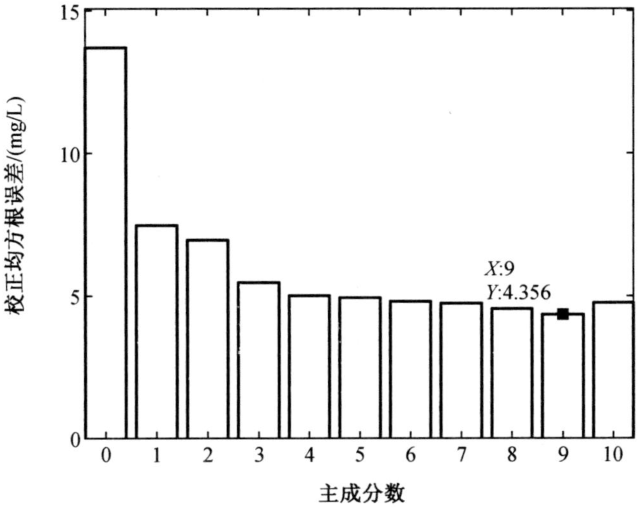

图 7-17　E_x = 310 nm 下建模均方根误差和主成分数

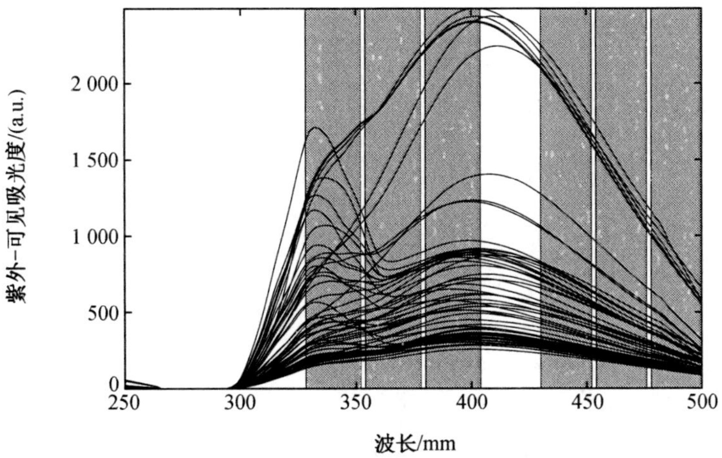

图 7-18　E_x = 310 nm 下所选光谱区范围

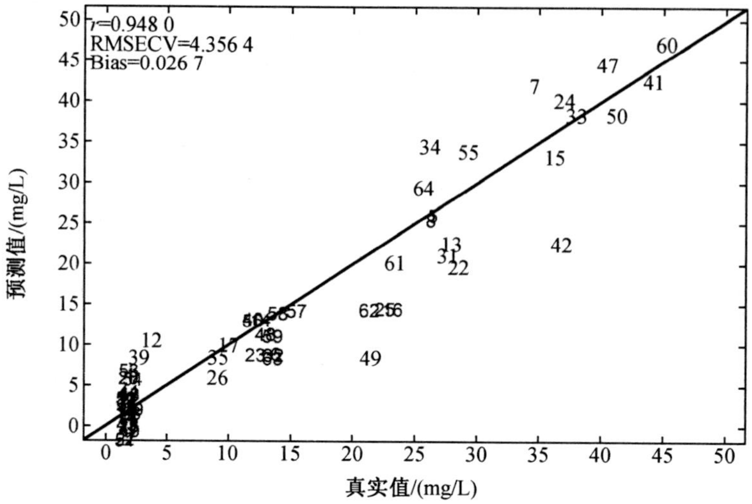

图 7-19　$E_x=310$ nm 下校正集特征区间建模效果图

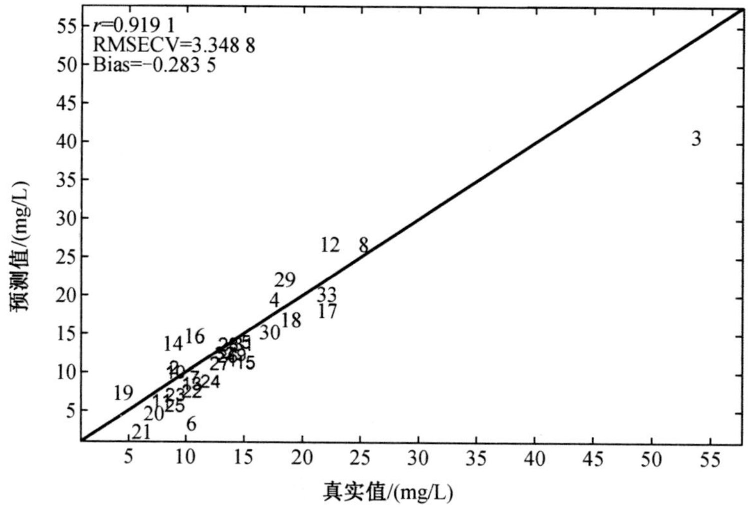

图 7-20　$E_x=310$ nm 下检验集特征区间建模效果图

激发波长 $E_x=310$ nm 时，第 4,5,6,8,9,10 区间(325~350 nm、350~375 nm、375~400 nm、425~450 nm、450~475 nm、475~500 nm)建模效果，通过图 7-19 可知所得到模型性能评价如下：其相关系数 r_c 为 0.948 0，校正集均方根误差 RMSECV 为 4.356 4 mg/L，系统偏差 Bias 为 0.026 7，说明该模型能较为精准地反映实际水样的水质情况。由图 7-20 可知，检验集在所建立模型下的性能评价如下：相关系数 r_p 为 0.919 1，检验集均方根误差 RMSEP 为 3.348 8 mg/L，系统偏差 Bias 为-0.283 5。该数据说明在该激发波长下，根据校正集在特征波段区间建立的模型具有较好的预测性。

7.4.2　联合区间偏最小二乘法(SiPLS)

SiPLS 是将荧光发射光谱划分为 n 个子区间,联合其中几个精度较高的子区间,选择校正集均方根误差作为模型评价指标,对比出指标数值最小的联合子区间后,在该种区间组合上建立模型。对不同激发波长下荧光发射光谱进行 SiPLS 建模所对选区间间隔数、主成分数、所选区间组合和模型性能评价指标如表 7-3 所示。

表 7-3　不同激发波长下 SiPLS 建模数据表

E_x/nm	区间个数	PLSC	所选区间	校正集		检验集	
				r_c	RMSECV	r_p	RMSEP
200	13	6	[1 3]	0.851 4	7.159 2	0.044 4	10.599 9
205	24	6	[5 19]	0.933 5	4.878 2	0.725 9	5.845 9
210	16	7	[5 13]	0.959 2	3.848 4	0.660 8	6.424 1
215	17	10	[4 14]	0.967 1	3.461 9	0.694 8	6.224 8
220	13	5	[3 10]	0.969 9	3.311 8	0.661 6	6.395 8
225	21	5	[5 16]	0.969 8	3.318 7	0.695 0	6.160 5
230	11	5	[3 8]	0.971 3	3.246	0.615 3	6.778 5
235	12	8	[4 12]	0.974 3	3.065	0.755 2	5.646 1
240	15	5	[2 15]	0.967 2	3.450 9	0.767 1	5.438 9
245	18	7	[4 18]	0.963 4	3.645 0	0,763 1	5.491 9
250	15	6	[3 15]	0.963 4	3.645 0	0.723 8	5.933 8
255	16	8	[6 15]	0.962 8	3.682 0	0.816 6	4.964 3
265	19	8	[2 17]	0.965 1	3.579 0	0.738 7	5.799 4
270	11	5	[5 9]	0.964 5	3.592 5	0.814 7	4.925 0
275	13	4	[6 11]	0.955 1	4.032 4	0.817 9	4.877 3
280	19	5	[8 16]	0.958 1	3.897 0	0.838 5	4.616 0
285	19	7	[8 17]	0.961 4	3.739 1	0.770 8	5.589 6
290	22	6	[6 17]	0.954 6	4.050 9	0.716 8	6.108 9
295	19	5	[5 15]	0.949 0	4.288 0	0.688 3	6.377 9
300	17	7	[4 13]	0.951 9	4.166 3	0.676 5	6.675 2
305	19	5	[4 16]	0.950 2	4.248 9	0.704 4	6.106 5
310	18	4	[4 15]	0.943 1	4.520 5	0.704 2	6.076 5
315	18	5	[4 15]	0.945 2	4.442 4	0.755 7	5.561 3

表 7-3(续)

E_x/nm	区间个数	PLSC	所选区间	校正集		检验集	
				r_c	RMSECV	r_p	RMSEP
320	13	5	[4 11]	0.948 2	4.316 7	0.778 0	5.355 0
325	25	5	[7 19]	0.949 4	4.269 9	0.871 6	4.164 5
330	16	5	[5 11]	0.950 5	4.231 9	0.704 8	6.038 3

由表 7-3 可知,对于校正集而言当荧光发射光谱在激发波长 E_x = 235 nm 时的数据经过 SiPLS 特征提取进行建模的预测效果最佳。该模型的 RMSECV 为 3.065 0 mg/L,r_c 为 0.974 3;观察检验集可知,当 E_x = 325 nm 时建模对应的 r_p 和 RMSEP 为经过 SiPLS 特征提取建模所得的所有模型中最好的。整体比较而言,当 E_x = 270 nm、280 nm 时校正集建模相关性比 E_x = 325 nm 时好,同时检验集预测效果比 E_x = 235 nm 时好。

当 E_x = 325 nm 时其校正集的光谱区间划分为 25(即 n = 25),联合第 7 区间、第 19 区间,计算了五个主成分数,建立模型。

对激发波长为 325 nm 的荧光发射光谱进行 PLS 建模时计算的主成分数如图 7-21 所示,所选特征光谱区间如图 7-22 所示,模型的评价指标和建模效果如图 7-23、图 7-24 所示。

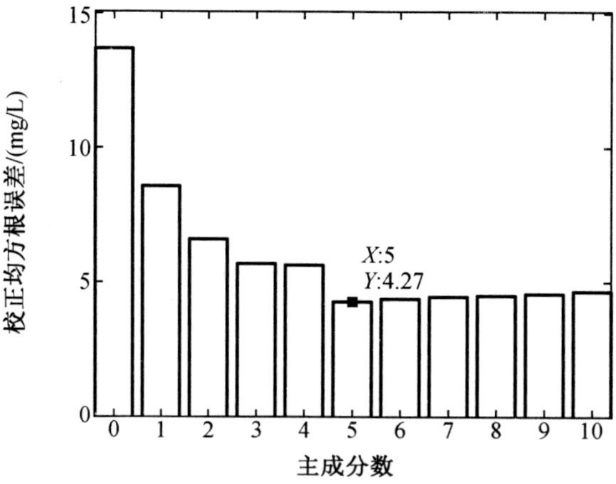

图 7-21 E_x = 325 nm 下建模均方根误差和主成分数

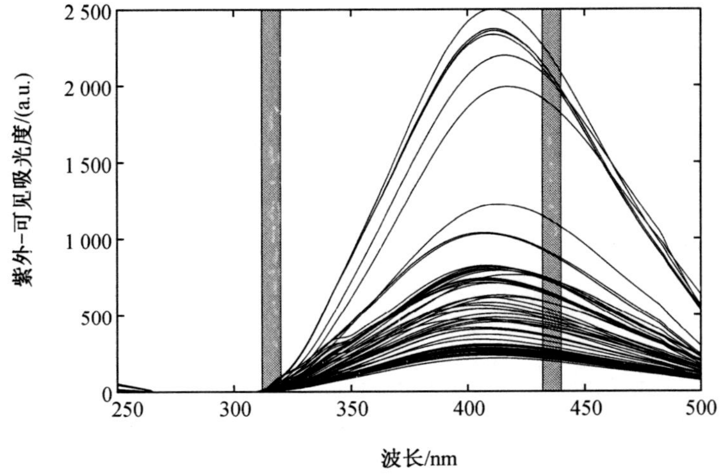

图 7-22　E_x=325 nm 下所选光谱区范围

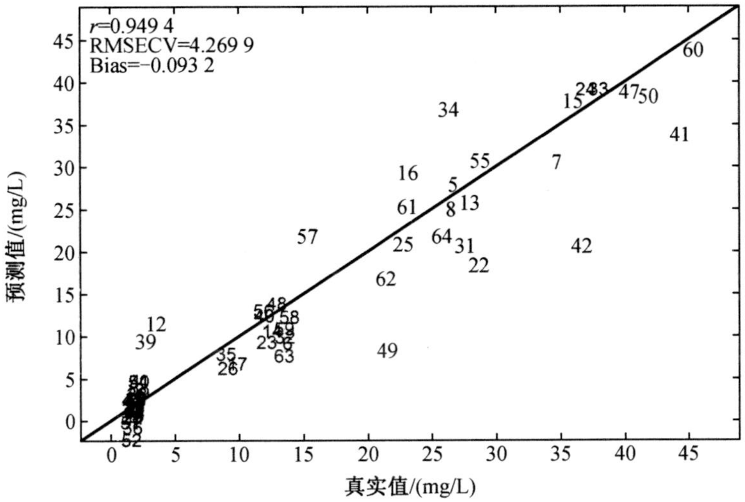

图 7-23　E_x=325 nm 下校正集特征区间建模效果图

激发波长 E_x = 325 nm 时，第 7，19 区间（310～320 nm、430～440 nm）建模效果，通过图 7-23 可得实际水样校正集数据在经过 SiPLS 特征提取后进行 PLS 建模所得到的相关系数 r_c 为 0.949 4，校正集均方根误差 RMSECV 为 4.269 9 mg/L，系统偏差 Bias 为-0.093 2，说明该模型对实际水样的水质情况能有较为精准的反应。由图 7-24 可知，检验集在所建立模型下的相关系数 r_p 为 0.871 6，检验集均方根误差 RMSEP 为 4.164 5 mg/L，系统偏差 Bias 为-0.175 8。以上数据说明在该激发波长下，根据校正集在光谱的特征波段区间上建立的模型具有较好的预测性。

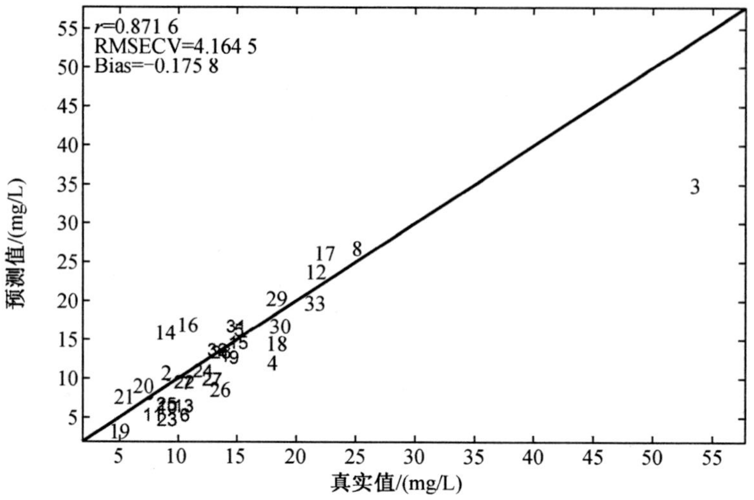

图 7-24　$E_x=325$ nm 下检验集特征区间建模效果图

7.4.3　全光谱 PLS 建模

由上文可知，当激发波长 $E_x=310$ nm 时的荧光发射光谱经过 SG 平滑预处理、BiPLS 提取特征波段建立的 PLS 模型预测效果最优。为了研究特征波长提取的作用，观察 $E_x=310$ nm 的光谱数据在经过预处理后直接计算六个主成分数进行 PLS 建模的效果。计算时用到的主成分数和得出的最小校正集均方根误差如图 7-25 所示，所选特征光谱区间为全光谱如图 7-26 所示，模型的评价指标和建模效果如图 7-27、图 7-28 所示。

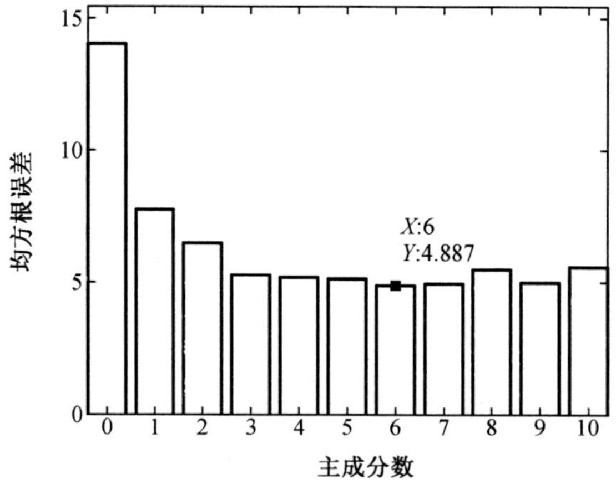

图 7-25　$E_x=310$ nm 下建模均方根误差和主成分数

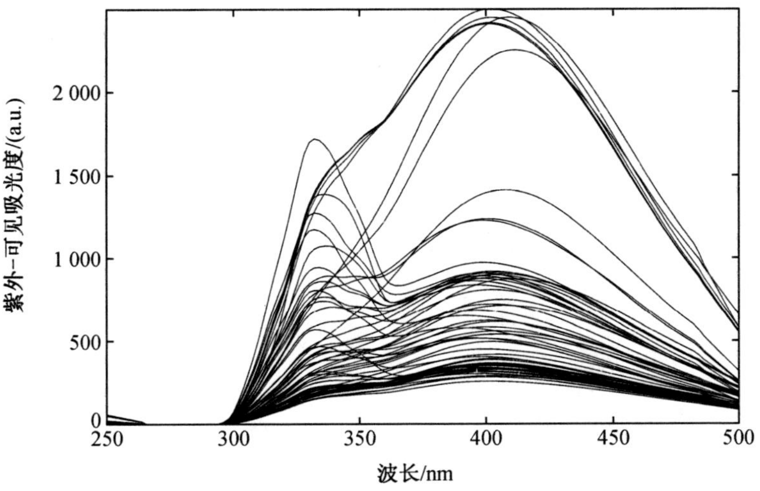

图 7-26　E_x = 310 nm 下所选光谱区范围为全区间

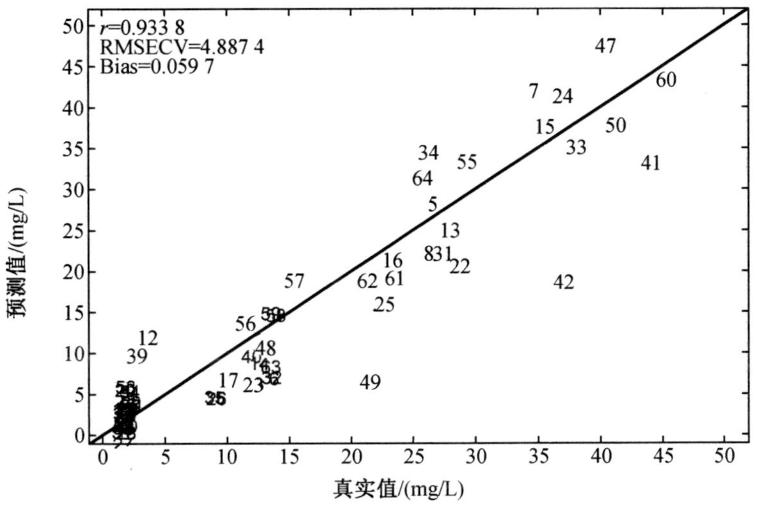

图 7-27　E_x = 310 nm 下校正集特征区间建模效果图

激发波长 E_x = 310 nm 时，全光谱区间建模效果，通过图 7-27 可得实际水样校正集数据进行 PLS 建模所得的预测模型相关系数 r_c 为 0. 933 8，校正集均方根误差 RMSECV 为 4. 887 4 mg/L，系统偏差 Bias 为 0. 059 7。由图 7-28 可知，检验集在所建立模型下的相关系数 r_p 为 0. 907 4，检验集均方根误差 RMSEP 为 3. 605 0 mg/L，系统偏差 Bias 为-0. 225 6。

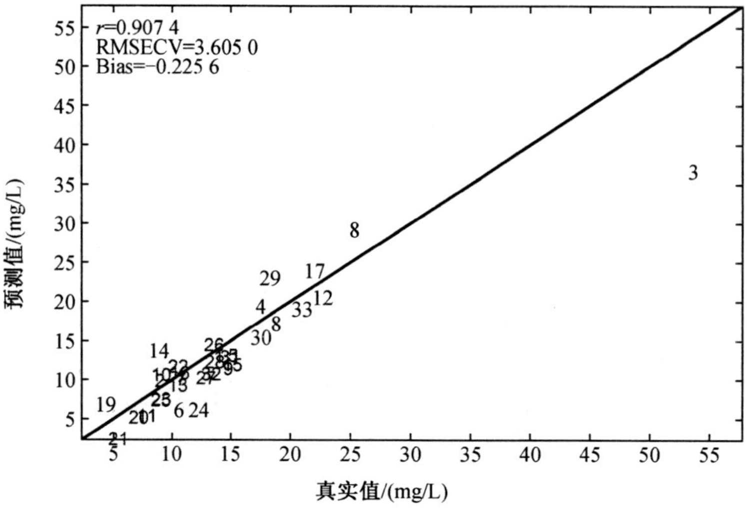

图 7-28　E_x = 310 nm 下检验集特征区间建模效果图

激发波长 E_x = 310 nm 时的荧光发射光谱经过 SG 平滑预处理后直接建模和经过 BiPLS 特征提取后建模的结果对比如表 7-4 所示。

表 7-4　E_x = 310 nm 下是否经过特征提取的建模对比

E_x/nm	特征提取	特征波长	校正集		检验集	
			r_c	RMSECV	r_p	RMSEP
310	BiPLS	325～400 nm 425～500 nm	0.948 0	4.356 4	0.919 1	3.348 8
	无	250～500 nm	0.933 8	4.887 4	0.907 4	−0.225 6

由表 7-4 可知，特征波段提取有利于减小数据的维度，简化计算，提高数据处理效率。在保留关键信息的基础上，有效过滤数据中的噪声和干扰，利于突出与水质中 COD 浓度相关的光谱特征，提高模型的预测性能。

7.5　特征提取后建模效果总结对比分析

本节对激发波长 E_x = 200 nm、210 nm、235 nm、255 nm、270 nm、300 nm、330 nm 的荧光发射光谱进行五种预处理，分别是 MSC、一阶导数、SNV、Min-Max Nor 和 SG 平滑

建立 PLS 模型，通过对比分析表 7-1 可知，在七组数据中，经过一阶求导预处理和 SG 平滑预处理 r_c 和 r_p 的差值近似，比较下来，经过 SG 平滑预处理效果略好于一阶求导预处理。然后基于 SG 平滑预处理的荧光发射光谱分别进行 BiPLS 和 SiPLS 特征提取和建模。

不同激发波长下的荧光发射光谱数据经过 SG 平滑预处理，再经过 BiPLS 和 SiPLS 特征波长提取、PLS 建模后，得到模型。在进行各方面对比，得出较优的模型集合如表 7-5 所示。

表 7-5　不同激发波长不同特征提取算法建模数据表

特征提取算法	E_x/nm	区间个数	所选区间	校正集		检验集	
				r_c	RMSECV	r_p	RMSEP
BiPLS	210	10	[1 2 56 8 9 10]	0.979 2	3.300 6	0.815 8	4.992 3
	225	12	[1 11 3 8 2 10 5]	0.977 9	2.841 1	0.692 7	6.329 2
	310	10	[5 10 8 9 6 4]	0.948 0	4.356 4	0.919 1	3.348 8
	235	12	[4 12]	0.974 3	3.065 0	0.755 2	5.646 1
	270	11	[5 9]	0.964 5	3.592 5	0.814 7	4.925 0
	280	19	[8 16]	0.958 1	3.897 0	0.838 5	4.616 0
	325	25	[7 19]	0.949 4	4.269 9	0.871 6	4.164 5

由表 7-5 可知，观察校正集模型评价指标可知，当 $E_x = 210$ nm 时经过 SG 平滑预处理、BiPLS 提取特征波段后的预测模型最优。而观察检验集可知，当 $E_x = 310$ nm 时经过 SG 平滑，BiPLS 提取特征波段后建立 PLS 模型各种指标最佳，此模型校正集的 r_c 和检验集的 r_p 最高，且两者之间差值最小，建模所得结果相比其他更加精确。

7.6　本 章 小 结

本章针对运用光谱分析中的荧光发射光谱对实际水样作用得出的荧光强度和 COD 浓度数据进行建模，通过随机选取不同激发波长下的光谱数据进行五种预处理，对比分析得出适合的数据预处理方法，后对全部激发波长的光谱数据进行两种特征提取方法的比较，选出最合适的组合。

当激发波长 E_x 为 310 nm 时运用 SG 平滑进行预处理,对实际测量数据中存在的噪声进行有效的优化,利用 BiPLS 提取特征波段的 PLS 模型,可以较为精准的利用荧光光谱数据对 COD 定量分析方面进行预测。

对经过五种算法处理之后的不同激发波长的荧光光谱数据进行 PLS 建模,分析得出对于本章数据 SG 平滑处理后的效果最好、一阶求导预处理其次。对不同激发波长的荧光发射光谱数据进行 SG 平滑预处理后,用 BiPLS 和 SiPLS 提取特征波段区间建立模型。对比可得,经过 BiPLS 提取特征波段建立的模型各项评价指标优于经过 SiPLS 提取特征波段建立的模型,BiPLS 比 SiPLS 更加有效准确。本章为测定水质中的 COD 提供了一种绿色、简单的思路。荧光光谱分析法有利于准确地评估水体中有机物的含量,为环保决策提供科学依据,支持制定更为有效的环保政策。荧光光谱分析法在水质检测中的应用不仅为科学研究提供了有效手段,也为环保工作和社会可持续发展做出了重要贡献。通过及时准确地监测水体质量,人们能够更好地保护自然环境,维护人类健康,促进社会的可持续发展。

第 8 章　汽油中乙醇含量的多光谱检测

8.1 引　　言

乙醇汽油是乙醇与普通汽油按一定比例混合而成的新型替代能源，可以在不影响发动机性能的前提下，改善油品性能，提高油品质量，降低污染物的排放，节省石油燃料资源。但不合格的乙醇汽油会导致车辆在驾驶过程中出现加速无力、抖动等现象，严重者会造成发动机损坏，甚至会引发事故，给人们的生命财产安全带来威胁。因此，对汽油中乙醇含量的检测具有非常重要的意义。目前油类检测的方法主要有称重法、比浊法、色谱法、热分解法、非分散红外吸收法、红外分光光度法、拉曼光谱法、荧光光谱法等。传统实验室油品检测方法存在检测时间长、需要样品预处理、对操作人员要求高等缺点，而采用光谱仪搭建的油品检测装置操作简单，结合光谱分析学和化学计量学算法，具有快速准确、绿色无损等优点，因此光谱法得到了越来越广泛的应用。

近年来，国内外学者对光谱法检测油品的质量和纯度进行了大量研究，如 Milanez、Stella Corsetti、侯培国、毕卫红、Graaf 等研究者分别利用近红外光谱分析技术、长周期光纤光栅技术、介电谱技术等成功地检测了乙醇汽油的品质。而基于单光谱技术特定检测乙醇汽油中乙醇含量的文献很少，多是用单光谱检测汽油中某种特定的有机物，如烷烃、烯烃等，应用多光谱技术对汽油中乙醇含量的检测也鲜有报道。本研究分别利用紫外可见（UV-Vis）光谱和近红外（NIR）光谱结合信息融合技术对市售汽油进行分析，采用 SiPLS 对光谱数据进行特征长波的提取，利用 PLS 算法进行回归建模，并根据乙醇汽油实际配比，结合信息融合的理论对乙醇汽油混合溶液的 NIR 和 UV-Vis 光谱数据进行数据融合，得到了基于特征波长的乙醇汽油中乙醇含量的快速、高精度检测方法，对汽油质量的快速、安全检测具有重要的现实意义。

8.2 实验部分

8.2.1 仪器设备与样品

采用德国布鲁克(Bruker)公司的 MPA 傅里叶变换近红外光谱仪和荷兰 Avantes 公司的 AvaSpec-2048-2 型紫外可见光谱仪。其中近红外光谱仪的光谱扫描范围为 830~2 500 nm(12 000~4 000 cm^{-1}),光程长度可调,光谱扫描软件为光谱仪自带处理软件 OPUS 6.5;紫外可见光谱仪的光谱扫描范围为 200~1 100 nm,光程长度 10 mm,光谱扫描软件为光谱仪自带处理软件 AvaSoft 7.2。实验所用样品为市售 93 号汽油和天津市化学试剂三厂提供的无水乙醇(分析纯)。

8.2.2 溶液配置

按照汽油和无水乙醇的体积比为 0.5：10, 1：10, 1.5：10, …, 12.5：10, 13：10, 14：10 进行配制实验所需样品溶液,对应溶液中乙醇的体积分数为 95.24%, 90.91%, 86.96%, …, 44.44%, 43.48%, 41.67%,采集溶液的 UV-Vis 光谱得 27 组光谱数据,选择其中 21 组数据作为校正集样本,其余 6 组作为检验集样本。按照汽油和无水乙醇的体积比为 1：10, 2：10,…,9：10, 10：1, 10：2,…,10：9进行溶液配制,对应溶液中乙醇的体积分数为 90.91%, 83.33%, …, 52.63%, 9.09%, 16.67%, …, 47.37%,采集溶液的 NIR 光谱得 18 组光谱数据。另分别采集无水乙醇和汽油的 NIR 光谱,对应溶液中乙醇的体积分数为 100%和 0%,得 20 组 NIR 光谱数据,选择其中 15 组数据作为校正集样本,其余 5 组作为检验集样本。

8.2.3 光谱采集与数据预处理

1. NIR 和 UV-Vis 光谱的采集

乙醇汽油溶液的紫外可见光谱图如图 8-1 所示,近红外光谱图如图 8-2 所示。其中,百分数代表乙醇汽油溶液中乙醇的体积分数。使用 MPA FT-NIR 光谱仪进行全波段扫描,设置光谱分辨率为 16 cm^{-1},扫描次数为 32 次,光程长度为 2 mm;设置 AvaSpec-2048-2 型紫外可见光谱仪的积分时间为 2 ms,测量次数为 20 次,设置光谱扫描范围为 200~830 nm,以保证光谱信息融合建模时光谱信息的连续性。

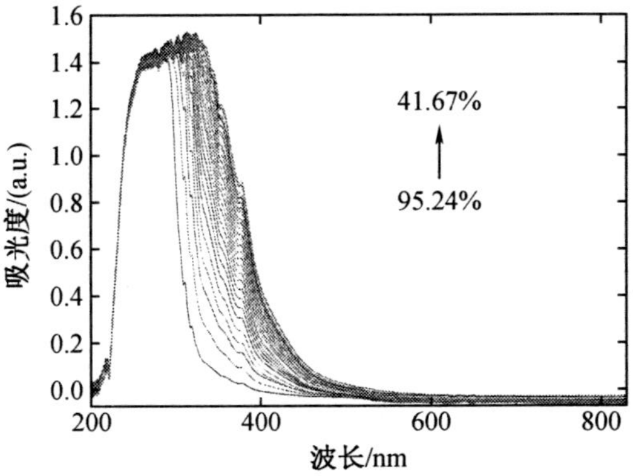

图 8-1　乙醇汽油溶液的紫外可见光谱图

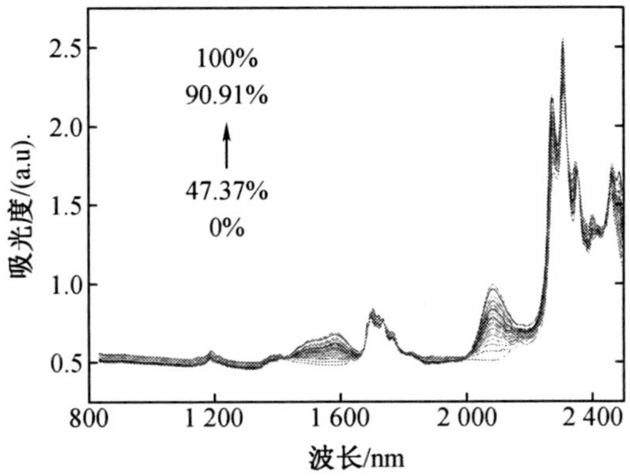

图 8-2　乙醇汽油溶液的近红外光谱图

2. 光谱数据的预处理

对于特定的样品,通过对原始光谱进行一定的预处理,可以有效地减弱外在因素如对真实谱图的影响,提高真实谱图与待测组分的相关性,进而建立稳健、可靠的预测模型。本研究采用了 MSC、消除常数量偏移、SG 平滑、一阶导数、Min-Max Nor、VN 等方法对光谱数据进行预处理,用来去除基线漂移、噪声和杂散光等干扰因素,提高模型的鲁棒性。

8.2.4　特征提取算法与建模算法

由于光谱仪采集到的光谱存在信息冗余和特征吸收区域不明显的问题,因此需要对采集到的光谱信息的波长进行优选,挑选出最能反映样品信息的光谱区域,以提高模型的预测能力以及稳定性。本节基于 SiPLS 算法[16]作为特征提取方法。该方法首先将整个分析光谱分成 k 个等宽子区间,然后对每个子区间进行 PLS 回归,在各子区间上，计算所有可能的 j (j>2) 个子区间组合模型，依 RMSECV 值给出各个组合区间，选择 RMSECV 最小时对应的组合区间。采用 PLS 建模时，将 SiPLS 算法优选出的特征波长作为输入，建立回归模型。本研究中，将 SiPLS 算法的区间数目设置为 10~30，组合区间的数目设置为 2。

8.2.5　模型评价指标

本研究选择的模型评价指标为：相关系数 r，校正集交叉验证均方根误差（RMSECV），检验集预测均方根误差 RMSEP 和整体平均偏差（Bias）。其中 Bias 是由特定测量方法产生的一个测量（预测）值与真值的系统偏差，其值越小越好。对本研究而言，Bias 是检验样品的测量值与真值之间的整体平均偏差。各评价指标表达式如下：

$$r = \sqrt{\sum_{i=1}^{n}(\hat{y}_i - \bar{y})^2 / \sum_{i=1}^{n}(y_i - \bar{y})^2} \tag{8-1}$$

$$\text{RMSECV} = \sqrt{\frac{1}{n-1}\sum_{i=1}^{n}(\hat{y}_i - y_i)^2} \tag{8-2}$$

$$\text{RMSEP} = \sqrt{\frac{1}{m}\sum_{i=1}^{m}(\hat{y}_i - y_i)^2} \tag{8-3}$$

$$\text{Bias} = \frac{1}{n}\sum_{i=1}^{n}(\hat{y}_i - y_i) \tag{8-4}$$

式中　$\hat{y}_i$——基于光谱建模的预测的结果；

$\bar{y}$——标准方法测定值的平均值；

y_i——标准方法测定得到结果；

n——校正集样本数；

m——检验集样本数。

一般来说，r 值越大，RMSE 值越小，Bias 值越小，模型的预测效果越好。

8.3　结果与讨论

8.3.1　光谱图及单谱模型的建立

建模前对原始光谱数据进行预处理，预处理方法均采用 MSC+消除常数量偏移。

为进一步比较两种光谱所得结果，本研究对基于两种光谱数据所建模型的评价指标进行对比，结果如表 8-1 所示。

表 8-1　两类光谱数据的 PLS 模型评价指标对比结果

光谱类型	区间数目	主成分数	优选区间 /nm	校正集			检验集		
				r_c	RMSECV	$Bias_c$	r_p	RMSEP	$Bias_p$
UV-Vis	20	3	358.124～389.809, 516.548～548.233	0.999 9	0.169 4	0.006 4	0.999 5	0.495 2	0.124 1
NIR	11	4	1 136.623～1 288.120, 2 197.097～2 348.593	0.999 8	0.649 9	0.110 4	0.999 6	0.672 1	0.131 8

通过表 8-1 可以看出，就检测无水乙醇和汽油的混合溶液来说，UV-Vis 和 NIR 光谱都可以很好完成检测并提供较好的预测结果。

8.3.2　UV-Vis 和 NIR 光谱数据融合建模

1. 信息融合方式

信息融合[17]的方法可分为数据级融合、特征级融合和决策级融合。其中决策级融合属于高层次融合，数据损失量最大，相对精度最低。因此本研究基于数据级融合和特征级融合对光谱信息（数据）进行建模分析。

按照我国的国家标准，乙醇汽油是用 90%的普通汽油与 10%的燃料乙醇调和而成。考虑到市售乙醇汽油中乙醇所占的体积分数小于汽油的体积分数，因此，从实际情况出发，重新配制了乙醇和汽油的体积比为 0.5∶10，1∶10，1.5∶10，2∶10，2.5∶10，3∶10，3.5∶10，4∶10，5∶10，…，9∶10，对应溶液中乙醇的体积分数为 4.76%，9.09%，13.04%，16.67%，20%，23.08%，25.93%，28.57%，33.33%，…，47.37%，，共 13 组样本并分别进行近红外光谱和紫外可见光谱的采集，选择其中 9 组为校正集样本，其余 4 组为检验集样本，经过光谱预处理后进行光谱数据的融合建模与检验。

2. 数据级融合建模

数据级信息融合（LLDF）属于最低层次的融合方式，本研究采用数据直接融合、先融合后预处理、先预处理后融合三种方式进行建模和检验，结果如表 8-2 所示。当融合方法采用先融合后进行 VN 建模时，区间数目设为 15，此时的主成分数为 1，最优区间为[2 12],对应于波长范围为 365.439~528.484 nm 和 1 898.491~2 048.623 nm。为了确定主成分数为 1 时模型的合理性,选择区间数目为 15 时建模效果仅次于最优区间的其他区间进行比较,次优区间为[2 4],对应于波长范围为 365.439~528.484 nm 和 689.029~844.891 nm。此时,校正集的各评价指标分别为:r_c = 0.999 8, RMSECV = 0.264 0, $Bias_c$ = 0.057 7;检验集的各评价指标分别为:r_p = 0.992 1, RMSEP = 1.582 0, $Bias_p$ = 0.890 5。由此可知,主成分数为 3 时,校正集和主成分数为 1 时的校正结果相差不大,但是当用相同的样本数据进行检验时,主成分数为 3 时的检验结果明显要差,这说明主成分数为 1 时所选择的特征能更加全面地反映出光谱的有效信息,因此这里选择主成分数为 1。

由于本节研究的两种光谱的数据量不均衡,在数据量上占有优势的变量(NIR 光谱数据)可能会掩盖其他变量(UV-Vis 光谱数据)的贡献,主导融合模型的结果。在表 8-2 中可以看出,虽然光谱直接融合后模型的预测效果优于其他方法,但此时的优选区间处于 NIR 光谱范围(1 731.202~1 858.814 nm, 1 859.350~1 986.962 nm),说明直接融合建模时,两种光谱数据确实存在贡献不平衡的问题,其中 NIR 光谱数据贡献率大于 UV-Vis 光谱数据的贡献率,使得特征提取过程中数据量占优势的 NIR 光谱数据起到主导作用,进而在后续建模中也主导了预测结果,掩盖了 UV-Vis 光谱数据的贡献,使融合失效。

表 8-2　三种数据级融合的 PLS 建模结果

融合方法	归一化方法	区间数目	主成分数	优选区间/nm	校正集			检验集		
					r_c	RMSECV	$Bias_c$	r_p	RMSEP	$Bias_p$
直接融合		13	4	1 731.202~1 858.814, 1 859.350~1 986.962	0.999 9	0.125 8	0.000 6	0.994 7	1.290 0	-0.736 1

表 8-2(续)

融合方法	归一化方法	区间数目	主成分数	优选区间/nm	校正集			检验集		
					r_c	RMSECV	$Bias_c$	r_p	RMSEP	$Bias_p$
融合后预处理	Min-Max Nor	15	3	365. 439 ~ 528. 484, 1 747. 824 ~ 1 897. 955	0. 999 8	0. 230 4	0. 031 1	0. 995 8	0. 933 9	-0. 474 4
	VN	15	1	365. 439 ~ 528. 484, 1 898. 491 ~ 2 048. 623	0. 999 8	0. 266 1	0. 025 5	0. 999 1	0. 352 7	-0. 073 8
预处理后融合	Min-Max Nor	12	3	365. 439 ~ 528. 484, 1 146. 226 ~ 1 296. 357	0. 999 8	0. 268 2	0. 036 0	0. 992 8	0. 956 1	0. 080 0
	VN	15	3	365. 439 ~ 528. 484, 2 199. 290 ~ 2 349. 422	0. 999 8	0. 222 2	-0. 052 6	0. 997 7	0. 687 9	0. 425 8

为避免由于数据量不均衡所导致的融合失效的问题,可将光谱数据进行归一化处理,从表中可看出采用归一化后的融合建模可以很好地解决数据掩盖问题。对于校正集而言,数据直接融合方法得到最优结果,对于检验集,采用数据先融合再进行 VN 处理的方法得到的结果最优。

3. 特征级组合建模

特征级信息融合(MLDF)属于中间层次的融合方式,它先对原始数据信息进行特征提取,再将提取的特征信息进行综合分析和处理。根据前文所述的单谱源建模时优选的波长区间,确定 UV-Vis 光谱特征的区间范围为:358. 124 ~ 389. 809 nm 和 516. 548 ~ 548. 233 nm,NIR 光谱的特征区间范围为:1 136. 623 ~ 1 288. 120 nm 和 2 197. 097 ~ 2 348. 593 nm。将此特征区间范围内的光谱数据经预处理后再次进行

SiPLS 特征提取,并采用 PLS 算法建立关于乙醇汽油中乙醇的体积分数的特征级多源光谱融合的预测模型,使用交叉验证法对模型进行验证,通过提取和分析 UV-Vis 与 NIR 光谱特征波段光谱数据融合后的主成分数,建立特征级多源光谱融合 PLS 模型,结果如表 8-3 所示。

表 8-3 三种特征级融合的 PLS 建模结果

UV-Vis 预处理方法	NIR 预处理方法	主成分数	校正集			检验集		
			r_c	RMSECV	$Bias_c$	r_p	RMSEP	$Bias_p$
原始数据	原始数据	1	0. 999 8	0. 245 0	0. 023 6	0. 986 1	1. 598 2	-0. 801 4
消除常数量偏移	消除常数量偏移	1	0. 999 0	0. 592 5	0. 147 7	0. 993 6	0. 924 3	0. 089 3
SG,一阶导数,VN	MSC,一阶导数,VN	4	0. 999 9	0. 202 0	-0. 035 1	0. 998 5	0. 482 1	0. 118 6
SG,Min-Max Nor	MSC,Min-Max Nor	3	0. 999 6	0. 400 6	0. 162 4	0. 995 9	1. 300 3	-0. 925 0

由表 8-3 可知,对原始光谱数据无预处理进行特征级融合建模的结果要好于对原始光谱进行消除常数量偏移预处理后建模的结果,这是由于消除常数量偏移操作并不适用于此处的模型,消除偏移量的同时也对一些有用信息进行了修改,从而导致模型预测精度的降低。而采用 VN 处理后的融合结果要优于采用 Min-Max Nor 处理后融合的结果,其中最优模型是光谱数据采用 VN 处理的 PLS 模型。

8.4 各类建模方法对比

本研究所采用的各类方法的校正集建模结果如图 8-3 所示,检验集建模结果如图 8-4 所示。在图 8-3 和图 8-4 中,UV-Vis 和 NIR 分别表示紫外可见光谱和近红外光谱建模,LLDF 和 MLDF 分别代表数据级融合特征级融合建模,NOR 和 VN 分别代表最小最大归--化和矢量归一化建模,数字 1 代表数据融合后预处理建模,数字 2 代表数据预处理后融合建模,Con. 代表消除常数量偏移。

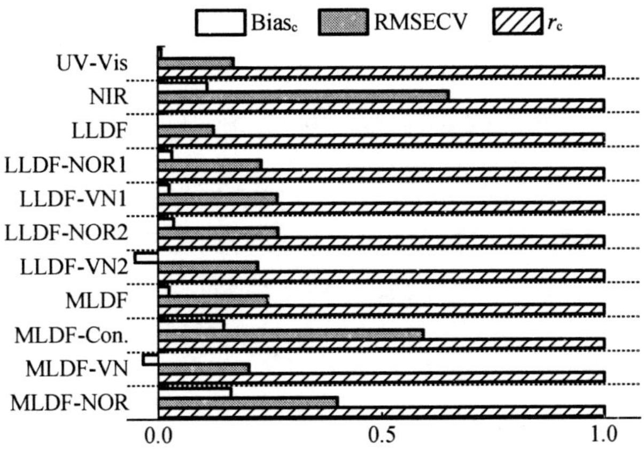

图 8-3　校正集建模结果对比

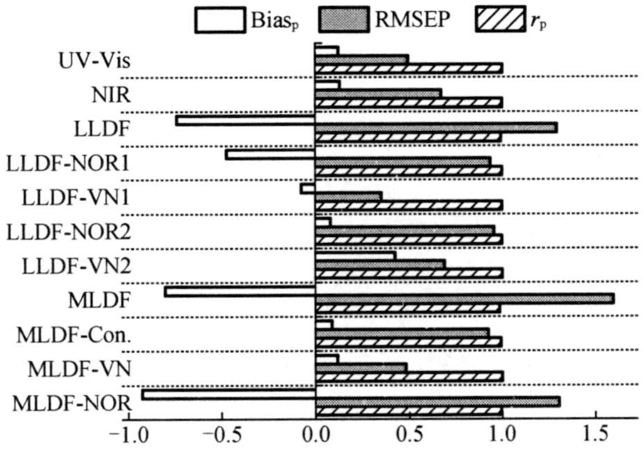

图 8-4　检验集建模结果对比

从图 8-3 可看出，UV-Vis 和 NIR 光谱数据直接融合在基于校正集的回归模型中效果最好，具有最大的相关系数 r_c，最小的 Bias$_c$ 和 RMSECV；UV-Vis 光谱模型要优于 NIR 光谱模型；数据级融合建模效果相差不大，而原始光谱 MLDF 与采用 VN 方法后的特征级融合（MLDF-VN）建模效果较好。从图 8-4 预测结果可看出，基于单谱源的预测结果相差不大，采用 VN 方法的数据级融合（LLDF-VN1）建模的效果为最佳。综合分析，就本研究而言，光谱信息数据级融合（LLDF-VN1）模型的效果最优。

8.5 最优模型的通用性验证

为了检验本研究的最优模型(LLDF-VN1)的预测效果,将测得的 UV-Vis 光谱数据和 NIR 光谱数据中乙醇汽油浓度相同的 9 组数据作为检验集,对数据级融合后再进行 VN 的最优模型(LLDF-VN1)进行预测效果检验。9 组数据中汽油和乙醇的体积比为:1 : 10, 2 : 10, …, 8 : 10, 9 : 10,对应溶液中乙醇的体积分数为:90.91%, 83.33%, …, 52.63%,另收集 12 份市售汽油样本对最优模型进行检验,其中无醇汽油样本 2 份,乙醇汽油样本 10 份。检验的结果如表 8-4 所示。

表 8-4 最优模型(LLDF-VN1)的检验结果

光谱	融合方式	归一化方法	样本来源	r_p	RMSEP	$Bias_p$
UV-Vis+NIR	融合后预处理	VN	自配溶液	0.999 7	0.329 1	0.102 2
			市售汽油	0.990 1	0.892 7	0.675 1

由于市售乙醇汽油不易长期存放,故加油站提供的乙醇汽油中乙醇的含量与国家标准有所偏差。因此,与自配溶液相比,市售汽油的检验结果稍差。

总之,基于 LLDF-VN1 信息融合模型具有较高的预测能力和较强的通用性与适应性,可以快速、准确地检测出市售乙醇汽油中乙醇的含量,并可用于乙醇汽油溶液中乙醇浓度的宽范围检测。

8.6 本 章 小 结

(1)利用 SiPLS 特征提取算法分别建立了基于 UV-Vis 和 NIR 光谱数据的 PLS 算法的回归模型,能够较好地预测乙醇汽油溶液中乙醇的含量;校正集和检验集的相关系数均高于 0.99。

(2)UV-Vis 和 NIR 光谱信息的数据级融合和特征级融合均可用于乙醇汽油溶液中乙醇含量的检测,其中采用数据级融合后再进行矢量归一化的模型具有最优的预测效果,其 $r_c = 0.999\ 8$, $r_p = 0.999\ 1$, RMSECV = 0.266 1, RMSEP = 0.352 7, $Bias_c =$

0. 025 5, $Bias_p$ = −0. 073 8,因此可以准确地检测乙醇汽油中乙醇的含量。

(3)通过采用乙醇体积分数较高的乙醇汽油溶液和市售汽油的光谱数据进行最优模型的通用性验证。结果显示,对于乙醇汽油溶液,r_p = 0. 999 7, RMSEP = 0. 329 1, $Bias_p$ = 0. 102 2;对于市售汽油,r_p = 0. 990 1, RMSEP = 0. 675 1, $Bias_p$ = 0. 892 7。这表明该方法可以准确地实现乙醇汽油溶液中乙醇浓度的宽范围检测,也为其他混合油品中物质的快速检测提供了一种参考方法。

结　　论

本书在查阅了大量国内外关于水体有机污染物的传统检测方法、单一光谱检测方法和多源光谱融合检测方法三方面的文献基础之上，分别基于紫外吸收光谱、三维荧光光谱、紫外/荧光多光谱联用（融合）及荧光多光谱融合对水质COD进行定量分析，并通过实验研究了紫外吸收光谱和三维荧光光谱检测水质COD的影响因素。

总结研究工作，本书所取得的具体成果和创新有以下几个方面：

（1）基于化学计量学方法，建立了标准液浓度与紫外吸光度、标准液浓度和荧光强度之间的关系模型。研究结果表明，对于紫外光谱数据模型，其决定系数为0.999 95；对于荧光光谱数据模型，标准液浓度范围为1~30 mg/L时，激发波长E_x=275 nm时的荧光发射光谱数据模型最优，其R_p^2=0.984 4，RMSEP=1.211 5 mg/L；标准液浓度范围为10~55 mg/L时，激发波长为E_x=270 nm下的荧光发射光谱数据模型为最优，其R_p^2=0.998 1，RMSEP=0.347 8 mg/L。

（2）结合光谱信息融合理论，提出了基于ACO-iPLS算法提取特征并以PSO-LSSVM算法为建模方法的水质COD的检测方法；分别建立了海水和地表水COD浓度值的紫外光谱数据模型、单激发波长下的荧光发射光谱数据模型、紫外/荧光多光谱融合模型及荧光多光谱融合模型。结果表明，最优模型为E_x=265 nm、290 nm和305 nm三个激发波长下荧光多光谱特征级融合数据的PSO-LSSVM模型，其预测集R_p^2=0.998 2，RMSEP=0.534 2 mg/L。通过与相关文献结果进行对比，证明了本书方法的可行性。

（3）验证了温度、浊度、pH值、NO_2^-和NO_3^-离子浓度、盐度及重金属离子浓度等外界环境因素对紫外吸收光谱和三维荧光光谱的影响规律，并建立了温度、浊度的补偿校正模型。结果表明，通过补偿校正可以很好地抑制环境因素对光谱的影响，提高预测模型的精度。此外，应根据提取的特征谱段综合考虑盐度对光谱的影响。

（4）对水质COD和TOC之间的关系进行了理论推导和实验验证。实验以不同浓度范围的 TOC 标准液、入海口及近海海水、地表水以及海水/地表水组合样本的水质 COD 和 TOC 浓度值为研究对象,研究了二者之间的关系。研究结果表明,对于组成成分稳定的水体,水质 COD 和 TOC 之间存在线性关系。

本研究是应用紫外吸收光谱和三维荧光光谱技术、光谱信息的特征提取技术、光谱信息融合技术和化学计量学算法对水质 COD 的多源光谱融合分析这一具体问题进行的探索性实验研究。研究的目的是解决目前单一光谱法检测水质有机污染物时存在的检测精度不高及影响因素的干扰问题,为实现水质有机污染物快速检测提供一条新的思路。由于精力和时间所限,本书的后续工作仍需进一步深入研究和完善,主要包括以下两个方面:

(1)本书实际水样的光谱数据来自 COD 值较低的海水和地表水,缺少高浓度 COD 条件下的水样(如:生活污水、工业废水等)检测数据。因此应扩大实际水样的采集范围并继续改进相关算法,使紫外吸收光谱和荧光光谱信息相融合,同时发挥紫外吸收光谱和荧光光谱在水质检测领域的优点,真正做到紫外/荧光联用检测水质参数,提高模型的适应性。

(2)基于多源光谱联用检测水质 COD 的硬件系统尚未实现,应将硬件系统的设计与开发纳入后续的研究范围,以实现对水质多参数进行实时在线的监测。

参 考 文 献

[1] 中华人民共和国生态环境部. 2016年中国近岸海域环境质量公报[R/OL](2017-06-29)[2017-12-09]. https://www.mee.gov.cn/hjzl/sthjzk/jagb/201706/P020170629334342524664.pdf.

[2] 中华人民共和国环境保护部. 2016年中国环境状况公报[R/OL](2017-06-05)[2017-12-09]. https://www.mee.gov.cn/gkml/sthjbgw/qt/201706/W020170605812243090317.pdf.

[3] 阴琨, 赵然, 李中宇, 等. 松花江流域水生态环境中生物与生境和化学要素间的关联性研究[J]. 中国环境监测, 2015, 31(1): 17-23.

[4] 国家环境保护总局, 水和废水监测分析方法编委会. 水和废水监测分析方法[M]. 4版. 北京: 中国环境科学出版社, 2002.

[5] MOORE W A, KRONER R C, RUCHHOFT C C. Dichromate reflux method for determination of oxygen consumed [J]. Analytical Chemistry, 1949, 21(8): 953-957.

[6] BAKER J R, MILKE M W, MIHELCIC J R. Relationship between chemical and theoretical oxygen demand for specific classes of organic chemicals [J]. Water Research, 1999, 33(2): 327-334.

[7] KIM Y C, SASAKI S, YANO K, et al. Relationship between theoretical oxygen demand and photocatalytic chemical oxygen demand for specific classes of organic chemicals[J]. Analyst, 2000, 125(11): 1915-1918.

[8] 彭斌. 化学需氧量测定方法的改进及质量控制[J]. 水资源研究, 2010, 18(3): 28-29.

[9] KOLB M, BAHADIR M, TEICHGRÄBER B. Determination of chemical oxygen demand (COD) using an alternative wet chemical method free of mercury and

dichromate[J]. Water Research, 2017, 122(19): 645-654.

[10] 邱婧伟, 于国峰, 赵静, 等. 低污染低成本COD快速测定方法的研究[J]. 环境科学与技术, 2012, 35(8): 129-132.

[11] VYRIDES I, STUCKEY D C. A modified method for the determination of chemical oxygen demand (COD) for samples with high salinity and low organics[J]. Bioresource Technology, 2009, 100(2): 979-982.

[12] 季伟伟, 杨慧中. 基于正交实验的水质COD在线测试最优消解条件[J]. 环境工程学报, 2016, 10(7):3967-3972.

[13] GUTIÉRREZ-CAPITÁN M, BALDI A, GÓMEZ R, et al. Electrochemical nanocomposite-derived sensor for the analysis of chemical oxygen demand in urban wastewaters[J]. Analytical Chemistry, 2015, 87(4): 2152-2160.

[14] WANG J, LI K, YANG C, et al. Ultrasound electrochemical determination of chemical oxygen demand using boron-doped diamond electrode[J]. Electrochemistry Communications, 2012, 18: 51-54.

[15] 沈碧君, 赵洋甬, 徐运, 等. 快速消解分光光度法测定高氯废水中低浓度化学需氧量[J]. 化学分析计量, 2016, 25(3): 69-72.

[16] 王广喜, 魏文霞. 快速消解分光光度法测定低浓度水样化学需氧量的不确定度评定[J]. 环境科学与管理, 2013, 38(3): 137-139.

[17] EL-MEKKAWI D M, GALAL H R, WAHAB R M, et al. Photocatalytic activity evaluation of TiO nanoparticles based on COD analyses for water treatment applications: A standardization attempt[J]. International Journal of Environmental Science and Technology, 2016, 13(4): 1077-1088.

[18] GIMENO O, GARCíA-ARAYA J F, BELTRáN F J, et al. Removal of emerging contaminants from a primary effluent of municipal wastewater by means of sequential biological degradation-solar photocatalytic oxidation processes[J]. Chemical Engineering Journal, 2016, 290: 12-20.

[19] SILVESTRE I C, FRIGERIO C, SANTOS J L, et al. Quantum dots assisted photocatalysis for the chemiluminometric determination of chemical oxygen demand using a single interface flow system[J]. Analytica Chimica Acta, 2011, 699(2): 193-197.

[20] 刘岩. 基于臭氧氧化化学发光新体系的海水化学需氧量(COD)现场测量仪研

制[D]. 青岛：中国海洋大学，2012.

[21] JIN B H, HE Y, SHEN J C, et al. Measurement of chemical oxygen demand (COD) in natural water samples by flow injection ozonation chemiluminescence (FI-CL) technique[J]. Journal of Environmental Monitoring, 2004, 6(8): 673-678.

[22] 侯迪波，张坚，陈泠，等. 基于紫外-可见光光谱的水质分析方法研究进展与应用[J]. 光谱学与光谱分析，2013，33(7)：1839-1844.

[23] 熊艳. 湿法氧化法测定水中总有机碳[J]. 理化检验-化学分册，2007，43(6)：502-503.

[24] 谭丽菊. 海水中总有机碳自动在线分析仪的研制和应用[D]. 青岛：中国海洋大学，2010.

[25] 石爱军，李振声，庄树春，等. 废水中有机污染指标监测方法的选择[J]. 中国环境监测，2002，18(2)：4-7.

[26] MACCRAITH B, GRATTAN K T V, CONNOLLY D, et al. Results of a cross-comparison study: Optical monitoring of total organic carbon (TOC) of a limited range of samples[J]. Sensors and Actuators B: Chemical, 1994, 22(2): 149-153.

[27] 张立琛，张朋亮. 一种直接电导率法 TOC 分析仪的设计[J]. 电子技术与软件工程，2016 (15)：137.

[28] JASIM S Y, SATHTHASIVAM J. Advanced oxidation processes to remove cyanotoxins in water[J]. Desalination, 2017, 406: 83-87.

[29] 刘岩，朱苹，徐珊珊，等. 海水总有机碳(TOC)分析技术研究[J]. 海洋技术，2009，28(1)：66-69.

[30] THOMAS O, EL K H, TOURAUD E, et al. TOC versus UV spectrophotometry for wastewater quality monitoring. [J]. Talanta, 1999, 50(4):743-749.

[31] 于西龙，张学典，潘丽娜，等. COD 与 TOC、BOD 相关性的研究及其在水环境监测中的应用[J]. 应用激光，2014，34(5)：455-459.

[32] 陈光，刘廷良，孙宗光. 水体中 TOC 与 COD 相关性研究[J]. 中国环境监测，2005，21(5)：9-12.

[33] 万英，刘桥，蒋梁中. 水质在线监测仪 COD/TOC/UV 的比较研究[J]. 控制工程，2004，11(2)：187-189.

[34] 王海英，唐邈，方普杰. 地表水 TOC 和 COD_{Mn} 相关关系研究[J]. 气象水文海洋仪器，2010，27(2):93-96.

[35] DUBBER D, GRAY N F. Replacement of chemical oxygen demand (COD) with total organic carbon (TOC) for monitoring wastewater treatment performance to minimize disposal of toxic analytical waste. [J]. Journal of Environmental Science and Health, Part A: Toxic/Hazardous Substances and Environmental Engineering, 2010, 45(12):1595-1600.

[36] 袁蕾, 张纯超, 吕彦儒. 珠江口水体 TOC 与 COD 关系研究[J]. 海洋环境科学, 2015, 34(5): 700-705.

[37] CHRISTIAN E, BATISTA J R, GERRITY D. Use of COD, TOC, and fluorescence spectroscopy to estimate BOD in wastewater[J]. Water Environment Research, 2017, 89(2): 168-177.

[38] 付龙, 吴俊奇, 赵昕, 等. 表征游泳池有机物污染的尿素、耗氧量和 TOC 三个指标的相关性分析[J]. 给水排水, 2016, 42(5): 103-105.

[39] 金淑聪, 靳银燕. 纺织印染废水中 TOC 值和 COD 值的相关性[J]. 干旱环境监测, 2007, 16(4): 250-253.

[40] 黎松强, 吴馥萍. 有机化工废水 COD 与 TOC 的相关性[J]. 精细化工, 2007, 24(3): 282-286.

[41] YANG L, SHIN H S, JIN H. Estimating the concentration and biodegradability of organic matter in 22 wastewater treatment plants using fluorescence excitation emission matrices and parallel factor analysis[J]. Sensors, 2014, 14(1):1771-1786.

[42] KUMAR A, JAIN S N. Development and validation of UV-spectroscopy based stability indicating method for the determination of fluoxetine hydrochloride[J]. Analytical Chemistry Letters, 2016, 6(6): 894-902.

[43] LIU R X, CHEN L L, ZHANG H Y, et al. A label-free single photonic quantum well biosensor based on porous silicon for DNA detection[J]. Optoelectronics Letters, 2013, 9(3): 225-228.

[44] DONG M, SUI Y, LI G L, et al. Mid-infrared carbon monoxide detection system using differential absorption spectroscopy technique[J]. Tianjin University of Technology, 2015, 11(6): 469-472.

[45] OGURA N. Ultraviolet absorbing materials in natural water[J]. Nippon Kagaku Zasshi, 1965, 86(12): 1286-1288.

[46] 陈洪雷, 陈元彩, 詹怀宇, 等. 等导数值光谱法测定制浆废水 COD[J]. 中华

纸业，2010，31(1)：6，64-67.

[47] 吴国庆. 基于光谱吸收的水质化学需氧量检测方法的研究[D]. 秦皇岛：燕山大学，2013.

[48] 蒋然，柴欣生，张翠，等. 一种检测低浓度化学需氧量的双波长光谱方法[J]. 光谱学与光谱分析，2011，31(7)：2007-2010.

[49] 赵友全，王慧敏，刘子毓，等. 基于紫外光谱法的水质化学需氧量在线检测技术[J]. 仪器仪表学报，2010，31(9)：1927-1932.

[50] 顾建，赵友全，郭翼，等. 一种投入式光谱法紫外水质监测系统[J]. 安全与环境学报，2012，12(6)：98-102.

[51] 邵敏超，夏凤毅，盛成龙，等. 双波长紫外吸收法有机废水 COD 测量技术与仪器设计[J]. 环境工程学报，2013，7(1)：396-400.

[52] 汤斌，魏彪，吴德操，等. 一种紫外-可见光谱法检测水质 COD 的浊度影响实验研究[J]. 光谱学与光谱分析，2014，34(11)：3020-3024.

[53] CHAREF A, GHAUCH A, BAUSSAND P, et al. Water quality monitoring using a smart sensing system[J]. Measurement, 2000, 28(3): 219-224.

[54] LANGERGRABER G, FLEISCHMANN N, HOFSTÄDTER F. A multivariate calibration procedure for UV-Vis spectrometric quantification of organic matter and nitrate in wastewater[J]. Water Science & Technology, 2003, 47(2): 63-71.

[55] LOURENCO N D, MENEZES J C, PINHEIRO H. M., et al. Development of PLS calibration models from UV-Vis spectra for TOC estimation at the outlet of a fuel park wastewater treatment plant[J]. Environmental Technology, 2008, 29(8): 891-898.

[56] 冯巍巍，李玲伟，李未然，等. 基于全光谱分析的水质化学耗氧量在线监测技术[J]. 光子学报，2012，41(8)：883-887.

[57] 汤斌. 紫外-可见光谱水质检测多参数测量系统的关键技术研究[D]. 重庆：重庆大学，2014.

[58] AGUSTSSON J, AKERMANN O, BARRY A, et al. Non-contact assessment of COD and turbidityconcentrations in water using diffuse reflectance UV-Vis spectroscopy[J]. Environmental Science: Processes & Impacts, 2014, 16(8): 1897-1902.

[59] CHEN B S, WU H Q, LI S F. Development of variable pathlength UV-Vis spectroscopy

combined with partial-least-squares regression for wastewater chemical oxygen demand (COD) monitoring[J]. Talanta, 2014, 120: 325-330.

[60] BRITO R S, PINHEIRO H M, FERREIRA F, et al. In situUV-Vis spectroscopy to estimate COD and TSS in wastewater drainage systems[J]. Urban Water Journal, 2014, 11(4): 261-273.

[61] 毕卫红, 李建国, 吴国庆, 等. 紫外光谱法检测 COD 中硝酸盐与温度影响的研究[J]. 光谱学与光谱分析, 2014, 34(3): 717-720.

[62] 刘雪梅, 章海亮. 基于 LSSVM 紫外可见光谱检测水产养殖水体 COD 研究[J]. 光谱学与光谱分析, 2014, 34(10): 2804-2807.

[63] 潘杨, 黄勇, 申杰, 等. 吸收光谱法表征城市水体表观污染[J]. 安全与环境工程, 2014, 21(1): 42-47.

[64] 汤斌, 赵敬晓, 魏彪, 等. 一种紫外-可见光谱检测水质 COD 预测模型优化方法[J]. 中国环境科学, 2015, 35(2): 478-483.

[65] 赵友全, 李霞, 刘潇, 等. 基于 PCA 的水质紫外吸收光谱分析模型研究[J]. 光谱学与光谱分析, 2016, 36(11): 3592-3596.

[66] 王晓明, 章海亮, 罗微, 等. 基于 UV-Vis 检测养殖水体中化学需氧量含量研究[J]. 光谱学与光谱分析, 2016, 36(1): 177-180.

[67] DABAKK E, MATSNILSSON, GELADI P, et al. Inferring lake water chemistry from filtered seston using NIR spectrometry[J]. Water Research, 2000, 34(5): 1666-1672.

[68] SOUSA A C, LUCIO M M L M, BEZERRA NETO O F, et al. A method for determination of COD in a domestic wastewater treatment plant by using near-infrared reflectance spectrometry of seston[J]. Analytica Chimica Acta, 2007, 588(2): 231-236.

[69] 何金成, 杨祥龙, 王立人, 等. 近红外光谱法测定废水化学需氧量[J]. 浙江大学学报(工学版), 2007, 41(5): 752-755, 789.

[70] 徐立恒. 近红外光谱法快速测定水体有机污染物的方法研究[J]. 分析试验室, 2008, 27(增刊): 448-450.

[71] YANG Q, LIU Z Y, YANG J D. Simultaneous determination of chemical oxygen demand (COD) and biological oxygen demand (BOD5) in wastewater by Near-infrared spectrometry[J]. Journal of Water Resource and Protection, 2009, 1(4): 286-289.

[72] 陈维维，潘涛，廖辛炎. 污水化学需氧量近红外光谱分析的波段选择[J]. 佳木斯大学学报(自然科学版)，2011，29(3)：370-371.

[73] 粟晖，姚志湘，黎国梁，等. 生化废水 COD 的近红外光谱法测定[J]. 光谱实验室，2011，28(6)：3040-3043.

[74] PAN T, CHEN W W, CHEN Z H, et al. Waveband selection for nir spectroscopy analysis of wastewater COD[J]. Key Engineering Materials, 2011, 480-481: 393-396.

[75] PAN T, CHEN Z H, CHEN J M, et al. Near-infrared spectroscopy with waveband selection stability for the determination of COD in sugar refinery wastewater[J]. Analytical Methods, 2012, 4(4): 1046-1052.

[76] DAHLBACKA J, NYSTRÖM J, MOSSING T, et al. On-line measurement of the chemical oxygen demand in wastewater in a pulp and paper mill using near infrared spectroscopy[J]. Spectral Analysis Review, 2014, 2(4): 19-25.

[77] 伍鲧，田士玉，张二杨，等. 污泥厌氧发酵过程中基于近红外光谱的 COD 定量分析[J]. 安徽建筑大学学报，2016，24(3)：54-58.

[78] 叶晓东. 若干大分子问题的荧光研究[D]. 合肥：中国科学技术大学，2006.

[79] LEE S, AHN K H. Monitoring of COD as an organic indicator in waste water and treated effluent by fluorescence excitation - emission (FEEM) matrix characterization[J]. Water Science and Technology, 2004, 50(8): 57-63.

[80] JANHOM T, WATTANACHIRA S, PAVASANT P. Characterization of brewery wastewater with spectrofluorometry analysis [J]. Journal of Environmental Management, 2009, 90(2): 1184-1190.

[81] 武晓莉，李艳君，吴铁军. 基于选择性模型组合的三维荧光光谱水质分析方法[J]. 光谱学与光谱分析，2010，30(4)：996-1001.

[82] HUR J, LEE B M, LEE T H, et al. Estimation of biological oxygen demand and chemical oxygen demand for combined sewer systems using synchronous fluorescence spectra[J]. Sensors, 2010, 10(4): 2460-2471.

[83] STEDMON C A, SEREDYNSKA-SOBECKA B, BOE-HANSEN R, et al. A potential approach for monitoring drinking water quality from groundwater systems using organic matter fluorescence as an early warning for contamination events[J]. Water Research, 2011, 45(18): 6030-6038.

[84] BIEROZA M, BAKER A, BRIDGEMAN J. Classification and calibration of organic

matter fluorescence data with multiway analysis methods and artificial neural networks: an operational tool for improved drinking water treatment [J]. Environmetrics, 2011, 22(3): 256-270.

[85] OLD G H, NADEN P S, GRANGER S J, et al. A novel application of natural fluorescence to understand the sources and transport pathways of pollutants from livestock farming in small headwater catchments[J]. The Science of The Total Environment, 2012, 417/418: 169-182.

[86] 杜树新, 杜阳锋, 袁之报. 三维荧光光谱的特征区域选择方法[J]. 发光学报, 2012, 33(3): 341-345.

[87] DU S X, WU Y Q, YUAN Z B. Detection of COD in the wastewater treatment process based on fluorescence excitation-emission matrix spectrometry[J]. Applied Mechanics and Materials, 2012,178/179/180/181: 599-602.

[88] BRIDGEMAN J, BAKER A, CARLIELL M C, et al. Determination of changes in wastewater quality through a treatment works using fluorescence spectroscopy[J]. Environmental Technology, 2013, 34(21/22/23/24): 3069-3077.

[89] YANG L Y, HUR J, ZHUANG W. Occurrence and behaviors of fluorescence EEM-PARAFAC components in drinking water and wastewater treatment systems and their applications:A review[J]. Environmental Science & Pollution Research, 2015, 22(9): 6500-6510.

[90] BRIDGEMAN J, BAKER A, BROWN D, et al. Portable LED fluorescence instrumentation for the rapid assessment of potable water quality[J]. The Science of the Total Environment, 2015, 523/524/525: 338-346.

[91] 李卫华, 刘怡心, 王伟, 等. 污水处理厂及受纳水体样品的三维荧光光谱解析[J]. 光谱学与光谱分析, 2015, 35(4): 940-945.

[92] CARSTEA E M, BRIDGEMAN J, BAKER A, et al. Fluorescence spectroscopy for wastewater monitoring: A review[J]. Water Research, 2016, 95: 205-219.

[93] QIAN C,WANG L, CHEN W, et al. Fluorescence approach for the determination of fluorescent dissolved organic matter[J]. Analytical Chemistry, 2017, 89(7): 4264-4271.

[94] 韩崇昭, 朱洪艳, 段战胜, 等. 多源信息融合: Multi-source information fusion [M]. 2 版. 北京: 清华大学出版社, 2010.

[95] RAOL J R. Multi-sensor data fusion with MATLAB[M]. New York: CRC Press, 2010.

[96] RUDNITSKAYA A, KIRSANOV D, LEGIN A, et al. Analysis of apples varieties-comparison of electronic tongue with different analytical techniques[J]. Sensors and Actuators B: Chemical, 2006, 116(1): 23-28.

[97] CASALE M, ARMANINO C, CASOLINO C, et al. Combining information from headspace mass spectrometry and visible spectroscopy in the classification of the Ligurian olive oils[J]. Analytica Chimica Acta, 2007, 589(1): 89-95.

[98] RAMOS P M, RUISANCHEZ I, ANDRIKOPOULOS K S. Micro-Raman and X-ray fluorescence spectroscopy data fusion for the classification of ochre pigments[J]. Talanta, 2008, 75(4): 926-936.

[99] CASALE M, CASOLINO C, OLIVERI P, et al. The potential of coupling information using three analytical techniques for identifying the geographical origin of Liguria extra virgin olive oil[J]. Food Chemistry, 2010, 118(1): 163-170.

[100] WU D, HE Y, NIE P C, et al. Hybrid variable selection in visible and near-infrared spectral analysis for non-invasive quality determination of grape juice[J]. Analytica Chimica Acta, 2010, 659(1/2): 229-237.

[101] ANIBAL C V, CALLAO M P, RUISÁNCHEZ I. 1H NMR and UV-visible data fusion for determining sudan dyes in culinary spices[J]. Talanta, 2011, 84(3): 829-833.

[102] PIZARRO C, RODRÍGUEZ-TECEDOR S, PÉREZ-DEL-NOTARIO N, et al. Classification of spanish extra virgin olive oils by data fusion of visible spectroscopic fingerprints and chemical descriptors[J]. Food Chemistry, 2013, 138(2/3): 915-922.

[103] ALAMPRESE C, CASALE M, SINELLI N, et al. Detection of minced beef adulteration with turkey meat by UV-Vis, NIR and MIR spectroscopy[J]. LWT- Food Science and Technology, 2013, 53(1): 225-232.

[104] JIANG C, LIU Y, QU H B. Data fusion strategy based on near infrared spectra and ultraviolet spectra for simultaneous determination of ginsenosides and saccharides in Chinese herbal injection[J]. Analytical Methods, 2013, 5(17): 4467-4475.

[105] MARTELO-VIDAL M J, VAZQUEZ M. Application of artificial neural networks coupled to UV-Vis-NIR spectroscopy for the rapid quantification of wine compounds in aqueous mixtures[J]. Cyta-Journal of Food, 2015, 13(1): 32-39.

[106] 武晓莉. 信息融合及集成学习在水质光谱分析中的应用研究[D]. 杭州: 浙江大学, 2007.

[107] 武晓莉, 李艳君, 吴铁军. 多源光谱信息融合在水质分析中的应用[J]. 分析化学, 2007, 35(12): 1716-1720.

[108] SARRAGUÇA M C, PAULO A, ALVES M M, et al. Quantitative monitoring of an activated sludge reactor using on-line UV-visible and near-infrared spectroscopy[J]. Analytical and Bioanalytical Chemistry, 2009, 395(4): 1159-1166.

[109] 穆海洋,李艳君,单战虎,等. 便携式多源光谱融合水质分析仪的研制[J]. 光谱学与光谱分析, 2010, 30(9): 2586-2590.

[110] HUR J, CHO J. Prediction of BOD, COD, and total nitrogen concentrations in a typical urban river using a fluorescence excitation-emission matrix with PARAFAC and UV absorption indices[J]. Sensors, 2012, 12(1): 972-986.

[111] QIN X S, GAO F R, CHEN G H. Wastewater quality monitoring system using sensor fusion and machine learning techniques[J]. Water Research, 2012, 46(4): 1133-1144.

[112] 曹泓. 基于多源光谱数据融合的水产养殖水质有机物浓度快速检测研究[D]. 杭州: 浙江大学, 2014.

[113] 吴国庆, 毕卫红. 多源光谱特征组合的COD光学检测方法研究[J]. 光谱学与光谱分析, 2014, 34(11): 3071-3074.

[114] 杨鹏程, 杜军兰, 李燕, 等. 紫外吸收光谱法结合PLS对多组分溶液中硝酸盐浓度的测定[J]. 海洋技术, 2013, 32(2): 115-119.

[115] THOMAS O,CONSTANT D. Trends in optical monitoring[J]. Water Science and Technology: a Journal of the International Association on Water Pollution Research, 2004, 49(1): 1-8.

[116] MAROSE S,LINDEMANN C, SCHEPER T. Two-dimensional fluorescence spectroscopy: a new tool for on-line bioprocess monitoring. [J]. Biotechnology Progress, 1998, 14(1): 63-74.

[117] 李卫华. 废水生物处理过程的紫外与荧光光谱解析[D]. 合肥：中国科学技术大学，2008.

[118] 李树珉. 烟气排放实时连续监测系统关键技术的研究[D]. 天津：天津大学，2009.

[119] 施俊，王志刚，封克. 水体溶解有机物三维荧光光谱表征技术及其在环境分析中的应用[J]. 大气与环境光学学报，2011，6(4)：243-251.

[120] 孔赟，朱亮，吕梅乐，等. 三维荧光光谱技术在水环境修复和废水处理中的应用[J]. 生态环境学报，2012，21(9)：1647-1654.

[121] 祝鹏，廖海清，华祖林，等. 平行因子分析法在太湖水体三维荧光峰比值分析中的应用[J]. 光谱学与光谱分析，2012，32(1)：152-156.

[122] 李倩倩. 无信息变量消除法在三种谱学方法中的定量分析研究[D]. 北京：中国农业大学，2014.

[123] RINNAN A, BOOKSH K S, BRO R. First order Rayleigh scatter as a separate component in the decomposition of fluorescence landscapes [J]. Analytica Chimica Acta, 2005, 537(1/2): 349-358.

[124] BAHRAM M, BRO R, STEDMON C, et al. Handling of Rayleigh and Raman scatter for PARAFAC modeling of fluorescence data using interpolation [J]. Journal of Chemometrics, 2006, 20(3/4): 99-105.

[125] ZEPP R G, SHELDON W M, MORAN M A. Dissolved organic fluorophores in southeastern US coastal waters: Correction method for eliminating Rayleigh and Raman scattering peaks in excitation-emission matrices[J]. Marine Chemistry, 2004, 89(1/2/3/4): 15-36.

[126] NØRGAARD L, HAHN M T, KNUDSEN L B, et al. Multivariate near-infrared and Raman spectroscopic quantifications of the crystallinity of lactose in whey permeate powder[J]. International Dairy Journal, 2005, 15(12): 1261-1270.

[127] NØRGAARD L, SAUDLAND A, WAGNER J, et al. Interval partial least-squares regression (iPLS): A comparative chemometric study with an example from near-infrared spectroscopy[J]. Applied Spectroscopy, 2000, 54(3): 413-419.

[128] WANG X F, BAO Y F, LIU G L, et al. Study on the best analysis spectral section of NIR to detect alcohol concentration based on SiPLS [J]. Procedia Engineering, 2012, 29: 2285-2290.

[129] LI Y P, FANG T, ZHU S Q, et al. Detection of olive oil adulteration with waste cooking oil via Raman spectroscopy combined with iPLS and SiPLS [J]. Spectrochimica Acta Part A, Molecular and Biomolecular Spectroscopy, 2018, 189: 37-43.

[130] 蔡健荣, 汤明杰, 吕强, 等. 基于 siPLS 的猕猴桃糖度近红外光谱检测[J]. 食品科学, 2009, 30(4): 250-253.

[131] DU Y P, LIANG Y Z, JIANG J H, et al. Spectral regions selection to improve prediction ability of PLS models by changeable size moving window partial least squares and searching combination moving window partial least squares [J]. Analytica Chimica Acta, 2004, 501(2): 183-191.

[132] 史智佳, 李鹏飞, 吕玉, 等. 移动窗口偏最小二乘法优选猪油丙二醛近红外光谱波段[J]. 中国食品学报, 2014, 14(11): 207-213.

[133] CHEN H Z, PAN T, CHEN J M, et al. Waveband selection for NIR spectroscopy analysis of soil organic matter based on SG smoothing and MWPLS methods[J]. Chemometrics and Intelligent Laboratory Systems, 2011, 107(1): 139-146.

[134] 黄晓玮. 基于色素气敏传感技术的肴肉新鲜度检测研究[D]. 镇江: 江苏大学, 2015.

[135] ALLEGRINI F, OLIVIERI A C. A new and efficient variable selection algorithm based on ant colony optimization. Applications to near infrared spectroscopy/partial least-squares analysis[J]. Analytica Chimica Acta, 2011, 699(1): 18-25.

[136] 李艳肖, 黄晓玮, 邹小波, 等. 蚁群和遗传算法优化花茶花青素近红外光谱预测模型的比较[J]. 食品与生物技术学报, 2015, 34(6): 575-583.

[137] 包鑫. 稳健回归技术及其在光谱分析中的应用[D]. 杭州: 浙江大学, 2010.

[138] 郭新辰. 最小二乘支持向量机算法及应用研究[D]. 长春: 吉林大学, 2008.

[139] ANDISHEH H, DERAKHSHANDEH K, SADRJAVADI K, et al. A novel method for simultaneous determination of codeine and acetaminophen in plasma by combination of UV-Vis spectroscopy and artificial neural network [J]. Journal of Reports in Pharmaceutical Sciences, 2014, 3(2): 141-158.

[140] TAKAHASHI M B, LEME J, CARICATI C P, et al. Artificial neural network associated to UV/Vis spectroscopy for monitoring bioreactions in biopharmaceutical processes [J]. Bioprocess and Biosystems Engineering,

2015, 38(6): 1045-1054.

[141] 包子阳, 余继周. 智能优化算法及其 MATLAB 实例[M]. 北京: 电子工业出版社, 2016.

[142] 严赟, 杜树新, 吴元清. 基于三维荧光光谱特征峰的水体有机污染物综合指标检测[J]. 环境工程学报, 2011, 5(3): 519-522.